"十四五"职业教育国家规划教材

"十三五"职业教育国家规划教材

高等职业教育机电工程类系列教材

机械制造工艺与机床夹具

第 3 版

主　编　吴　拓
参　编　刘安静　董克权

机械工业出版社

本书为"十三五"和"十四五"职业教育国家规划教材。本书是为适应高等职业教育和高等专科教育的机械制造专业教学改革，满足机械制造与自动化、数控技术、模具设计与制造和机电一体化技术等专业教学的需要，将"机械制造工艺学""机床夹具设计"等机械专业课程中的核心内容有机地结合起来，从培养技术应用能力和加强素质教育出发，以机械制造工艺为主线编写而成的一本系统的机械制造专业基础课教材。全书共五章，主要内容有：机械加工工艺规程、典型表面与典型零件的加工工艺、特种加工与其他新加工工艺、机械加工质量和机床常用夹具及其设计。

本书注重实际应用，突出基本概念，内容简明精炼。本书可供高等职业院校机械制造类各专业师生使用，也可供普通高等院校师生及有关工程技术人员参考。

本书配有电子课件，凡使用本书作为教材的教师可登录机械工业出版社教育服务网 www.cmpedu.com 注册后下载。咨询电话：010-88379375。

图书在版编目（CIP）数据

机械制造工艺与机床夹具/吴拓主编. —3 版. —北京：机械工业出版社，2018.12（2023.7 重印）

高等职业教育机电工程类系列教材

ISBN 978-7-111-61527-9

Ⅰ.①机… Ⅱ.①吴… Ⅲ.①机械制造工艺-高等职业教育-教材②机床夹具-高等职业教育-教材 Ⅳ.①TH16②TG75

中国版本图书馆 CIP 数据核字（2018）第 277464 号

机械工业出版社（北京市百万庄大街 22 号 邮政编码 100037）
策划编辑：薛 礼 责任编辑：薛 礼
责任校对：刘雅娜 封面设计：马精明
责任印制：单爱军
唐山三艺印务有限公司印刷
2023 年 7 月第 3 版第 11 次印刷
184mm×260mm·16.75 印张·409 千字
标准书号：ISBN 978-7-111-61527-9
定价：49.80 元

电话服务 网络服务
客服电话：010-88361066 机 工 官 网：www.cmpbook.com
010-88379833 机 工 官 博：weibo.com/cmp1952
010-68326294 金 书 网：www.golden-book.com
封底无防伪标均为盗版 机工教育服务网：www.cmpedu.com

关于"十四五"职业教育
国家规划教材的出版说明

为贯彻落实《中共中央关于认真学习宣传贯彻党的二十大精神的决定》《习近平新时代中国特色社会主义思想进课程教材指南》《职业院校教材管理办法》等文件精神,机械工业出版社与教材编写团队一道,认真执行思政内容进教材、进课堂、进头脑要求,尊重教育规律,遵循学科特点,对教材内容进行了更新,着力落实以下要求:

1. 提升教材铸魂育人功能,培育、践行社会主义核心价值观,教育引导学生树立共产主义远大理想和中国特色社会主义共同理想,坚定"四个自信",厚植爱国主义情怀,把爱国情、强国志、报国行自觉融入建设社会主义现代化强国、实现中华民族伟大复兴的奋斗之中。同时,弘扬中华优秀传统文化,深入开展宪法法治教育。

2. 注重科学思维方法训练和科学伦理教育,培养学生探索未知、追求真理、勇攀科学高峰的责任感和使命感;强化学生工程伦理教育,培养学生精益求精的大国工匠精神,激发学生科技报国的家国情怀和使命担当。加快构建中国特色哲学社会科学学科体系、学术体系、话语体系。帮助学生了解相关专业和行业领域的国家战略、法律法规和相关政策,引导学生深入社会实践、关注现实问题,培育学生经世济民、诚信服务、德法兼修的职业素养。

3. 教育引导学生深刻理解并自觉实践各行业的职业精神、职业规范,增强职业责任感,培养遵纪守法、爱岗敬业、无私奉献、诚实守信、公道办事、开拓创新的职业品格和行为习惯。

在此基础上,及时更新教材知识内容,体现产业发展的新技术、新工艺、新规范、新标准。加强教材数字化建设,丰富配套资源,形成可听、可视、可练、可互动的融媒体教材。

教材建设需要各方的共同努力,也欢迎相关教材使用院校的师生及时反馈意见和建议,我们将认真组织力量进行研究,在后续重印及再版时吸纳改进,不断推动高质量教材出版。

机械工业出版社

第3版前言

《机械制造工艺与机床夹具》出第3版了，编者衷心感谢广大读者的青睐和各位同仁的支持。

二十大报告指出：要办好人民满意的教育，全面贯彻党的教育方针，落实立德树人根本任务，培养德智体美劳全面发展的社会主义建设者和接班人。本书在修订过程中，以学生的全面发展为培养目标，融"知识学习、技能提升、素质培育"于一体，严格落实立德树人的根本任务。

本书在内容、篇章结构方面都做了较大调整。为了方便教与学，每章增加了"教学导航"。考虑到教学内容的连贯性和系统性，篇章结构也做了较大变更。鉴于机床夹具是最重要的机械制造工艺装备，也是学习机械制造工艺之后常用来进行课程设计和机械设计训练的重要内容，为了引导和加强实操训练，本书增加了较多的机床夹具设计实例。

全书共五章，主要内容有：机械加工工艺规程、典型表面与典型零件的加工工艺、特种加工与其他新加工工艺、机械加工质量和机床常用夹具及其设计等。

为了便于同学们的学习，本书在每章之前增加了章节提示（二维码），旨在帮助同学们抓住学习重点，更期盼同学们为祖国建设添砖加瓦而认真学好这门课；另外，本书在"第3版前言"和末尾增加了青年寄语，希望同学们在大学期间一定要掌握主动权，努力培养自己的创造力，以便在未来的职业生涯中具备基本的创新能力。

本书由吴拓任主编。第一、三、五章由吴拓编写，第二章由刘安静编写，第四章由董克权编写。全书由吴拓统稿。

本书突出实际应用，注重技能培养，内容简明精炼。可供高等职业院校机械制造类各专业师生使用，也可供普通高等院校师生及有关工程技术人员参考。

限于编者水平，书中难免存在错漏之处，恳请各位同仁及读者不吝赐教。

编　者

青年寄语1

青年寄语2

第2版前言

《机械制造工艺与机床夹具》自出版以来,受到了读者的青睐和支持,编者倍感欣慰,在此谨向各位读者和同仁致以深深的谢意!

这次再版,编者根据自己的教学实践,对本书的结构进行了适当的调整,对有关内容进行了适当的增补和删节,使之更加适合高职高专院校的师生使用。

全书共分8章。第一章为机械加工过程与工艺规程;第二章为机械加工精度;第三章为机械加工表面质量;第四章为机床常用夹具;第五章为专用夹具的设计方法;第六章为典型表面与典型零件的加工工艺;第七章为特种加工与其他新技术、新工艺;第八章为装配工艺基础。

本书由吴拓任主编并统稿,第一、二、三、四、六章由吴拓编写,第五、八章由方琼珊编写,第七章由董克权编写。

由于编者水平有限,书中难免仍有不妥之处,恳请各位读者和同仁雅正。

编　者

第1版前言

>>>>>>>>

广东省教育厅和机械工业出版社为了适应高等职业教育的需要，于1999年联合组织编写了一套高职高专规划教材，《机械制造工程》是其中的一本。该教材自2001年出版以来，受到了高职高专各院校的普遍欢迎，得到了较为广泛的使用。但近年来，各院校通过对该教材的使用，也发现了一些问题，例如机械制造、数控加工、模具加工、机电一体化等专业，需要对金属切削加工以及机械制造工艺等加强教学，一是感到教学内容不够充实；二是将金属切削加工及装备、机械制造工艺与夹具作为两门课程的学校，感到教学安排不太方便。因此，在2004年6月广东省教育厅和机械工业出版社召集的主编工作会议上，部分高职院校提出了将该教材进行重新编写的建议。为此，一些以机械制造专业为骨干的院校决定部分专业方向继续使用修订后的《机械制造工程》一书，而部分专业方向如机械制造、数控加工、模具加工、机电一体化等则重新组织编写教材，此部分教材共由三册组成，即《金属切削加工及装备》、《机械制造工艺与机床夹具》、《机械制造工艺与机床夹具课程设计指导》，以使其更加符合部分高职专业教学的需要，并使新编教材更加完善。

《机械制造工艺与机床夹具》一书是将《机械制造工艺学》、《机床夹具设计》等机械专业课程中的核心内容有机地结合起来，从培养技术应用能力和加强素质教育出发，以机械制造工艺为主线，进行综合编写而成的一本系统的机械制造专业教材。全书共九章，主要内容有：机械加工过程及工艺规程、机械加工精度、机械加工表面质量、机床夹具设计基础、机床专用夹具及其设计方法、典型零件加工工艺、特种加工工艺、现代制造技术、装配工艺基础等。

本书由吴拓任主编，朱派龙任副主编。编写分工为：第一、二、三、四章由吴拓编写，第五、九章由方琼珊编写，第六、七章由朱派龙编写，第八章第一、二、三节由朱派龙编写，第八章第四、五、六节由吴拓编写。全书由吴拓统稿。

本书注重实际应用，突出基本概念，内容简明精炼，可供高等职业教育和高等专科教育院校机械制造专业使用，也可供普通高等工科院校师生及有关工程技术人员参考。

本书在编写过程中得到了有关院校的领导和同行们的大力支持，书中引用了兄弟院校有关编著的珍贵资料，所用参考文献均已列于书后，在此对所有支持者、机械工业出版社一并表示衷心感谢！

由于编者水平有限，书中难免有疏漏之处，恳请各位同仁及读者不吝批评指正。

编 者

目 录

第一章

机械加工工艺规程

教 学 导 航

知识目标

1. 熟悉机械加工的生产过程和工艺过程，了解生产纲领和生产类型的基本概念。

2. 理解工艺规程的基本概念，掌握制订工艺规程的原则、依据、步骤和需要解决的问题。

3. 熟悉零件的工艺分析、毛坯的选择，掌握定位基准的概念及其选择，掌握工艺路线的拟订和工序内容的设计。

4. 熟悉机械加工生产率和技术经济分析方法，熟悉装配工艺规程基础知识。

能力目标

1. 初步具备制订机械加工工艺规程的能力。

2. 初步具备拟订机械零件加工工艺路线的能力。

学习重点

1. 工艺路线的拟订。

2. 工序尺寸及其公差的确定和工艺尺寸链的解算。

学习难点

1. 机械零件加工工艺规程的制订。

2. 工艺尺寸链的分析与解算。

研 习 导 引

假如一个人把握了他的学科的基础理论，并且学会了独立地思索和工作，他必然会找到他自己的道路，而且比起那种主要以获得细节知识为其培训内容的人来，他一定会更好地适应提高和变化。

——爱因斯坦

制订机械加工工艺是机械制造企业工艺技术人员的一项主要工作内容。机械加工工艺规程的制订与生产实际有着密切的联系，它要求工艺规程制订者具有一定的生产实践知识和专业基础知识。

在实际生产中，由于零件的结构形状、几何精度、技术条件和生产数量等要求不同，一个零件往往要经过一定的加工过程才能将其由图样变成成品零件。因此，机械加工工艺人员必须从企业现有的生产条件和零件的生产数量出发，根据零件的具体要求，在保证加工质量、提高生产效率和降低生产成本的前提下，对零件上的各加工表面选择适宜的加工方法，合理地安排加工顺序，科学地拟订加工工艺过程，才能获得合格的机械零件。

第一节　机械加工过程的基本概念

一、生产过程与工艺过程

1. 生产过程和工艺过程的概念

机械产品的生产过程是指将原材料转变为成品的所有劳动过程。这里所指的成品可以是一台机器、一个部件，也可以是某种零件。对于机器制造而言，生产过程包括：

1）原材料、半成品和成品的运输和保管。

2）生产和技术准备工作，如产品的开发和设计、工艺及工艺装备的设计与制造、各种生产资料的准备以及生产组织。

3）毛坯制造和处理。

4）零件的机械加工、热处理及其他表面处理。

5）部件或产品的装配、检验、调试、涂装和包装等。

由上可知，机械产品的生产过程是相当复杂的。它经过的整个路线称为工艺路线。

工艺过程是指改变生产对象的形状、尺寸、相对位置和性质等，使其成为半成品或成品的过程，它是生产过程的一部分。工艺过程可分为毛坯制造、机械加工、热处理和装配等工艺过程。

机械加工工艺过程是指用机械加工的方法直接改变毛坯的形状、尺寸和表面质量，使之成为零件或部件的生产过程，它包括机械加工工艺过程和机器装配工艺过程。本书所称工艺过程均指机械加工工艺过程，以下简称为工艺过程。

2. 工艺过程的组成

在机械加工工艺过程中，针对零件的结构特点和技术要求，要采用不同的加工方法和装备，按照一定的顺序进行加工，才能完成由毛坯到零件的过程。组成机械加工工艺过程的基本单元是工序。工序是由工步组成的。

（1）工序　一个或一组工人，在一个工作地点对同一个或同时对几个工件进行加工所连续完成的那部分工艺过程，称为工序。由定义可知，判别是否为同一工序的主要依据是：工作地点是否变动和加工是否连续。

生产规模不同，加工条件不同，其工艺过程及工序的划分也不同。如图 1-1 所示的阶梯轴，根据加工是否连续和变换机床的情况，小批量生产时，可划分为表 1-1 所示的三道工序；大批大量生产时，则可划分为表 1-2 所示的五道工序；单件生产时，甚至可以划分为表 1-3 所示的两道工序。

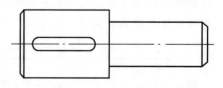

图 1-1　阶梯轴

表 1-1 小批量生产的工艺过程

工序号	工 序 内 容	设 备
1	车一端面,钻中心孔;调头车另一端面,钻中心孔	车床
2	车大端外圆及倒角,车小端外圆及倒角	车床
3	铣键槽,去毛刺	铣床

表 1-2 大批大量生产的工艺过程

工序号	工 序 内 容	设 备
1	铣端面,钻中心孔	中心孔机床
2	车大端外圆及倒角	车床
3	车小端外圆及倒角	车床
4	铣键槽	立式铣床
5	去毛刺	钳工

表 1-3 单件生产的工艺过程

工序号	工 序 内 容	设 备
1	车一端面,钻中心孔;车另一端面,钻中心孔;车大端外圆及倒角,车小端外圆及倒角	车床
2	铣键槽,去毛刺	铣床

（2）安装 在加工前，应先使工件在机床上或夹具中放在正确的位置上，这一过程称为定位。工件定位后，将其固定，使其在加工过程中保持定位位置不变的操作称为夹紧。将工件在机床或夹具中每定位、夹紧一次所完成的那一部分工序内容称为安装。在一道工序中，工件可能被安装一次或多次。

（3）工位 为了完成一定的工序内容，一次安装工件后，工件与夹具或设备的可动部分一起相对刀具或设备的固定部分所占据的每一个位置称为工位。为了减少由于多次安装带来的误差和时间损失，加工中常采用回转工作台、回转夹具或移动夹具，使工件在一次安装中，先后处于几个不同的位置进行加工，称为多工位加工。图 1-2 所示为一利用回转工作台，在一次安装中依次完成装卸工件、钻孔、扩孔、铰孔四个工位加工的例子。采用多工位加工方法，既可以减少安装次数、提高加工精度、减轻工人的劳动强度，又可以使各工位的加工与工件的装卸同时进行，提高劳动生产率。

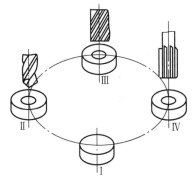

图 1-2 多工位加工
工位 I —装卸工件 工位 II —钻孔
工位 III —扩孔 工位 IV —铰孔

（4）工步 工序又可分成若干工步。加工表面不变、切削刀具不变、切削用量中的进给量和切削速度基本保持不变的情况下所连续完成的那部分工序内容，称为工步。以上三个不变因素中只要有一个因素改变，即成为新的工步。一道工序包括一个或几个工步。

为简化工艺文件，对于那些连续进行的几个相同的工步，通常可看作一个工步。为了提高生产率，常将几个待加工表面用几把刀具同时加工，这种由刀具合并起来的工步，称为复合工步，如图 1-3 所示。图 1-4 所示为立轴转塔车床回转刀架一次转位完成的工位内容，应属于一个工步。复合工步在工艺规程中也写作一个工步。

（5）进给 在一个工步中，若需切去的金属层很厚，则可分为几次切削，每进行一次切削就是一次进给。一个工步可以包括一次或几次进给。

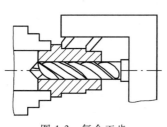

图 1-3 复合工步

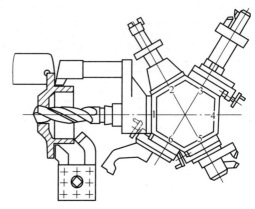

图 1-4 立轴转塔车床回转刀架

二、生产纲领和生产类型

1. 生产纲领

生产纲领是指企业在计划期内应当生产的产品产量和进度计划。计划期通常为 1 年，所以生产纲领也称为年产量。

对于零件而言，产品的产量除了制造机器所需要的数量之外，还要包括一定的备品和废品，因此零件的生产纲领应按下式计算

$$N = Qn(1+a\%)(1+b\%) \tag{1-1}$$

式中　　N——零件的年产量（件/年）；

　　　　Q——产品的年产量（台/年）；

　　　　n——每台产品中该零件的数量（件/台）；

　　$a\%$——该零件的备品率；

　　$b\%$——该零件的废品率。

2. 生产类型

生产类型是指企业生产专业化程度的分类。人们按照产品的生产纲领、投入生产的批量，可将生产分为单件生产、大量生产和批量生产三种类型。

（1）单件生产　单个生产不同结构和尺寸的产品，很少重复甚至不重复，这种生产称为单件生产。如新产品试制、维修车间的配件制造和重型机械制造等都属此种生产类型。其特点是：生产的产品种类较多，而同一产品的产量很小，工作地点的加工对象经常改变。

（2）大量生产　同一产品的生产数量很大，大多数工作地点经常按一定节奏重复进行某一零件的某一工序的加工，这种生产称为大量生产。如自行车制造和一些链条厂、轴承厂等专业化生产即属此种生产类型。其特点是：同一产品的产量大，工作地点较少改变，加工过程重复。

（3）批量生产　一年中分批轮流制造几种不同的产品，每种产品均有一定的数量，工作地点的加工对象周期性地重复，这种生产称为批量生产。如一些通用机械厂、某些

农业机械厂、陶瓷机械厂、造纸机械厂、烟草机械厂等的生产即属这种生产类型。其特点是：产品的种类较少，有一定的生产数量，加工对象周期性地改变，加工过程周期性地重复。

同一产品（或零件）每批投入生产的数量称为批量。根据批量的大小又可分为大批量生产、中批量生产和小批量生产。小批量生产的工艺特征接近单件生产，大批量生产的工艺特征接近大量生产。

根据前面公式计算的零件生产纲领，参考表1-4即可确定生产类型。不同生产类型的制造工艺有不同特征，各种生产类型的工艺特点见表1-5。

表1-4 生产类型和生产纲领的关系

生产类型		生产纲领（件/年或台/年）		
		重型（30kg以上）	中型（4~30kg）	轻型（4kg以下）
单件生产		5以下	10以下	100以下
批量生产	小批量生产	5~100	10~200	100~500
	中批量生产	100~300	200~500	500~5000
	大批量生产	300~1000	500~5000	5000~50000
大量生产		1000以上	5000以上	50000以上

表1-5 各种生产类型的工艺特点

工艺特点	单件生产	批量生产	大量生产
毛坯的制造方法	铸件用木模手工造型，锻件用自由锻	铸件用金属模造型，部分锻件用模锻	铸件广泛用金属模机器造型，锻件用模锻
零件互换性	无需互换、互配零件可成对制造，广泛用修配法装配	大部分零件有互换性，少数用修配法装配	全部零件有互换性，某些要求精度高的配合，采用分组装配
机床设备及其布置	采用通用机床，按机床类别和规格采用"机群式"排列	部分采用通用机床，部分采用专用机床；按零件加工分"工段"排列	广泛采用生产率高的专用机床和自动机床，按流水线形式排列
夹具	很少用专用夹具，由划线和试切法达到设计要求	广泛采用专用夹具，部分用划线法进行加工	广泛用专用夹具，用调整法达到精度要求
刀具和量具	采用通用刀具和万能量具	较多采用专用刀具和专用量具	广泛采用高生产率的刀具和量具
对技术工人要求	需要技术熟练的工人	各工种需要一定熟练程度的技术工人	对机床调整工人技术要求高，对机床操作工人技术要求低
对工艺文件的要求	只有简单的工艺过程卡	有详细的工艺过程卡或工艺卡，零件的关键工序有详细的工序卡	有工艺过程卡、工艺卡和工序卡等详细的工艺文件

第二节 机械加工工艺规程概述

一、机械加工工艺规程的概念

机械加工工艺规程是将产品或零部件的制造工艺过程和操作方法按一定格式固定下来的技术文件。它是在具体生产条件下，本着最合理、最经济的原则编制而成的，经审批后用来指导生产的法规性文件。

机械加工工艺规程包括零件加工工艺流程、加工工序内容、切削用量、采用设备及工艺装备、工时定额等。

二、机械加工工艺规程的作用

机械加工工艺规程是机械制造企业最主要的技术文件，是企业规章制度的重要组成部分，其作用主要有：

1）它是组织和管理生产的基本依据。企业进行新产品试制或产品投产时，必须按照工艺规程提供的数据进行技术准备和生产准备，以便合理编制生产计划，合理调度原材料、毛坯和设备，及时设计制造工艺装备，科学地进行经济核算和技术考核。

2）它是指导生产的主要技术文件。工艺规程是在结合本企业具体情况，总结实践经验的基础上，依据科学的理论和必要的工艺实验后制订的，它反映了加工过程中的客观规律，工人必须按照工艺规程进行生产，才能保证产品质量，提高生产效率。

3）它是新建和扩建企业规模的原始资料。根据工艺规程，可以确定生产所需的机械设备、技术工人、基建面积以及生产资源等。

4）它是进行技术交流，开展技术革新的基本资料。典型和标准的工艺规程能缩短生产的准备时间，提高经济效益。先进的工艺规程必须广泛吸取合理化建议，不断交流工作经验，才能适应科学技术的不断发展。工艺规程是开展技术革新和技术交流必不可少的技术语言和基本资料。

三、机械加工工艺规程的类型

工艺规程的类型有：

1）专用工艺规程——针对每一个产品和零件所设计的工艺规程。

2）通用工艺规程，它包括：典型工艺规程——一组结构相似的零部件所设计的通用工艺规程；成组工艺规程——按成组技术原理将零件分类成组，针对每一组零件所设计的通用工艺规程；标准工艺规程——已纳入国家标准或企业标准的工艺规程。

为了适应工业发展的需要，加强科学管理和便于交流，按照规定，属于机械加工工艺规程的有：

1）机械加工工艺过程卡。主要列出零件加工所经过的整个工艺路线、采用的工装设备和工时等内容，多作为生产管理使用。

2）机械加工工序卡。用来具体指导工人操作的一种最详细的工艺文件，卡片上要画出工序简图，注明该工序的加工表面及应达到的尺寸精度、表面粗糙度要求、工件的安装方式、切削用量、工装设备等内容。

    3）标准零件或典型零件工艺过程卡。

    4）单轴自动车床调整卡。

    5）多轴自动车床调整卡。

    6）机械加工工序操作指导卡。

    7）检验卡等。

    属于装配工艺规程的有：

    1）工艺过程卡。

    2）工序卡。

    最常用的机械加工工艺过程卡、机械加工工艺卡和机械加工工序卡的格式见表1-6~表1-8。

表 1-6 机械加工工艺过程卡

	机械加工工艺过程卡片	产品型号		零(部)件图号			
		产品名称		零(部)件名称		共( )页 第( )页	
材料牌号	毛坯种类	毛坯外形尺寸		每个毛坯可制件数	每台件数	备注	

工序号	工序名称	工序内容	车间	工段	设备	工艺装备	工时 准终	工时 单件

描图								
描校								
底图号								
装订号					设计 (日期)	审核 (日期)	标准化 (日期)	会签 (日期)
	标记	处数	更改文件号	签字	日期	标记	处数	更改文件号 签字 日期

表 1-7　机械加工工艺卡

工　厂	机械加工工艺卡片		产品型号		零(部)件图号			共　　页		
			产品名称		零(部)件名称			第　　页		
材料牌号		毛坯种类		毛坯外形尺寸		每毛坯件数		每台件数	备注	
工序 装夹 工步	工序内容	同时加工零件数	切削用量				设备名称及编号	工艺装备名称及编号	技术等级	工时定额
			背吃刀量/mm	切削速度/(m/min)	每分钟转数或往复次数	进给量/(mm或mm/双行程)		夹具 刀具 量具		单件 准终
描图										
描校										
底图号										
装订号							编制(日期)	审核(日期)	会签(日期)	
标记处数更改文件号签字日期标记处数更改文件号签字日期										

表 1-8　机械加工工序卡

机械加工工序卡片		产品型号		零(部)件图号			共( )页	第( )页
		产品名称		零(部)件名称				
		车间	工序号	工序名称		材料牌号		
		毛坯种类	毛坯外形尺寸	每个毛坯可制件数		每台件数		
		设备名称	设备型号	设备编号		同时加工件数		
		夹具编号		夹具名称		切削液		
		工位器具编号		工位器具名称		工序工时		
						准终	单件	
工步号	工步内容	工艺装备	主轴转速/(r/min)	切削速度/(m/min)	进给量/(mm/r)	背号刀量/mm	进给次数	工步工时
								机动 辅助
描图								
描校								
底图号								
装订号				设计(日期)	审核(日期)	标准化(日期)	会签(日期)	
标记处数更改文件号签字日期标记处数更改文件号签字日期								

四、制订工艺规程的原则和依据

1. 制订工艺规程的原则

制订工艺规程时，必须遵循以下原则：

1) 必须充分利用本企业现有的生产条件。

2) 必须可靠地加工出符合图样要求的零件，保证产品质量。

3）保证良好的劳动条件，提高劳动生产率。

4）在保证产品质量的前提下，尽可能降低消耗、降低成本。

5）应尽可能采用国内外先进的工艺技术。

由于工艺规程是直接指导生产和操作的技术文件，因此工艺规程还应做到清晰、正确、完整和统一，所用术语、符号、编码、计量单位等都必须符合相关标准。

2. 制订工艺规程的主要依据

制订工艺规程时，必须依据如下原始资料：

1）产品的装配图和零件的工作图。

2）产品的生产纲领。

3）本企业现有的生产条件，包括毛坯的生产条件或协作关系、工艺装备和专用设备及其制造能力、工人的技术水平以及各种工艺资料和标准等。

4）产品验收的质量标准。

5）国内外同类产品的新技术、新工艺及其发展前景等相关信息。

五、制订工艺规程的步骤

制订机械加工工艺规程的步骤大致如下：

1）熟悉和分析制订工艺规程的主要依据，确定零件的生产纲领和生产类型。

2）分析零件工作图和产品装配图，进行零件结构工艺性分析。

3）确定毛坯，包括选择毛坯类型及制造方法。

4）选择定位基准或定位基面。

5）拟订工艺路线。

6）确定各工序所用的设备及工艺装备。

7）确定工序余量、工序尺寸及其公差。

8）确定各主要工序的技术要求及检验方法。

9）确定各工序的切削用量和时间定额，并进行技术经济分析，选择最佳工艺方案。

10）填写工艺文件。

六、制订工艺规程时要解决的主要问题

制订工艺规程时，主要解决以下几个问题：

1）零件图的研究和工艺分析。

2）毛坯的选择。

3）定位基准的选择。

4）工艺路线的拟订。

5）工序内容的设计，包括机床设备及工艺装备的选择、加工余量和工序尺寸的确定、切削用量的确定、热处理工序的安排、工时定额的确定等。

第三节　零件图的研究和工艺分析

制订零件的机械加工工艺规程前，必须认真研究零件图，对零件进行工艺分析。

一、零件图的研究

零件图是制订工艺规程最主要的原始资料。只有通过对零件图和装配图的分析，才能了解产品的性能、用途和工作条件，明确各零件的相互装配位置和作用，了解零件的主要技术要求，找出生产合格产品的关键技术问题。零件图的研究包括三项内容：

1）检查零件图的完整性和正确性。主要检查零件视图是否表达直观、清晰、准确、充分；尺寸、公差、技术要求是否合理、齐全。如有错误或遗漏，应提出修改意见。

2）分析零件材料选择是否恰当。零件材料的选择应立足于国内，尽量采用我国资源丰富的材料，尽量避免采用贵重金属；同时，所选材料必须具有良好的加工性。

3）分析零件的技术要求，包括零件加工表面的尺寸精度、形状精度、位置精度、表面粗糙度、表面微观质量以及热处理等要求。分析零件的这些技术要求在保证使用性能的前提下是否经济合理，在本企业现有生产条件下是否能够实现。

二、零件的结构工艺性分析

零件的结构工艺性是指所设计的零件在不同类型的具体生产条件下，零件毛坯的制造、零件的加工和产品的装配所具备的可行性和经济性。零件结构工艺性涉及面很广，具有综合性，必须全面综合地分析。零件的结构对机械加工工艺过程的影响很大，不同结构的两个零件尽管都能满足使用要求，但它们的加工方法和制造成本却可能有很大的差别。所谓具有良好的结构工艺性，应是在不同生产类型的具体生产条件下，对零件毛坯的制造、零件的加工和产品的装配，都能以较高的生产率和最低的成本、采用较经济的方法进行并能满足使用性能的结构。在制订机械加工工艺规程时，主要对零件切削加工工艺性进行分析。

两个使用性能完全相同的零件，结构稍有不同，其制造成本会有很大的差别。

三、零件工艺分析应重点研究的几个问题

对于较复杂的零件，在进行工艺分析时还必须重点研究以下三个方面的问题：

（1）主次表面的区分和主要表面的保证 零件的主要表面是指零件与其他零件相配合的表面，或是直接参与机器工作过程的表面。主要表面以外的其他表面称为次要表面。根据主要表面的质量要求，便可确定所应采用的加工方法，以及采用哪些最后加工的方法来保证实现这些要求。

（2）重要技术条件分析 零件的技术条件一般是指零件的表面形状精度和位置精度，静平衡、动平衡要求，热处理、表面处理，探伤要求和气密性试验等。重要技术条件是影响工艺过程制订的重要因素，通常会影响到基准的选择和加工顺序的确定，还会影响工序的集中与分散。

（3）零件图上表面位置尺寸的标注 零件上各表面之间的位置精度是通过一系列工序加工后获得的，这些工序的顺序与工序尺寸和相互位置关系的标注方式直接相关，这些尺寸的标注必须做到尽量使定位基准、测量基准与设计基准重合，以减少基准不重合带来的误差。

第四节 毛坯的选择

选择毛坯，主要是确定毛坯的种类、制造方法及制造精度。毛坯的形状、尺寸越接近成品，切削加工余量就越少，从而可以提高材料的利用率和生产效率，然而这样往往会使毛坯制造困难，需要采用昂贵的毛坯制造设备，从而增加毛坯的制造成本。所以选择毛坯时应从机械加工和毛坯制造两方面出发，综合考虑以求最佳效果。

一、毛坯的种类

毛坯的种类很多，同一种毛坯又有多种制造方法。

1. 铸件

铸件适用于形状复杂的零件毛坯。根据铸造方法的不同，铸件又分为如下几种：

1）砂型铸造的铸件，这是应用最为广泛的一种铸件。它又有木模手工造型和金属模机器造型之分。木模手工造型铸件精度低，加工表面需留较大的加工余量；木模手工造型生产效率低，适用于单件小批生产或大型零件的铸造。金属模机器造型生产效率高，铸件精度也高，但设备费用高，铸件的重量也受限制，适用于大批大量生产的中小型铸件。

2）金属型铸造铸件，将熔融的金属浇注到金属模具中，依靠金属自重充满金属模具型腔而获得的铸件。这种铸件比砂型铸造铸件精度高、表面质量和力学性能好，生产效率也较高，但需专用的金属型腔模，适用于大批大量生产中的尺寸不大的非铁金属铸件。

3）离心铸造铸件，将熔融金属注入高速旋转的铸型内，在离心力的作用下，金属液充满型腔而形成的铸件。这种铸件晶粒细，金属组织致密，零件的力学性能好，外圆精度及表面质量高，但内孔精度差，且需要专门的离心浇注机，适用于批量较大的钢铁材料和非铁金属的旋转体铸件。

4）压力铸造铸件，将熔融的金属在一定的压力作用下，以较高的速度注入金属型腔内而获得的铸件。这种铸件精度高，公差等级可达 IT11～IT13；表面粗糙度值小，可达 $Ra3.2～0.4\mu m$；铸件力学性能好。压力铸造可铸造各种结构较复杂的零件，铸件上各种孔眼、螺纹、文字及花纹图案均可铸出，但需要一套昂贵的设备和型腔模。适用于批量较大的形状复杂、尺寸较小的非铁金属铸件。

5）精密铸造铸件，将石蜡通过型腔模压制成与工件一样的蜡制件，再在蜡制工件周围粘上特殊型砂，凝固后将其烘干焙烧，蜡被蒸化而放出，留下工件形状的模壳，用来浇铸。精密铸造铸件精度高，表面质量好。此法一般用来铸造形状复杂的铸钢件，可节省材料，降低成本，是一项先进的毛坯制造工艺。

2. 锻件

锻件适用于强度要求高、形状比较简单的零件毛坯，其锻造方法有自由锻和模锻两种。

自由锻造锻件是在锻锤或压力机上用手工操作而成形的锻件。它的精度低，加工余量大，生产率也低，适用于单件小批生产及大型锻件。

模锻件是在锻锤或压力机上，通过专用锻模锻制成形的锻件。它的精度和表面质量均比自由锻造的好，可以使毛坯形状更接近工件形状，加工余量小。同时，由于模锻件的材料纤维组织分布好，锻制件的机械强度高。模锻的生产效率高，但需要专用的模具，且锻锤的吨位也要比自由锻造的大。模锻主要适用于批量较大的中小型零件。

3. 焊接件

焊接件是根据需要将型材或钢板焊接而成的毛坯件，它制作方便、简单，但需要经过热处理才能进行机械加工。它适用于单件小批量生产中制造大型毛坯，其优点是制造简便，加工周期短，毛坯重量轻；缺点是焊接件抗振性差，机械加工前需经过时效处理以消除内应力。

4. 冲压件

冲压件是通过冲压设备对薄钢板进行冷冲压加工而得到的零件，它可以非常接近成品要求，冲压零件可以作为毛坯，有时还可以直接成为成品。冲压件的尺寸精度高，适用于批量较大而零件厚度较小的中小型零件。

5. 型材

型材主要通过热轧或冷拉而成。热轧型材的精度低，价格较冷拉的便宜，用于一般零件的毛坯。冷拉型材的尺寸小，精度高，易于实现自动送料，但价格贵，多用于批量较大且在自动机床上进行加工的情形。按其截面形状，型材可分为圆钢、方钢、六角钢、扁钢、角钢、槽钢以及其他特殊截面的型材。

6. 冷挤压件

冷挤压件是在压力机上通过挤压模挤压而成的。其生产效率高，冷挤压件精度高，表面粗糙度值小，可以不再进行机械加工，但要求材料塑性好，主要为非铁金属和塑性好的钢材。冷挤压适用于大批大量生产中制造形状简单的小型零件。

7. 粉末冶金件

粉末冶金件是以金属粉末为原料，在压力机上通过模具压制成形后经高温烧结而成的。其生产效率高，零件的精度高，表面粗糙度值小，一般可不再进行精加工。但金属粉末成本较高，适用于大批大量生产中压制形状较简单的小型零件。

二、确定毛坯时应考虑的因素

在确定毛坯时应考虑以下因素：

（1）零件的材料及其力学性能 当零件的材料选定以后，毛坯的类型就大体确定了。例如，材料为铸铁的零件，自然应选择铸造毛坯；而对于重要的钢质零件，力学性能要求高时，可选择锻造毛坯。

（2）零件的结构和尺寸 形状复杂的毛坯常采用铸件，但对于形状复杂的薄壁件，一般不能采用砂型铸造；对于一般用途的阶梯轴，如果各段直径相差不大、力学性能要求不高时，可选择棒料作毛坯，倘若各段直径相差较大，为了节省材料，应选择锻件。

（3）生产类型 当零件的生产批量较大时，应采用精度和生产率都比较高的毛坯制造方法，这时毛坯制造增加的费用可由材料耗费减少的费用以及机械加工减少的费用来补偿。

（4）现有生产条件 选择毛坯类型时，要结合本企业的具体生产条件，如现场毛坯制造的实际水平和能力、外协的可能性等。

（5）充分考虑利用新技术、新工艺和新材料的可能性 为了节约材料和能源，减少机械加工余量，提高经济效益，只要有可能，就必须尽量采用精密铸造、精密锻造、冷挤压、粉末冶金和工程塑料等新工艺、新技术和新材料。

三、确定毛坯时的几项工艺措施

实现少切屑、无切屑加工，是现代机械制造技术的发展趋势。但是，由于毛坯制造技术的限制，加之现代机器对零件精度和表面质量的要求越来越高，为了保证机械加工能达到质量要求，毛坯的某些表面仍需留有加工余量。加工毛坯时，由于一些零件形状特殊，安装和加工不大方便，必须采取一定的工艺措施才能进行机械加工。以下列举几种常见的工艺措施。

1）为了便于安装，有些铸件毛坯需铸出工艺搭子，如图1-5所示。工艺搭子在零件加工完毕后一般应切除，如对使用和外观没有影响，也可保留在零件上。

2）装配后需要形成同一工作表面的两个相关偶件，为了保证加工质量并使加工方便，常常将这些分离零件先制作成一个整体毛坯，加工到一定阶段后再切割分离。如图1-6所示的车床进给系统中的开合螺母外壳，其毛坯就是两件合制的；柴油机连杆的大端也是合制的。

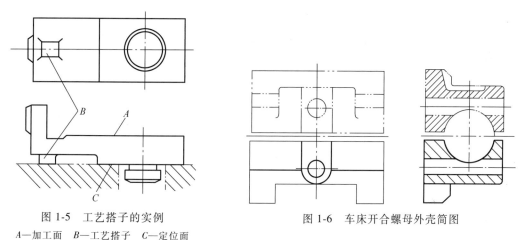

图1-5　工艺搭子的实例　　　　　　　图1-6　车床开合螺母外壳简图
A—加工面　B—工艺搭子　C—定位面

3）对于形状比较规则的小型零件，为了便于安装和提高机械加工的生产率，可将多件合成一个毛坯，加工到一定阶段后，再分离成单件。如图1-7所示的滑键，对毛坯的各平面加工好后再切离成单件，再对单件进行加工。

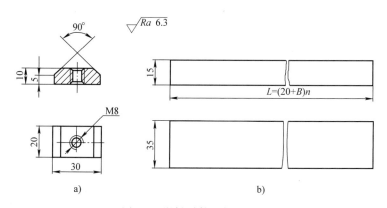

图1-7　滑键零件图与毛坯图
a）滑键零件图　b）滑键毛坯图

第五节 定位基准的选择

定位基准的选择对于保证零件的尺寸精度和位置精度以及合理安排加工顺序都有很大影响，当使用夹具安装工件时，定位基准的选择还会影响夹具结构的复杂程度。因此，定位基准的选择是制订工艺规程时必须认真考虑的一个重要工艺问题。

一、基准的概念及其分类

基准是指确定零件上某些点、线、面位置时所依据的那些点、线、面，或者说是用来确定生产对象上几何要素间的几何关系所依据的那些点、线、面。

按其作用的不同，基准可分为设计基准和工艺基准两大类。

1. 设计基准

设计基准是指零件设计图上用来确定其他点、线、面位置关系所采用的基准，如图1-8所示。

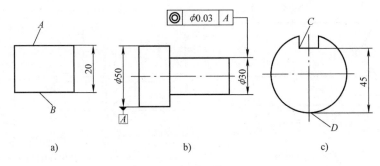

图1-8 设计基准的实例

2. 工艺基准

工艺基准是指在加工或装配过程中所使用的基准。工艺基准根据其使用场合的不同，又可分为工序基准、定位基准、测量基准和装配基准四种。

1）工序基准：在工序图上，用来确定本工序所加工表面加工后的尺寸、形状、位置的基准，即工序图上的基准，如图1-9所示。

2）定位基准：在加工时用作定位的基准。它是工件上与夹具定位元件直接接触的点、线、面，如图1-10所示。

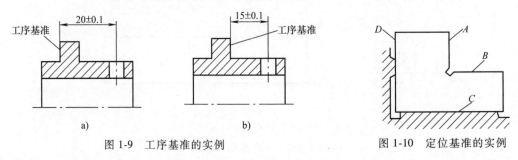

图1-9 工序基准的实例   图1-10 定位基准的实例

3）测量基准：在测量零件已加工表面的尺寸和位置时所采用的基准，如图 1-11 所示。

4）装配基准：装配时用来确定零件或部件在产品中的相对位置所采用的基准，如图 1-12 所示。

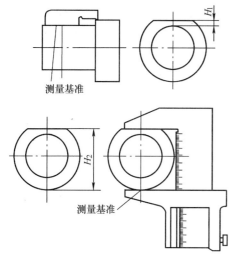

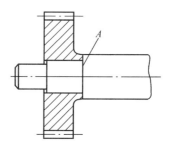

图 1-11　测量基准的实例　　　　　　　　图 1-12　装配基准的实例

二、基准问题的分析

分析基准时，必须注意以下几点：

1）基准是制订工艺的依据，必然是客观存在的。当作为基准的是轮廓要素，如平面、圆柱面等时，容易直接接触到，也比较直观。但是有些作为基准的是中心要素，如圆心、球心、对称轴线等时，则无法触及，然而它们却也是客观存在的。

2）当作为基准的要素无法触及时，通常由某些具体的表面来体现，这些表面称为基面。如轴的定位可以外圆柱面为定位基面，这类定位基准的选择则转化为恰当地选择定位基面的问题。

3）作为基准，可以是没有面积的点、线以及面积极小的面。但是工件上代表这种基准的基面总是有一定接触面积的。

4）不仅表示尺寸关系的基准问题如上所述，表示位置精度的基准关系也是如此。

三、定位基准的选择

选择定位基准时应符合两点要求：

1）各加工表面应有足够的加工余量，非加工表面的尺寸、位置符合设计要求。

2）定位基面应有足够大的接触面积和分布面积，以保证能承受大的切削力，保证定位稳定可靠。

定位基准可分为粗基准和精基准。若选择未经加工的表面作为定位基准，这种基准被称为粗基准。若选择已加工的表面作为定位基准，则这种定位基准称为精基准。粗基准考虑的重点是如何保证各加工表面有足够的余量，而精基准考虑的重点是如何减少误差。在选择定位基准时，通常是从保证加工精度要求出发的，因而分析定位基准选择的顺序应从精基准到粗基准。

1. 精基准的选择

选择精基准应考虑如何保证加工精度和装夹可靠方便，一般应遵循以下原则：

（1）基准重合原则　即应尽可能选择设计基准作为定位基准。这样可以避免基准不重合引起的误差。图 1-13 所示为采用调整法加工 C 面，则尺寸 c 的加工误差 T_c 不仅包含本工序的加工误差 Δ_j，而且还包括基准不重合带来的设计基准与定位基准之间的尺寸误差 T_a。如果采用如图 1-14 所示的方式安装工件，则可消除基准不重合误差。

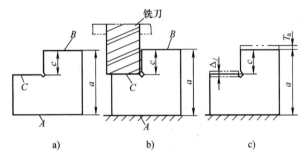

图 1-13　基准不重合误差示例

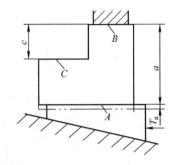

图 1-14　基准重合工件安装示意图

（2）基准统一原则　即应尽可能采用同一个定位基准加工工件上的各个表面。采用基准统一原则，可以简化工艺规程的制订，减少夹具数量，节约了夹具设计和制造费用；同时由于减少了基准的转换，更有利于保证各表面间的相互位置精度。利用两中心孔加工轴类零件的各外圆表面，即符合基准统一原则。

（3）互为基准原则　即对工件上两个相互位置精度要求比较高的表面进行加工时，可以利用两个表面互相作为基准，反复进行加工，以保证位置精度要求。例如，为保证套类零件内外圆柱面较高的同轴度要求，可先以孔为定位基准加工外圆，再以外圆为定位基准加工内孔，如此反复多次，就可使两者的同轴度达到很高的要求。

（4）自为基准原则　即某些加工表面加工余量小而均匀时，可选择加工表面本身作为定位基准。如图 1-15 所示，在导轨磨床上磨削床身导轨面时，要以导轨面本身为基准，用百分表找正定位。

（5）准确可靠原则　即所选基准应保证工件定位准确、安装可靠，夹具设计简单、操作方便。

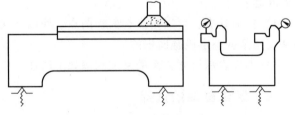

图 1-15　自为基准实例

2. 粗基准的选择

粗基准选择应遵循以下原则：

1）为了保证重要加工表面加工余量均匀，应选择重要加工表面作为粗基准。

2）为了保证非加工表面与加工表面之间的相对位置精度要求，应选择非加工表面作为粗基准；如果零件上同时具有多个非加工面时，应选择与加工面位置精度要求最高的非加工表面作为粗基准。

3）有多个表面需要一次加工时，应选择精度要求最高、或者加工余量最小的表面作为粗基准。

4）粗基准在同一尺寸方向上通常只允许使用一次。

5）选作粗基准的表面应平整光洁，有一定面积，无飞边、浇口、冒口，以保证定位稳定、夹紧可靠。

无论是粗基准还是精基准的选择，上述原则都不可能同时满足，有时甚至互相矛盾，因此选择基准时，必须具体情况具体分析，权衡利弊，保证零件的主要设计要求。

第六节　工艺路线的拟订

拟订工艺路线是制订工艺规程的关键一步，它不仅影响零件的加工质量和效率，而且影响设备投资、生产成本，甚至工人的劳动强度。拟订工艺路线时，在首先选择好定位基准后，紧接着需要考虑如下几方面的问题。

一、表面加工方法的选择

表面加工方法的选择，就是为零件上每一个有质量要求的表面选择一套合理的加工方法。在选择时，一般先根据表面精度和粗糙度要求选择最终加工方法，然后再确定精加工前期工序的加工方法。选择加工方法，既要保证零件表面的质量，又要争取高生产效率，同时还应考虑以下因素：

1）首先应根据每个加工表面的技术要求，确定加工方法及加工次数。

2）应选择相应的能获得经济精度和经济表面质量的加工方法。加工时，不要盲目采用能获得高的加工精度和小的表面粗糙度值的加工方法，以免增加生产成本，浪费设备资源。

3）应考虑工件材料的性质。例如，淬火钢精加工应采用磨床加工，但非铁金属的精加工为避免磨削时堵塞砂轮，则应采用金刚镗或高速精细车削等。

4）要考虑工件的结构和尺寸。例如，对于 IT7 公差等级的孔，采用镗削、铰削、拉削和磨削等都可达到要求。但箱体上的孔一般不宜采用拉削或磨削，加工大孔时宜选择镗削，加工小孔时则宜选择铰孔。

5）要根据生产类型选择加工方法。大批量生产时，应采用生产率高、质量稳定的专用设备和专用工艺装备加工。单件小批生产时，则只能采用通用设备和工艺装备以及一般的加工方法。

6）还应考虑本企业的现有设备情况和技术条件以及充分利用新工艺、新技术的可能性。应充分利用企业的现有设备和工艺手段，节约资源，发挥群众的创造性，挖掘企业潜力；同时应重视新技术、新工艺的应用，设法提高企业的工艺水平。

7）其他特殊要求。例如工件表面纹路要求、表面力学性能要求等。

二、加工阶段的划分

为了保证零件的加工质量和合理地使用设备、人力，零件往往不可能在一个工序内完成全部加工工作，而必须将整个加工过程划分为粗加工、半精加工和精加工三大阶段。

粗加工阶段的任务是高效地切除各加工表面的大部分余量，使毛坯在形状和尺寸上接近成品；半精加工阶段的任务是消除粗加工留下的误差，为主要表面的精加工做准备，并完成一些次要表面的加工；精加工阶段的任务是从工件上切除少量余量，保证各主要表面达到图样规定的质量要求。另外，对零件上精度和表面粗糙度要求特别高的表面还应在精加工后增加光整加工，称为光整加工阶段。

划分加工阶段的主要原因有：

（1）保证零件加工质量 粗加工时切除的金属层较厚，会产生较大的切削力和切削热，所需的夹紧力也较大，因而工件会产生较大的弹性变形和热变形；另外，粗加工后由于内应力重新分布，也会使工件产生较大的变形。划分阶段后，粗加工造成的误差将通过半精加工和精加工予以纠正。

（2）有利于合理使用设备 粗加工时可使用功率大、刚度好而精度较低的高效率机床，以提高生产率。而精加工则可使用高精度机床，以保证加工精度要求。这样既充分发挥了机床各自的性能特点，又避免了以粗干精，延长了高精度机床的使用寿命。

（3）便于及时发现毛坯缺陷 由于粗加工切除了各表面的大部分余量，毛坯的缺陷如气孔、砂眼、余量不足等可及早被发现，及时修补或报废，从而避免继续加工而造成的浪费。

（4）避免损伤已加工表面 将精加工安排在最后，可以保护精加工表面在加工过程中少受损伤或不受损伤。

（5）便于安排必要的热处理工序 划分阶段后，在适当的时机在机械加工过程中插入热处理，可使冷、热工序配合得更好，避免因热处理带来的变形。

值得指出的是，加工阶段的划分不是绝对的。例如，对那些加工质量要求不高、刚性较好、毛坯精度较高、加工余量小的工件，也可不划分或少划分加工阶段；对于那些刚性好的重型零件，由于装夹、运输费时，也常在一次装夹中完成粗、精加工，为了弥补不划分加工阶段引起的缺陷，可在粗加工之后松开工件，让工件的变形得到恢复，稍停留后再用较小的夹紧力重新夹紧工件，再进行精加工。

三、加工顺序的安排

复杂零件的机械加工要经过切削加工、热处理和辅助工序，在拟订工艺路线时必须将三者统筹考虑，合理安排顺序。

1. 切削加工工序顺序的安排原则

切削工序安排的总原则是：前期工序必须为后续工序创造条件，做好基准准备。具体原则如下：

（1）基准先行 零件加工一开始，总是先加工精基准，然后再用精基准定位加工其他表面。例如，对于箱体零件，一般是以主要孔为粗基准加工平面，再以平面为精基准加工孔系；对于轴类零件，一般是以外圆为粗基准加工中心孔，再以中心孔为精基准加工外圆、端面等其他表面。如果有几个精基准，则应该按照基准转换的顺序和逐步提高加工精度的原则来安排基面和主要表面的加工。

（2）先主后次 零件的主要表面一般都是加工精度或表面质量要求比较高的表面，它们加工质量的好坏对整个零件质量的影响很大，其加工工序往往也比较多，因此，应先安排主要表面的加工，再将其他表面加工适当安排在它们中间穿插进行。通常将装配基面、工作表面等视为主要表面，而将键槽、紧固用的光孔和螺孔等视为次要表面。

（3）先粗后精 一个零件通常由多个表面组成，各表面的加工一般都需要分阶段进行。

在安排加工顺序时，应先集中安排各表面的粗加工，中间根据需要依次安排半精加工，最后安排精加工和光整加工。对于精度要求较高的工件，为了减小因粗加工引起的变形对精加工的影响，通常粗、精加工不应连续进行，而应分阶段、间隔适当时间进行。

（4）先面后孔　对于箱体、支架和连杆等工件，应先加工平面后加工孔。因为平面的轮廓平整、面积大，先加工平面再以平面定位加工孔，既能保证加工时孔有稳定可靠的定位基准，又有利于保证孔与平面间的位置精度要求。

2. 热处理的安排

热处理工序在工艺路线中的安排，主要取决于零件的材料和热处理的目的。根据热处理的目的，一般可分为：

（1）预备热处理　预备热处理的目的是消除毛坯制造过程中产生的内应力，改善金属材料的切削加工性能，为最终热处理做准备。属于预备热处理的有调质、退火及正火等，一般安排在粗加工前、后：安排在粗加工前，可改善材料的切削加工性能；安排在粗加工后，有利于消除残余内应力。

（2）最终热处理　最终热处理的目的是提高金属材料的力学性能，如提高零件的硬度和耐磨性等。属于最终热处理的有淬火—回火、渗碳淬火—回火及渗氮等，对于仅仅要求改善力学性能的工件，有时正火、调质等也作为最终热处理。最终热处理一般应安排在粗加工、半精加工之后，精加工的前后。变形较大的热处理，如渗碳淬火、调质等，应安排在精加工前进行，以便在精加工时纠正热处理的变形；变形较小的热处理，如渗氮等，则可安排在精加工之后进行。

（3）时效处理　时效处理的目的是消除内应力，减少工件变形。时效处理分自然时效、人工时效和冰冷处理三大类。自然时效是指将铸件在露天放置几个月或几年；人工时效是指将铸件以 $50 \sim 100 ℃/h$ 的速度加热到 $500 \sim 550℃$，保温数小时或更久，然后以 $20 \sim 50℃/h$ 的速度随炉冷却；冰冷处理是指将零件置于 $-80 \sim 0℃$ 之间的某种气体中停留 $1 \sim 2h$。时效处理一般安排在粗加工之后、精加工之前；对于精度要求较高的零件可在半精加工之后再安排一次时效处理；冰冷处理一般安排在回火处理之后或者精加工之后或者工艺过程的最后。

（4）表面处理　为了表面防腐或表面装饰，有时需要对表面进行涂镀或发蓝等处理。涂镀是指在金属、非金属基体上沉积一层所需的金属或合金的过程。发蓝处理是一种钢铁的氧化处理，是指将钢件放入一定温度的碱性溶液中，使零件表面生成厚 $0.6 \sim 0.8 \mu m$ 致密而牢固的 Fe_3O_4 氧化膜的过程，依处理条件的不同，该氧化膜呈现亮蓝色直至亮黑色，所以又称为煮黑处理。这种表面处理通常安排在工艺过程的最后。

3. 辅助工序的安排

辅助工序包括工件的检验、去毛刺、清洗、去磁和防锈等。辅助工序也是机械加工的必要工序，安排不当或遗漏，会给后续工序和装配带来困难，甚至影响产品质量和机器的使用性能。例如，未去毛刺的零件装配到产品中会影响装配精度或危及工人安全，机器运行一段时间后，毛刺变成碎屑后混入润滑油中，将影响机器的使用寿命；用磁力夹紧过的零件如果不安排消磁，则可能将微细切屑带入产品中，也必然会严重影响机器的使用寿命，甚至还可能造成不必要的事故。因此，必须十分重视辅助工序的安排。

检验是最主要的辅助工序，它对保证产品质量有重要的作用。检验工序应安排在：

1）粗加工阶段结束后。

2）转换车间的前后，特别是进入热处理工序的前后。

3）重要工序之前或加工工时较长的工序前后。

4）特种性能检验，如磁力探伤、密封性检验等之前。

5）全部加工工序结束之后。

四、工序的集中与分散

拟订工艺路线时，选定了各表面的加工工序和划分加工阶段之后，就可以将同一阶段中的各加工表面组合成若干工序。确定工序数目或工序内容的多少有两种不同的原则，它和设备类型的选择密切相关。

1. 工序集中与工序分散的概念

工序集中就是将工件的加工集中在少数几道工序内完成。每道工序的加工内容较多。工序集中又可分为：采用技术措施集中的机械集中，如采用多刀、多刃、多轴或数控机床加工等；采用人为组织措施集中的组织集中，如卧式车床的顺序加工。

工序分散则是将工件的加工分散在较多的工序内完成。每道工序的加工内容很少，有时甚至每道工序只有一个工步。

2. 工序集中与工序分散的特点

（1）工序集中的特点

1）采用高效率的专用设备和工艺装备，生产效率高。

2）减少了装夹次数，易于保证各表面间的相互位置精度，还能缩短辅助时间。

3）工序数目少，机床数量、操作工人数量和生产面积都可减少，节省人力、物力，还可简化生产计划和组织工作。

4）工序集中通常需要采用专用设备和工艺装备，使得投资大，设备和工艺装备的调整、维修较为困难，生产准备工作量大，转换新产品较麻烦。

（2）工艺分散的特点

1）设备和工艺装备简单，调整方便，工人便于掌握，容易适应产品的变换。

2）可以采用最合理的切削用量，减少基本时间。

3）对操作工人的技术水平要求较低。

4）设备和工艺装备数量多，操作工人多，生产占地面积大。

工序集中与分散各有特点，应根据生产类型、零件的结构和技术要求、现有生产条件等综合分析后选用。如批量小时，为简化生产计划，多将工序适当集中，使各通用机床完成更多表面的加工，以减少工序数目；而批量较大时就可采用多刀、多轴等高效机床将工序集中。由于工序集中的优点较多，现代生产的发展多趋向于工序集中。

3. 工序集中与工序分散的选择

工序集中与工序分散各有利弊，如何选择，应根据企业的生产规模、产品的生产类型、现有的生产条件、零件的结构特点和技术要求、各工序的生产节拍，进行综合分析后选定。

通常，单件小批生产采用组织集中，以便简化生产组织工作；大批大量生产可采用较复杂的机械集中；对于结构简单的产品，可采用工序分散的原则；批量生产应尽可能采用高效机床，使工序适当集中。对于重型零件，为了减少装卸运输工作量，工序应适当集中；而对于刚性较差且精度高的精密工件，则工序应适当分散。随着科学技术的进步，先进制造技术的发展，目前的发展趋势是倾向于工序集中。

第七节 工序内容的设计

一、设备及工艺装备的选择

1. 设备的选择

确定了工序集中或工序分散的原则后，基本上也就确定了设备的类型。如采用工序集中，则宜选用高效自动加工设备；若采用工序分散，则加工设备可较简单。此外，选择设备时还应考虑：

1）机床精度与工件精度相适应。

2）机床规格与工件的外形尺寸相适应。

3）选择的机床应与现有加工条件相适应，如设备负荷的平衡状况等。

4）如果没有现成设备供选用，经过方案的技术经济分析后，也可提出专用设备的设计任务书或改装旧设备。

2. 工艺装备的选择

工艺装备选择得合理与否，将直接影响工件的加工精度、生产效率和经济效益。应根据生产类型、具体加工条件、工件结构特点和技术要求等选择工艺装备。

（1）夹具的选择 单件、小批生产应首先采用各种通用夹具和机床附件，如卡盘、机床用平口虎钳、分度头等；对于大批和大量生产，为提高生产率应采用专用高效夹具；多品种中、小批量生产可采用可调夹具或成组夹具。

（2）刀具的选择 一般优先采用标准刀具。若采用机械集中，则可采用各种高效的专用刀具、复合刀具和多刃刀具等。刀具的类型、规格和精度等级应符合加工要求。

（3）量具的选择 单件、小批生产应广泛采用通用量具，如游标卡尺、外径千分尺和百分表等；大批大量生产应采用极限量块和高效的专用检验夹具和量仪等。量具的精度必须与加工精度相适应。

二、加工余量的确定

1. 加工余量的基本概念

加工余量是指在加工中被切去的金属层厚度。加工余量有工序余量、总余量之分。

（1）工序余量 相邻两工序的工序尺寸之差称为工序余量，如图1-16所示。

计算工序余量 Z 时，平面类非对称表面，应取单边余量：

对于外表面

$$Z = a - b \qquad (1-2)$$

对于内表面

$$Z = b - a \qquad (1-3)$$

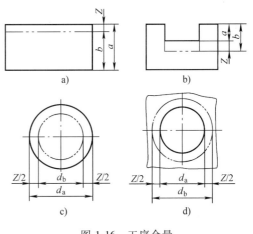

图 1-16 工序余量

式中　Z——本工序的工序余量;

　　　a——前道工序的工序尺寸;

　　　b——本工序的工序尺寸。

旋转表面的工序余量则是对称的双边余量:

对于被包容面

$$Z = d_a - d_b \tag{1-4}$$

对于包容面

$$Z = d_b - d_a \tag{1-5}$$

式中　Z——直径上的加工余量;

　　　d_a——前道工序的加工直径;

　　　d_b——本工序的加工直径。

由于工序尺寸有公差, 故实际切除的余量大小不等。因此, 工序余量也是一个变动量。当工序尺寸用公称尺寸计算时, 所得的加工余量称为公称余量。

保证该工序加工表面的精度和质量所需切除的最小金属层厚度称为最小余量 Z_{min}。

该工序余量的最大值则称为最大余量 Z_{max}。

图 1-17 表示了工序余量与工序尺寸的关系。

工序余量和工序尺寸及公差的关系式如下:

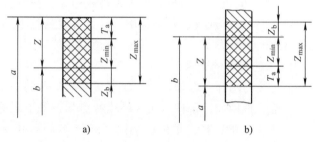

图 1-17　工序余量与工序尺寸及其公差的关系

$$Z = Z_{min} + T_a \tag{1-6}$$

$$Z_{max} = Z + T_b = Z_{min} + T_a + T_b \tag{1-7}$$

由此可知

$$T_z = Z_{max} - Z_{min} = (Z_{min} + T_a + T_b) - Z_{min} = T_a + T_b \tag{1-8}$$

即余量公差等于前道工序与本工序的尺寸公差之和。

式中　T_a——前道工序尺寸的公差;

　　　T_b——本工序尺寸的公差;

　　　T_z——本工序的余量公差。

为了便于加工, 工序尺寸公差都按"入体原则"标注, 即被包容面的工序尺寸公差取上极限偏差为零;包容面的工序尺寸公差取下极限偏差为零;而毛坯尺寸公差按双向布置上、下极限偏差。

（2）总余量　工件由毛坯到成品的整个加工过程中某一表面被切除金属层的总厚度。即

$$Z_总 = Z_1 + Z_2 + \cdots + Z_n \tag{1-9}$$

式中　　　　　$Z_总$——加工总余量;

Z_1、Z_2、$\cdots$、Z_n——各道工序余量。

2. 影响加工余量的因素

影响加工余量的因素是多方面的, 主要有:

1）前道工序的表面粗糙度 Ra 和表面层缺陷层厚度 D_a。

2）前道工序的尺寸公差 T_a。

3）前道工序的几何误差 ρ_a，如工件表面的弯曲、工件的空间位置误差等。

4）本工序的安装误差 ε_b。

因此，本工序的加工余量必须满足：

对称余量

$$Z \geqslant 2(Ra+D_a)+T_a+2|\rho_a+\varepsilon_b| \qquad (1-10)$$

单边余量

$$Z \geqslant Ra+D_a+T_a+|\rho_a+\varepsilon_b| \qquad (1-11)$$

3. 加工余量的确定

加工余量的大小对工件的加工质量、生产率和生产成本均有较大影响。加工余量过大，不仅增加了机械加工的劳动量、降低生产率，而且增加了材料、刀具和电力的消耗，提高了加工成本；加工余量过小，则既不能消除前道工序的各种表面缺陷和误差，又不能补偿本工序加工时工件的安装误差，造成废品。因此，应合理地确定加工余量。

确定加工余量的基本原则是：在保证加工质量的前提下，加工余量越小越好。

实际工作中，确定加工余量的方法有以下三种：

（1）查表法 根据有关手册提供的加工余量数据，再结合本厂生产实际情况加以修正后确定加工余量。这是各工厂广泛采用的方法。

（2）经验估计法 根据工艺人员本身积累的经验确定加工余量。一般为了防止余量过小而产生废品，所估计的余量总是偏大。常用于单件、小批量生产。

（3）分析计算法 根据理论公式和一定的试验资料，对影响加工余量的各因素进行分析、计算来确定加工余量。这种方法较合理，但需要全面可靠的试验资料，计算也较复杂。一般只在材料十分贵重或少数大批大量生产的工厂中采用。

三、工序尺寸及其公差的确定

工件上的设计尺寸一般都要经过几道工序的加工才能得到，每道工序所应保证的尺寸称为工序尺寸。编制工艺规程的一个重要工作就是要确定每道工序的工序尺寸及公差。在确定工序尺寸及公差时，存在工序基准与设计基准重合和不重合两种情况。

1. 基准重合时工序尺寸及其公差的计算

当工序基准、定位基准或测量基准与设计基准重合，表面多次加工时，工序尺寸及其公差的计算相对来说比较简单。其计算顺序是：先确定各工序的加工方法，然后确定该加工方法所要求的加工余量及其所能达到的精度，再由最后一道工序逐个向前推算，即由零件图上的设计尺寸开始，一直推算到毛坯图上的尺寸。工序尺寸的公差都按各工序的经济精度确定，并按"入体原则"确定上、下极限偏差。

例 1-1 某主轴箱体主轴孔的设计要求为 $\phi100H7$，$Ra=0.8\mu m$。其加工工艺路线为：毛坯—粗镗—半精镗—精镗—浮动镗。试确定各工序尺寸及其公差。

解 从机械工艺手册查得各工序的加工余量和所能达到的精度，具体数值见表 1-9 中的第 2、3 列，计算结果见表 1-9 中的第 4、5 列。

表 1-9 主轴孔工序尺寸及公差的计算

工序名称	工序余量	工序的经济精度	工序基本尺寸	工序尺寸及公差
浮动镗	0.1mm	H7($^{+0.035}_{0}$)	100mm	$\phi 100^{+0.035}_{0}$ mm, $Ra = 0.8\mu m$
精镗	0.5mm	H9($^{+0.087}_{0}$)	100mm − 0.1mm = 99.9mm	$\phi 99.9^{+0.087}_{0}$ mm, $Ra = 1.6\mu m$
半精镗	2.4mm	H11($^{+0.22}_{0}$)	99.9mm − 0.5mm = 99.4mm	$\phi 99.4^{+0.22}_{0}$ mm, $Ra = 6.3\mu m$
粗镗	5mm	H13($^{+0.54}_{0}$)	99.4mm − 2.4mm = 97mm	$\phi 97^{+0.54}_{0}$ mm, $Ra = 12.5\mu m$
毛坯孔	8mm	±1.2mm	97mm − 5mm = 92mm	$\phi 92$ mm ± 1.2mm

2. 基准不重合时工序尺寸及其公差的计算

加工过程中，工件的尺寸是不断变化的，由毛坯尺寸到工序尺寸，最后达到满足零件性能要求的设计尺寸。一方面，由于加工的需要，在工序图以及工艺卡上要标注一些专供加工用的工艺尺寸，工艺尺寸往往不是直接采用零件图上的尺寸，而是需要另行计算；另一方面，当零件加工时，有时需要多次转换基准，因而引起工序基准、定位基准或测量基准与设计基准不重合。这时，需要利用工艺尺寸链原理来进行工序尺寸及其公差的计算。

（1）工艺尺寸链的基本概念

1）工艺尺寸链的定义。加工图 1-18 所示零件，零件图上标注的设计尺寸为 A_1 和 A_0。当用零件的面 A 来定位加工面 B，得尺寸 A_1，仍以面 A 定位加工面 C，保证尺寸 A_2，于是 A_1、A_2 和 A_0 就形成了一个封闭的图形。这种由相互联系的尺寸按一定顺序首尾相接排列成的尺寸封闭图形就称为尺寸链。由单个零件在工艺过程中的有关工艺尺寸所组成的尺寸链，称为工艺尺寸链。

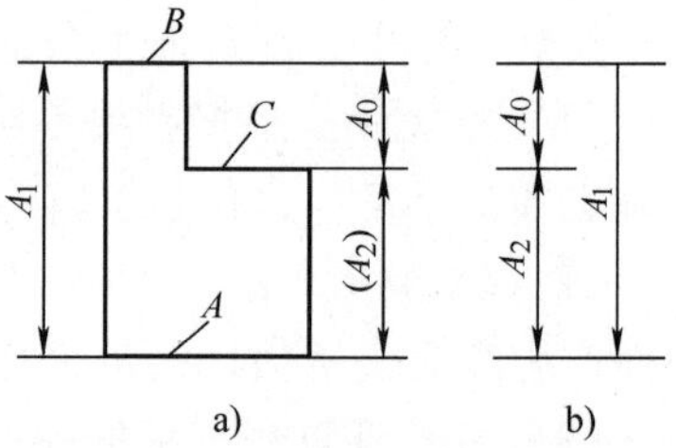

图 1-18 加工过程中的尺寸链

2）工艺尺寸链的组成。我们把组成工艺尺寸链的各个尺寸称为尺寸链的环。这些环可分为封闭环和组成环。

①封闭环。尺寸链中最终间接获得或间接保证精度的那个环称为封闭环。每个尺寸链中必有一个，且只有一个封闭环。

②组成环。除封闭环以外的其他环都称为组成环。组成环又分为增环和减环。

a）增环（A_i）：若其他组成环不变，某组成环的变动引起封闭环随之同向变动，则该环为增环。

b）减环（A_j）：若其他组成环不变，某组成环的变动引起封闭环随之异向变动，则该环为减环。

工艺尺寸链一般都用工艺尺寸链图表示。建立工艺尺寸链时，应首先对工艺过程和工艺尺寸进行分析，确定间接保证精度的尺寸，并将其定为封闭环，然后再从封闭环出发，按照零件表面尺寸间的联系，用首尾相接的单向箭头顺序表示各组成环，这种尺寸图就是尺寸链图。根据上述定义，利用尺寸链图即可迅速判断组成环的性质，凡与封闭环箭头方向相同的环即为减环，而凡与封闭环箭头方向相反的环即为增环。

3）工艺尺寸链的特性。通过上述分析可知，工艺尺寸链的主要特性有封闭性和关联性。

所谓封闭性，是指尺寸链中各尺寸的排列呈封闭形式。没有封闭的不能成为尺寸链。

所谓关联性，是指尺寸链中任何一个直接获得的尺寸及其变化，都将影响间接获得或间接保证的那个尺寸及其精度的变化。

（2）工艺尺寸链计算的基本公式 工艺尺寸链的计算方法有两种，即极值法和概率法，这里仅介绍生产中常用的极值法。

1）封闭环的基本尺寸。封闭环的基本尺寸等于组成环环尺寸的代数和，即

$$A_\Sigma = \sum_{i=1}^{m} \overrightarrow{A_i} - \sum_{j=m+1}^{n-1} \overleftarrow{A_j} \tag{1-12}$$

式中 A_Σ——封闭环的尺寸；

$\overrightarrow{A_i}$——增环的公称尺寸；

$\overleftarrow{A_j}$——减环的公称尺寸；

m——增环的环数；

n——包括封闭环在内的尺寸链的总环数。

2）封闭环的极限尺寸。封闭环的最大极限尺寸等于所有增环的最大极限尺寸之和减去所有减环的最小极限尺寸之和；封闭环的最小极限尺寸等于所有增环的最小极限尺寸之和减去所有减环的最大极限尺寸之和。故极值法也称为极大极小法，即

$$A_{\Sigma\max} = \sum_{i=1}^{m} \overrightarrow{A}_{i\max} - \sum_{j=m+1}^{n-1} \overleftarrow{A}_{j\min} \tag{1-13}$$

$$A_{\Sigma\min} = \sum_{i=1}^{m} \overrightarrow{A}_{i\min} - \sum_{j=m+1}^{n-1} \overleftarrow{A}_{j\max} \tag{1-14}$$

3）封闭环的上极限偏差 $B_s(A_\Sigma)$ 与下极限偏差 $B_x(A_\Sigma)$：

封闭环的上极限偏差等于所有增环的上极限偏差之和减去所有减环的下极限偏差之和，即

$$B_s(A_\Sigma) = \sum_{i=1}^{m} B_s(\overrightarrow{A}_i) - \sum_{j=m+1}^{n-i} B_x(\overleftarrow{A}_j) \tag{1-15}$$

封闭环的下极限偏差等于所有增环的下极限偏差之和减去所有减环的上极限偏差之和，即

$$B_x(A_\Sigma) = \sum_{i=1}^{m} B_x(\overrightarrow{A}_i) - \sum_{j=m+1}^{n-i} B_s(\overleftarrow{A}_j) \tag{1-16}$$

4）封闭环的公差 $T(A_\Sigma)$。封闭环的公差等于所有组成环公差之和，即

$$T(A_\Sigma) = \sum_{i=1}^{n-i} T(A_i) \tag{1-17}$$

5）计算封闭环的竖式。封闭环还可列竖式进行解算。解算时应用口诀：增环上下极限偏差照抄，减环上下极限偏差对调、反号。即：

环的类型	公称尺寸	上极限偏差 ES	下极限偏差 EI
增环 $\overrightarrow{A_1}$	$+A_1$	ES_{A1}	EI_{A1}
$\overrightarrow{A_2}$	$+A_2$	ES_{A2}	EI_{A2}
减环 $\overleftarrow{A_3}$	$-A_3$	$-EI_{A3}$	$-ES_{A3}$
$\overleftarrow{A_4}$	$-A_4$	$-EI_{A4}$	$-ES_{A4}$
封闭环 A_Σ	A_Σ	$ES_{A\Sigma}$	$EI_{A\Sigma}$

具体计算过程请参照后面的实例。

（3）工艺尺寸链的计算形式

1）正计算形式：已知各组成环尺寸求封闭环尺寸，其计算结果是唯一的。产品设计的校验常用这种形式。

2）反计算形式：已知封闭环尺寸求各组成环尺寸。由于组成环通常有若干个，所以反计算形式需将封闭环的公差值按照尺寸大小和精度要求合理地分配给各组成环。产品设计常用此形式。

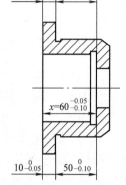

3）中间计算形式：已知封闭环尺寸和部分组成环尺寸求某一组成环尺寸。该方法应用最广，常用于加工过程中基准不重合时计算工序尺寸。

3. 工艺尺寸链的分析与解算

（1）测量基准与设计基准不重合时的工艺尺寸及其公差的确定

在工件加工过程中，有时会遇到一些表面加工之后，按设计尺寸不便直接测量的情况，因此需要在零件上另选一容易测量的表面作为测量基准进行测量，以间接保证设计尺寸的要求。这时就需要进行工艺尺寸的换算。

图 1-19　测量基准与设计基准不重合

例 1-2　加工图 1-19 的所示轴承座，设计尺寸为 $50_{-0.10}^{0}$ mm 和 $10_{-0.05}^{0}$ mm。由于设计尺寸 $50_{-0.10}^{0}$ mm 在加工时无法直接测量，只好通过测量尺寸 x 来间接保证它。尺寸 $50_{-0.10}^{0}$ mm、$10_{-0.05}^{0}$ mm 和 x 就形成了一工艺尺寸链。分析该尺寸链可知，尺寸 $50_{-0.10}^{0}$ mm 为封闭环，尺寸 $10_{-0.05}^{0}$ mm 为减环，x 为增环。

解　利用尺寸链的解算公式可知

$x = 50\text{mm} + 10\text{mm} = 60\text{mm}$

$\text{ES}_x = 0 + (-0.05\text{mm}) = -0.05\text{mm}$

$\text{EI}_x = -0.10\text{mm} - 0 = -0.10\text{mm}$

因此，$x = 60_{-0.10}^{-0.05}$ mm。

尺寸链图如下：

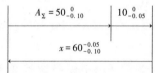

计算上面的尺寸链，由于环数少，利用尺寸链解算公式比较简便。不过，公式记忆起来有的人会感到有些困难，甚至容易弄混；如果尺寸链环数很多，利用尺寸链解算公式计算起来还会感到比较麻烦，并且容易出错。下面介绍一种用竖式解算尺寸链的方法。

利用竖式解算尺寸链时，必须用一句口诀对增环、减环的上、下极限偏差进行处理。这句口诀是："增环上、下极限偏差照抄，减环上、下极限偏差对调并反号"。仍以例 1-2 为例，由尺寸链图可知，尺寸 $50_{-0.10}^{0}$ mm 为封闭环，尺寸 $10_{-0.05}^{0}$ mm 为减环，x 为增环。将该尺寸链列竖式则为：

公称尺寸	上极限偏差 ES	下极限偏差 EI
$x = 60$ -10	-0.05 $+0.05$	-0.10 0
$A_\Sigma = 50$	0	-0.10

同样解得：$x = 60_{-0.10}^{-0.05}$ mm。

（2）定位基准与设计基准不重合时的工艺尺寸及其公差的确定　采用调整法加工零件时，若所选的定位基准与设计基准不重合，那么该加工表面的设计尺寸就不能由加工直接得到，这时就需要进行工艺尺寸的换算，以保证设计尺寸的精度要求，并将计算的工序尺寸标注在工序图上。

例 1-3 加工图 1-20 所示零件，A、B、C 面在镗孔前已经过加工，镗孔时，为方便工件装夹，选择 A 面为定位基准来进行加工，而孔的设计基准为 C 面，显然，属于定位基准与设计基准不重合。加工时镗刀需按定位 A 面来进行调整，故应先计算出工序尺寸 A_3。

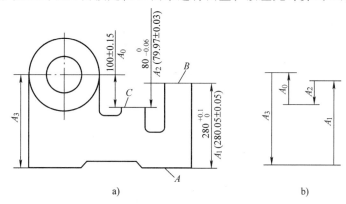

图 1-20 定位基准与设计基准不重合

解 据题意作出工艺尺寸链简图（见图 1-20b）。由于面 A、B、C 在镗孔前已加工，故 A_1、A_2 在本工序前就已被保证精度，A_3 为本道工序直接保证精度的尺寸，故三者均为组成环，而 A_0 为本工序加工后才得到的尺寸，故 A_0 为封闭环。由工艺尺寸链简图（见图 1-20b）可知，组成环 A_2 和 A_3 是增环，A_1 是减环。为使计算方便，现将各尺寸都换算成平均尺寸。由此列竖式（见下表）。

解得：$A_3 = 300.08\text{mm} \pm 0.07\text{mm} = 300^{+0.15}_{+0.01}\text{mm}$

（3）工序基准是尚需加工的设计基准时的工序尺寸及其公差的计算 从待加工的设计基准（一般为基面）标注工序尺寸，因为待加工的设计基准与设计基准两者差一个加工余量，所以这仍然可以作为设计基准与定位基准不重合的问题进行解算。

公称尺寸	ES	EI
A_3 300.08mm	+0.07mm	−0.07mm
A_2 79.97mm	+0.03mm	−0.03mm
A_1 −280.05mm	+0.05mm	−0.05mm
A_0 100mm	+0.15mm	−0.15mm

例 1-4 某零件的外圆 $\phi108^{0}_{-0.013}\text{mm}$ 上要渗碳，渗碳深度为 $0.8 \sim 1.0\text{mm}$。外圆加工顺序安排是：先按 $\phi108.6^{0}_{-0.03}\text{mm}$ 车外圆，然后渗碳并淬火，最后再按 $\phi108^{0}_{-0.013}\text{mm}$ 磨此外圆，所留渗碳层深度要在 $0.8 \sim 1.0\text{mm}$ 范围内。试求渗碳工序的渗入深度应控制在多大的范围。

解 根据题意作出尺寸链图，由尺寸链图可知，$1.6^{+0.4}_{0}\text{mm}$ 为封闭环。列竖式求解为：

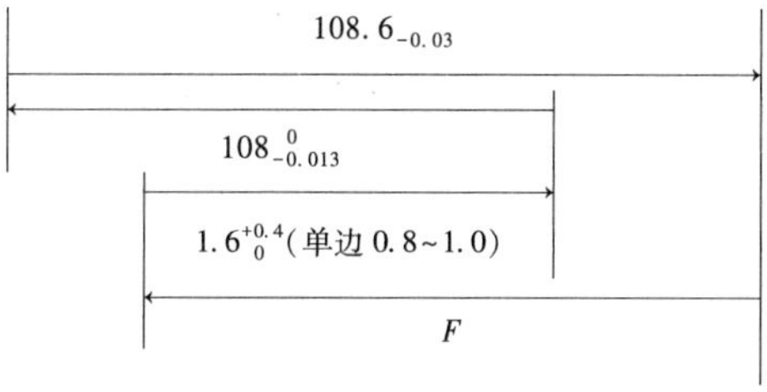

公称尺寸	ES	EI
增环 108mm	0	−0.013mm
$F = 2.2\text{mm}$	+0.37mm	+0.013mm
减环 −108.6mm	+0.03mm	0
封闭环 1.6mm	+0.4mm	0

Left diagram labels:
- 108.6₋₀.₀₃
- 108₋₀.₀₁₃
- 1.6⁺⁰·⁴₀ (单边 0.8～1.0)
- F

由此解得：$F = 2.2^{+0.37}_{+0.013}$ mm

因此，渗碳工序的渗入深度应控制在 1.107~1.285mm 的范围内。

第八节　机械加工生产率和技术经济分析

制订工艺规程的根本任务是在保证产品质量的前提下，提高劳动生产率和降低成本，即做到高产、优质、低消耗。要达到这一目的，制订工艺规程时，还必须对工艺过程认真开展技术经济分析，有效地采取提高机械加工生产率的工艺措施。

一、时间定额

机械加工生产率是指工人在单位时间内生产的合格产品的数量，或者指制造单件产品所消耗的劳动时间。它是劳动生产率的指标。机械加工生产率通常通过时间定额来衡量。

时间定额是指在一定的生产条件下，规定每个工人完成单件合格产品或某项工作所必需的时间。

时间定额是安排生产计划、核算生产成本的重要依据，也是设计、扩建工厂或车间时计算设备和工人数量的依据。

完成零件一道工序的时间定额称为单件时间。它由下列部分组成：

1）基本时间(T_b)，指直接改变生产对象的尺寸、形状、相对位置与表面质量或材料性质等工艺过程所消耗的时间。对机械加工而言，就是切除金属所耗费的时间（包括刀具切入、切出的时间）。时间定额中的基本时间可以根据切削用量和行程长度来计算。

2）辅助时间(T_a)，指为实现工艺过程所必须进行的各种辅助动作消耗的时间。它包括装卸工件，开、停机床，改变切削用量，试切和测量工件，进给和退刀等所需的时间。

基本时间与辅助时间之和称为操作时间T_B。它是直接用于制造产品或零、部件所消耗的时间。

3）布置工作场地时间(T_{sw})，指为使加工正常进行，工人管理工作场地和调整机床等（如更换、调整刀具，润滑机床，清理切屑，收拾工具等）所需时间。一般按操作时间的2%~7%（以百分率 α 表示）计算。

4）生理和自然需要时间(T_r)，指工人在工作班内为恢复体力和满足生理需要等消耗的时间。一般按操作时间的 2%~4%（以百分率 β 表示）计算。

以上四部分时间的总和称为单件时间 T_p，即

$$T_p = T_b + T_a + T_{sw} + T_r = T_B + T_{sw} + T_r = (1 + \alpha + \beta) T_B \qquad (1-18)$$

5）准备与终结时间(T_e)，简称为准终时间，指工人在加工一批产品、零件进行准备和结束工作所消耗的时间。加工开始前，通常都要熟悉工艺文件，领取毛坯、材料、工艺装备，调整机床，安装工刀具和夹具，选定切削用量等；加工结束后，需送交产品，拆下、归还工艺装备等。准终时间对一批工件来说只消耗一次，零件批量越大，分摊到每个工件上的准终时间 T_e/n 就越小，其中 n 为批量。因此，单件或成批生产的单件计算时间 T_c 应为

$$T_c = T_p + T_e/n = T_b + T_a + T_{sw} + T_r + T_e/n \qquad (1-19)$$

大批大量生产中，由于 n 的数值很大，$T_e/n \approx 0$，即可忽略不计，所以大批大量生产的单件计算时间 T_c 应为

$$T_c = T_p = T_b + T_a + T_{sw} + T_r \tag{1-20}$$

二、提高机械加工生产率的工艺措施

劳动生产率是一个综合技术经济指标，它与产品设计、生产组织、生产管理和工艺设计都有密切关系。这里讨论提高机械加工生产率的问题，主要从工艺技术的角度，研究如何通过减少时间定额，寻求提高生产率的工艺途径。

1. 缩短基本时间

（1）提高切削用量 增大切削速度、进给量和背吃刀量都可以缩短基本时间，这是机械加工中广泛采用的提高生产率的有效方法。近年来国外出现了聚晶金刚石和聚晶立方氮化硼等新型刀具材料，切削普通钢材的速度可达 900m/min；加工 60HRC 以上的淬火钢、高镍合金钢，在 980℃ 时仍能保持其红硬性，切削速度可在 900m/min 以上。高速滚齿机的切削速度可达 65~75m/min，目前最高滚切速度已超过 300m/min。磨削方面，近年的发展趋势是在不影响加工精度的条件下，尽量采用强力磨削，提高金属切除率，磨削速度已超过 60m/s 以上；而高速磨削速度已达到 180m/s 以上。

（2）减少或重合切削行程长度 利用几把刀具或复合刀具对工件的同一表面或几个表面同时进行加工，或者利用宽刃刀具、成形刀具作横向进给同时加工多个表面，实现复合工步，都能减少每把刀的切削行程长度或使切削行程长度部分或全部重合，减少基本时间。

（3）采用多件加工 多件加工可分顺序多件加工、平行多件加工和平行顺序多件加工三种形式。

顺序多件加工是指工件按进给方向一个接一个地顺序装夹，减少了刀具的切入、切出时间，即减少了基本时间。这种形式的加工常见于滚齿、插齿、龙门刨、平面磨和铣削加工中。

平行多件加工是指工件平行排列，一次进给可同时加工 n 个工件，加工所需基本时间和加工一个工件相同，所以分摊到每个工件的基本时间就减少到原来的 $1/n$，其中 n 为同时加工的工件数。这种方式常见于铣削和平面磨削中。

平行顺序多件加工是上述两种形式的综合，常用于工件较小、批量较大的情况，如立轴平面磨削和立轴铣削加工中。

2. 缩短辅助时间

缩短辅助时间的方法通常是使辅助操作实现机械化和自动化，或使辅助时间与基本时间重合。具体措施有：

（1）采用先进高效的机床夹具 这不仅可以保证加工质量，而且大大减少了装卸和找正工件的时间。

（2）采用多工位连续加工 即在批量和大量生产中，采用回转工作台和转位夹具，在不影响切削加工的情况下装卸工件，使辅助时间与基本时间重合。该方法在铣削平面和磨削平面中得到广泛应用，可显著地提高生产率。

（3）采用主动测量或数字显示自动测量装置 零件在加工中需多次停机测量，尤其是精密零件或重型零件更是如此，这样不仅降低了生产率，不易保证加工精度，还增加了工人的劳动强度，主动测量的自动测量装置能在加工中测量工件的实际尺寸，并能用测量的结果控制机床进行自动补偿调整。该方法在内、外圆磨床上采用，已取得了显著的效果。

（4）采用两个相同夹具交替工作的方法 当一个夹具安装好工件进行加工时，另一个夹具同时进行工件装卸，这样也可以使辅助时间与基本时间重合。该方法常用于批量生产中。

3. 缩短布置工作场地时间

布置工作场地时间，主要消耗在更换刀具和调整刀具的工作上。因此，缩短布置工作场地时间主要是减少换刀次数、换刀时间和调整刀具的时间。减少换刀次数就是要提高刀具或砂轮的使用寿命，而减少换刀和调刀时间是通过改进刀具的装夹和调整方法，采用对刀辅具来实现的。例如，采用各种机外对刀的快换刀夹具、专用对刀样板或样件以及自动换刀装置等。目前，在车削和铣削中已广泛采用机械夹固的可转位硬质合金刀片，既能减少换刀次数，又减少了刀具的装卸、对刀和刃磨时间，从而大大提高了生产效率。

4. 缩短准备与终结时间

缩短准备与终结时间的主要方法是扩大零件的批量和减少调整机床、刀具和夹具的时间。

三、工艺过程的技术经济分析

制订机械加工工艺规程时，通常应提出几种方案。这些方案应都能满足零件的设计要求，但成本则会有所不同。为了选取最佳方案，需要进行技术经济分析。

1. 生产成本和工艺成本

制造一个零件或一件产品所必需的一切费用的总和，称为该零件或产品的生产成本。生产成本实际上包括与工艺过程有关的费用和与工艺过程无关的费用两类。因此，对不同的工艺方案进行经济分析和评价时，只需分析、评价与工艺过程直接相关的生产费用，即所谓工艺成本。

在进行经济分析时，应首先统计出每一方案的工艺成本，再对各方案的工艺成本进行比较，以其中成本最低、见效最快的为最佳方案。

工艺成本由两部分构成，即可变成本（V）和不变成本（S）。

可变成本（V）是指与生产纲领 N 直接有关，并随生产纲领成正比例变化的费用。它包括工件材料（或毛坯）费用、操作工人工资、机床电费、通用机床的折旧费和维修费、通用工艺装备的折旧费和维修费等。

不变成本（S）是指与生产纲领 N 无直接关系，不随生产纲领的变化而变化的费用。它包括调整工人的工资、专用机床的折旧费和维修费、专用工艺装备的折旧费和维修费等。

零件加工的全年工艺成本（E）为

$$E = VN + S \tag{1-21}$$

此公式为直线方程，其坐标关系如图 1-21 所示，可以看出，E 与 N 是线性关系，即全年工艺成本与生产纲领成正比，直线的斜率为工件的可变费用，直线的起点为工件的不变费用，当生产纲领产生 ΔN 的变化时，则年工艺成本的变化为 ΔE。

单件工艺成本 E_d 可由式（1-21）变换得到，即

$$E_d = V + S/N \tag{1-22}$$

单件工艺成本 E_d 可由式（1-21）变换得到，即

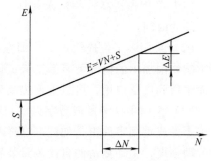

图 1-21 全年工艺成本与生产纲领
的关系

由图 1-22 可知，E_d 与 N 呈双曲线关系，当 N 增大时，E_d 逐渐减小，极限值接近可变费用。

2. 不同工艺方案的经济性比较

在进行不同工艺方案的经济分析时，常对零件或产品的全年工艺成本进行比较，这是因为全年工艺成本与生产纲领呈线性关系，容易比较。设两种不同方案分别为 Ⅰ 和 Ⅱ，它们的全年工艺成本分别为：

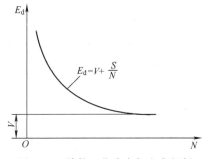

图 1-22　单件工艺成本与生产纲领的关系

$$E_1 = V_1 N + S_1$$
$$E_2 = V_2 N + S_2$$

两种方案比较时，往往一种方案的可变费用较大时，另一种方案的不变费用就会较大。如果某方案的可变费用和不变费用均较大，那么该方案在经济上是不可取的。

现在同一坐标图上分别画出方案 Ⅰ 和 Ⅱ 全年的工艺成本与年产量的关系，如图 1-23 所示。由图可知，两条直线相交于 $N=N_K$ 处，N_K 称为临界产量，在此年产量时，两种工艺路线的全年工艺成本相等。由 $V_1 N_K + S_1 = V_2 N_K + S_2$ 可得：

$$N_K = (S_1 - S_2)/(V_2 - V_1)$$

当 $N<N_K$ 时，宜采用方案 Ⅱ，即年产量小时，宜采用不变费用较少的方案；当 $N>N_K$ 时，则宜采用方案 Ⅰ，即年产量大时，宜采用可变费用较少的方案。

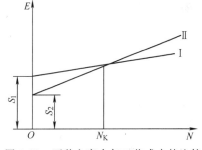

图 1-23　两种方案全年工艺成本的比较

如果需要比较的工艺方案中基本投资差额较大，还应考虑不同方案的基本投资差额的回收期。投资回收期必须满足以下要求：

1）小于采用设备和工艺装备的使用年限。

2）小于该产品由于结构性能或市场需求等因素所决定的生产年限。

3）小于国家规定的标准回收期，即新设备的回收期应小于 4~6 年，新夹具的回收期应小于 2~3 年。

第九节　装配工艺基础

一、装配工艺概述

1. 装配的概念

任何机械产品都是由若干零件、组件和部件装配而成。所谓装配就是按规定的技术要求，将零件、组件和部件进行配合和连接，使之成为半成品或成品，并对其进行调试和检测的工艺过程。其中，把零件、组件装配成部件的过程称为部装，把零件、组件和部件装配成产品的过程称为总装。

装配是机器生产的最后环节。研究装配工艺过程和装配精度，制订科学的装配工艺规程，采取合理的装配方法，对于保证产品质量、提高生产效率、减轻装配工人的劳动强度和降低产品成本，都有着十分重要的意义。

2. 装配工作

装配并不只是将零件进行简单连接的过程，而是根据组装、部装和总装的技术要求，通过校正、调整、平衡、配作以及反复的检验来保证产品质量的复杂过程。常见装配工作的基本内容有下面几项：

（1）清洗 清洗的目的是去除零件表面或部件中的油污及机械杂质。零、部件的清洗对保证产品的装配质量和延长产品的使用寿命有着重要的意义，尤其是对于轴承、密封件、精密偶件及有特殊清洗要求的工件更为重要。清洗的方法有擦洗、浸洗、喷洗和超声波清洗等。清洗液一般可采用煤油、汽油、碱液及各种化学清洗液等。清洗过的零件应具有一定的防锈能力。

（2）连接 将两个或两个以上的零件结合在一起的工作称为连接。连接可分为可拆卸连接和不可拆卸连接两种方式。可拆卸连接的特点是相互连接的零件可多次拆装而不损坏任何零件，常见的可拆卸连接有螺纹联接、键联接和销联接等；常见的不可拆卸连接有过盈配合连接、焊接、铆接等，其中过盈配合常用于轴与孔的连接，连接方法一般采用压入法，重要或精密机械常用热胀或冷缩法。

（3）校正、调整与配作 在单件小批生产的条件下，某些装配精度要求不是随便能满足的，必须要进行校正、调整或配作等工作。校正就是在装配过程中通过找正、找平及相应的调整工作来确定相关零件的相互位置关系；调整就是调节相关零件的相互位置，除了在配合校正中所做的对零部件间位置精度的调节之外，还包括对各运动副间隙的调整以保证零部件间的运动精度；配作是指在装配过程中的配钻、配铰、配刮、配磨等一些附加的钳工和机加工工作。调整、校正、配作虽有利于保证装配精度，却会影响生产效率，且不利于流水装配作业。

（4）平衡 对于转速高、运转平稳性要求高的机器，为了防止在使用过程中因旋转件质量不平衡产生的离心力而引起振动，装配时必须对有关旋转零件进行平衡，必要时还要对整机进行平衡。平衡的方法有：加重法、减重法及调节法。

（5）验收试验 产品装配好后应根据其质量验收标准进行全面的验收试验，各项验收指标合格后才可包装、出厂。

3. 机器装配的精度

（1）装配精度的内容 机器的装配精度包括以下几个方面：

1）尺寸精度：指装配后零部件间应保证的距离和间隙。

2）位置精度：指装配后零部件间应保证的平行度、垂直度等。

3）运动精度：指装配后有相对运动的零部件间在运动方向和运动准确性上应保证的要求。

4）接触精度：指两配合表面、接触表面和连接表面间达到规定的接触面积和接触点分布的要求。

不难看出，各装配精度之间有着密切的关系。位置精度是运动精度的基础，它对于保证尺寸精度、接触精度也会产生较大的影响；反过来，尺寸精度、接触精度又是位置精度和运动精度的保证。

（2）装配精度与零件精度的关系 机器的质量是通过装配质量最终得以保证的。如果装配不当，即使零件的加工质量再高，仍可能出现不合格产品；相反，即使零件的加工质量不是很高，但在装配时采用了合适的工艺方法，依然可能使产品达到规定的精度要求。可见，装配工艺方法对保证机器的质量有着很重要的作用。通常要获得较高的装配精度，必须先控制和提高零件的加工精度，使它们的累计误差不超过装配精度的要求。

（3）影响装配精度的因素

1）零件的加工精度。零件的加工精度是保证装配精度的基础，零件加工精度的一致性好，对于保证装配精度、减少装配工作量有着很大的影响。当然，并不是说零件的加工精度越高越好，因为这样会增加产品成本，造成浪费，应该根据装配精度分析，控制有关零件的加工精度，特别是要求保证零件精度的一致性。

2）零件之间的配合要求和接触质量。零件之间的配合要求是指配合面之间的间隙量或过盈量，它决定配合性质。零件之间的接触质量是指配合面或连接表面之间的接触面积大小和接触位置要求，它主要影响接触刚度即接触变形，也影响配合性质。现代机器装配中，提高配合质量和接触质量，对于提高配合面的接触刚度，对于提高整个机器的精度、刚度、抗振性和寿命等都有极其重要的作用。

3）零件的变形。零件在机械加工和装配过程中，由于力、热、内应力等所引起的变形，对装配精度影响很大。有些零件在机械加工后是合格的，但由于存放不当、由于自重或其他原因使零件变形；有的装配时精度是合格的，但由于机械加工时零件里层的残余内应力或外界条件的变化，可能产生内应力而影响装配精度。因此某些精密仪器、精密机床必须在恒温条件下装配，使用时也必须保证恒温。

4）旋转零件的不平衡。高速旋转零件的平衡对于保证装配精度、保证机器工作的平稳性、减少振动、降低噪声、提高工作质量、提高机器寿命等，都有着十分重要的意义。目前，连一些中速旋转的机器也都开始重视动平衡的问题了。

5）工人的装配技术。装配工作是一项技术性很强的工作，有时合格的零件也不一定能装配出合格的产品，因为装配工作包括修配、调整等内容，这些工作的精度主要靠工人的技术水平和工作经验来保证，甚至与工人的思想情绪、工作态度、责任感等主观因素有关。因此，有时装配的产品不合格，也可能是装配技术造成的。

4. 装配的类型

生产纲领不同，装配的生产类型也不同。不同的生产类型，装配的组织形式、装配方法和工艺装备等都有较大的区别。大批大量生产多采用流水装配线，还可采用自动装配机或自动装配线；笨重、批量不大的产品多采用固定流水装配，批量较大时采用流水装配，多品种平行投产时采用多品种可变节奏流水装配；单件小批生产多采用固定装配或固定式流水装配进行总装，对有一定批量的部件也可采用流水装配。各种生产类型装配工作的特点见表 1-10。

表 1-10　各种生产类型装配工作的特点

生产类型 装配工作特点	大批大量生产	成批生产	单件小批生产
基本特征	产品固定，生产活动长期重复，生产周期一般较短	产品在系列化范围内变动，分批交替投产或多品种同时投产，生产活动在一定时期内重复	产品经常变换，不定期重复生产，生产周期一般较长

（续）

生产类型	大批大量生产	成批生产	单件小批生产
组织形式	多采用流水装配线；有连续移动、间歇移动及可变节奏等移动方式，还可采用自动装配机或自动装配线	笨重、批量不大的产品多采用固定流水装配，批量较大时采用流水装配，多品种平行投产时用多品种可变节奏流水装配	多采用固定装配或固定式流水装配进行总装，同时对批量较大的部件也可采用流水装配
装配工艺方法	按互换法装配，允许有少量简单的调整，精密偶件成对供应或分组供应装配，无任何修配工作	主要采用互换法，应灵活运用其他保证装配精度的装配工艺方法，如调整法、修配法和合并法，以节约加工费用	以修配法及调整法为主，互换件比例较少
工艺过程	工艺过程划分很细，力求达到高度的均衡性	工艺过程的划分应适合于批量的大小，尽量使生产均衡	一般不订详细工艺文件，工序可适当调度，工艺也可灵活掌握
工艺设备	专业化程度高，宜采用专用高效工艺装备，易于实现机械化自动化	通用设备较多，但也采用一定数量的专用工、夹、量具，以保证装配质量和提高工效	一般为通用设备及通用工、夹、量具
手工操作要求	手工操作比重小，熟练程度容易提高，便于培养新工人	手工操作比重不小，技术水平要求较高	手工操作比重大，要求工人有高的技术水平和多方面的工艺知识
应用实例	汽车、拖拉机、内燃机、滚动轴承、手表、缝纫机、电气开关	机床、机车车辆、中小型锅炉、矿山采掘机械	重型机床、重型机器、汽轮机、大型内燃机、大型锅炉

二、保证装配精度的工艺方法

如前所述，机器的精度最终是靠装配来保证的。在生产过程中用来保证装配精度的装配方法有很多，归纳起来可分为互换法、选配法、修配法和调整法四类。

1. 互换法

根据互换程度的不同，互换法可分为完全互换法和部分互换法两种。

（1）完全互换法 完全互换法是指装配时各配合零件可不经挑选、修配及调整，即可达到规定的装配精度的装配方法。其装配尺寸链采用极值法解算。

（2）部分互换法 部分互换法又称为不完全互换法，也称为大数互换法。完全互换法的装配过程虽然简单，但它是通过严格控制零件的制造精度来保证装配精度的，当装配精度要求较高，而组成环数目又较多时，会使各组成环零件加工精度要求过高而造成加工困难。因此，对于大批大量的生产类型，应考虑采用部分互换法来替代完全互换法。

部分互换法是指绝大多数产品装配时各组成环可不需挑选、修配及调整，装配后即能达到装配精度的要求，但可能会有少数产品成为不能达到装配精度而需要采取修配措施甚至可能成为废品。部分互换法采用概率法解算装配尺寸链，以增大各组成环的公差值，使零件易于加工。

2. 选配法

选配法是指将尺寸链中组成环的公差放大到经济加工精度，按此精度对各零部件进行加工，然后再选择合适的零件进行装配，以保证装配精度。选配法适用于装配精度要求高、组成环数较少的大批大量生产类型。该方法又可分直接选配法、分组选配法和复合选配法。

（1）直接选配法　在装配时，由工人直接从许多待装配的零件中选择合适的零件进行装配。这种方法的装配精度在很大程度上取决于工人技术水平的高低。

（2）分组选配法　当封闭环精度要求很高时，无论是采用完全互换法还是采用部分互换法都可能使各组成环分得的公差值过小，而造成零件难以加工且不经济，这时往往将各组成环的公差按完全互换法所要求的值放大几倍，使零件能按经济加工精度进行加工，加工后再按实际测量出的尺寸将零件分为若干组，装配时选择对应组内零件进行装配，来满足装配精度要求。由于同组内的零件可以互换，所以这种方法又叫作分组互换装配法。

（3）复合选配法　它是分组选配法和直接选配法的复合形式，即将组成环的公差相对于互换法所要求之值增大，然后对加工后零件进行测量、分组，装配时由工人在各对应组内挑选合适零件进行装配。这种方法既能提高装配精度、又不会增加分组数，但装配精度仍依赖于工人的技术水平，常用于相配件公差不等时，作为分组装配法的一种补充形式。

选配法的装配尺寸链采用极值法解算。

3. 修配法

修配法是指将尺寸链中各组成环均按经济加工精度制造，在装配时去除某一预先确定好的组成环上的材料，改变其尺寸，从而保证装配精度。装配时进行的加工，称为修配；被加工的零件叫修配件；这个组成环称为修配环，由于对该环的修配是为了补偿其他组成环公差放大而产生的累积误差，所以该环又称为补偿环。采用修配法时，解算装配尺寸的方法采用极值法，先按经济加工精度确定除修配环以外的其他各组成环的公差，并按单向入体原则确定其偏差；再确定补偿环的公差及偏差。

修配法可以分为单件修配法、合并加工修配法和自身加工修配法。单件修配法是在装配尺寸链中，选择某一个固定的零件作为修配件，装配时通过对它进行修配加工来满足装配精度的要求。合并加工修配法是将两个或更多的零件先合并（装配）到一起再进行修配加工，合并后的尺寸可作为一个组成环，这样就减少了尺寸链中组成环的数目，扩大了组成环的公差，还能减少修配量。自身加工修配法是利用机床装配后自己加工自己来保证装配精度。

4. 调整法

在成批大量生产中，对于装配精度要求较高而组成环数目又较多的装配尺寸链，可采用调整法来进行装配。所谓调整装配法，就是在装配时通过改变产品中可调零件的位置或更换尺寸合适的可调零件来保证装配精度的方法。调整法与修配法的实质相同，都是按经济精度确定各组成环的公差，并选择一个组成环为调整环，通过改变调整环的尺寸来保证装配精度；不同的是调整法是依靠改变调整件的位置或更换调整件来保证装配精度，而修配法则是通过去除材料的方法来保证装配精度。

根据调整方式的不同，调整法又分为可动调整法、固定调整法和误差抵消法三种。通过改变调整件位置来保证装配精度的方法称为可动调整装配法。在装配尺寸链中选择一个零件作为调整件，根据各组成环形成的累积误差的大小来更换不同尺寸的调整件，以保证装配精度要求的方法称为固定调整装配法。在产品或部件装配时，通过调整有关零件的相互位置，使其加工误差相互抵消一部分，以保证装配精度的方法称为误差抵消装配法。

三、装配尺寸链

1. 装配尺寸链的基本概念及特征

在机器的装配过程中，由相关零件的尺寸或相互位置关系所组成的尺寸链，称为装配尺寸链。装配尺寸链与工艺尺寸链基本相似，但装配尺寸链还有自己的特点：

1）装配尺寸链的封闭环是装配时要保证的装配精度或技术要求。

2）组成尺寸链的各组成环分别属于不同的零件或部件。

2. 装配尺寸链的建立

应用装配尺寸链分析和解决装配精度问题时，应先查明和建立装配尺寸链，即首先确定封闭环，再以封闭环为依据查找与其相关各个组成环，然后作出尺寸链图，并判别各组成环的性质，最后再进行相应的计算并确定保证装配精度的工艺方法。

由工艺尺寸链的知识可知，封闭环的公差为各组成环公差之和。因此，当封闭环的公差值（装配精度）既定时，组成环的环数越少，各组成环分得的公差值就越大，零件的加工就越容易。为此，在建立装配尺寸链时，组成环的数目应该越少越好，这就是最短路线原则。为了达到这个目的，在进行产品设计时，应在保证产品使用性能的前提下，尽量简化其结构，以减少对装配精度有影响的零件数目；在查找尺寸链时，每个相关零、部件只应有一个尺寸作为组成环进入装配尺寸链，即将连接两个装配基准面间的位置尺寸直接标在零件图上，以使组成环的数目等于相关零、部件的数目。

3. 装配尺寸链的计算

装配尺寸链的计算同样可分为正计算和反计算。装配尺寸链的计算方法有极值法和概率法两种。

（1）极值法　采用极值法解算装配尺寸链的计算公式与第一节所述解算工艺尺寸链的计算公式相同，此处从略。

（2）概率法　采用极值法计算比较简单，它是考虑两种最坏的情况而计算得到零件的尺寸及偏差，因而比较安全可靠。不过，当封闭环公差值较小而组成环的数目又较多时，该方法分配给每个组成环的公差值是很小的，易造成零件加工困难或制造成本太高。生产实践表明，在正常生产条件下加工出的一批零件中，绝大多数零件的尺寸都出现在其平均尺寸左右，只有极少数零件的尺寸出现在其极限尺寸附近，因此在解算成批、大量生产的多环尺寸链时，应用概率法更为合理。

概率法的基本计算公式为

$$T_\Sigma \geqslant \sqrt{\sum_{i=1}^{n-1} T_i^2} \qquad (1\text{-}23)$$

概率法可将组成环的平均公差相对于极值法扩大 $\sqrt{n-1}$ 倍，而且组成环环数越多，平均公差增大的也越多，从而使零件加工更容易，成本更低。为了计算简便，在实际计算时常将各环改写成平均尺寸，公差按双向等偏差标注，计算完毕，再按"入体原则"标注。

四、装配工艺规程的制订

用文件的形式将装配内容、顺序、操作方法和检验项目等规定下来，作为指导装配工作和组织装配生产的依据的技术文件，称为装配工艺规程。它对于保证装配质量、提高装配生产效率、减轻工人劳动强度、降低生产成本等都有重要的作用。

1. 制订装配工艺的基本原则及原始资料

（1）制订装配工艺规程的基本原则　在制订装配工艺规程时，应考虑遵循以下原则：

1）保证质量。装配工艺规程应保证产品质量，力求提高质量以延长产品的使用寿命。产品的质量最终是由装配来保证的，即使零件都合格，如果装配不当，也可能装配出不合格产品。因此，装配一方面能反映产品设计和零件加工的问题。另一方面装配本身应确保产品的质量。

2）提高效率。装配工艺规程应合理安排装配顺序，力求减轻劳动强度，缩短装配周期，提高装配效率。目前，大多数工厂仍处于手工装配方式，有的实现了部分机械化，装配工作的劳动量很大，也比较复杂，因此装配工艺规程必须科学、合理，尽量减少钳工装配工作量，力求减轻劳动强度，提高工作效率。

3）降低成本。装配工艺规程应能尽量减少装配投资，力求降低装配成本。要降低装配工作所占的成本，就必须考虑减少装配投资，采取措施节省装配占地面积，减少设备投资，降低对工人的技术水平要求，减少装配工人的数量，缩短装配周期等。

（2）制订装配工艺规程的原始资料　制订装配工艺规程前，必须事先获得一定的原始资料，才能着手这方面的工作。制订装配工艺规程所需的原始资料如下：

1）产品的总装图和部件装配图，必要时还应有重要零件的零件图。从产品图样可以了解产品的全部结构和尺寸、配合性质、精度、材料和重量以及技术性能要求等，从而合理地安排装配顺序，恰当地选择装配方法和检验项目，合理地设计装配工具和准备装配设备。

2）产品的验收技术标准。它规定了产品性能的检验、试验的方法和内容。

3）产品的生产纲领。它决定装配的生产类型，是制订装配工艺和选择装配生产组织形式的重要依据。

4）现有的生产和技术条件。它包括本厂现有的装配工艺设备、工人技术水平、装配车间面积等各方面的情况。考虑这些现有条件，可以使所制订的装配工艺更切合实际，符合生产要求。

2. 装配工艺规程的内容和步骤

（1）装配工艺规程的内容　装配工艺规程主要包括以下内容：

1）分析产品总装图，划分装配单元，确定各零、部件的装配顺序及装配方法。

2）确定各工序的装配技术要求、检验方法和检验工具。

3）选择和设计在装配过程中所需的工具、夹具和专用设备。

4）确定装配时零、部件的运输方法及运输工具。

5）确定装配的时间定额。

（2）制订装配工艺规程的步骤 根据装配工作的内容可知，制订装配工艺规程时，必须遵循以下步骤：

1）分析产品的原始资料。分析产品图样及产品结构的装配工艺性；分析装配技术要求及检验标准；分析与解算装配尺寸链。

2）确定装配方法与组织形式。装配方法与组织形式主要取决于产品的结构、生产纲领及工厂现有生产条件。装配组织形式可分为固定式和移动式两种。全部装配工作都在同一个地点完成者称为固定式装配。零、部件用输送带或输送小车按装配顺序从一个装配地点移动到下一个装配地点，各装配点分别完成一部分装配工作者称为移动式装配。根据零、部件移动的方式不同，移动式装配又可分为连续移动及间歇移动两种，在连续移动式装配中，装配线连续按节拍移动，工人在装配时边装配边随着装配线走动，装配完后立刻回到原来的位置进行重复装配；在间歇移动式装配中装配时，产品不动，工人在规定时间（节拍）内完成装配工作后，产品再被输送带或小车送到下一个装配地点。

3）划分装配单元，确定装配基准件。产品的装配单元可分为五个等级，即零件、合件、组件、部件和产品。无论哪一级装配单元，都要选定某一零件或比它低一级的装配单元作为装配基准件，所选装配基准件应具有较大的重量、体积及足够的支承面，以保证装配时作业的稳定性。

4）确定装配顺序。确定装配顺序的一般原则是：先进行预处理，先装基准件、重型件，先装复杂件、精密件和难装配件，先完成容易破坏以后装配质量的工序，类似工序、同方位工序集中安排，电线、油（气）管路应同步安装；危险品（易燃、易爆、易碎、有毒等）最后安装。

5）划分装配工序。装配顺序确定后就可划分装配工序，其主要工作内容如下：

① 确定工序集中与分散程度。

② 划分装配工序，确定各工序内容。

③ 确定各工序所用设备、工具。

④ 制订各工序装配操作规范。

⑤ 制订各工序装配质量要求与检验方法。

⑥ 确定工序时间定额。

6）编制装配工艺文件。单件小批生产时，通常只需绘制装配系统图，装配时，按产品装配图及装配系统图操作。成批生产时，则需制订装配工艺过程卡，对复杂产品还需制订装配工序卡。大批大量生产时，不仅要制订装配工艺过程卡，还要制订装配工序卡，以直接指导工人进行装配。

装配工艺过程卡和装配工序卡格式见表1-11和表1-12。

7）制订产品检测与试验规范

① 检测和试验的项目及质量指标。

② 检测和试验的方法、条件与环境要求。

③ 检测和试验所需工艺装备的选择或设计。

④ 质量问题的分析方法和处理措施。

表 1-11 装配工艺过程卡

装配工艺过程卡片		产品型号		零(部)件图号				
		产品名称		零(部)件名称			共( )页第( )页	
工序号	工序名称	工序内容		装配部门	设备及工艺装备	辅助材料	工时定额/min	
描图								
描校								
底图号								
装订号					设计(日期)	审核(日期)	标准化(日期)	会签(日期)
	标记	处数	更改文件号	签字	日期	标记	处数	更改文件号 签字 日期

表 1-12 装配工序卡

装配工序卡片		产品型号		零(部)件图号				
		产品名称		零(部)件名称			共( )页第( )页	
工序号		工作名称		车间		工段设备		工序工时
简 图								
工步号		工 步 内 容				工艺装备	辅助材料	工时定额/min
描图								
描校								
底图号								
装订号					设计(日期)	审核(日期)	标准化(日期)	会签(日期)
	标记	处数	更改文件号	签字	日期	标记 处数	更改文件号 签字 日期	

思考题与习题

1-1 什么是生产过程、工艺过程和工艺规程？工艺规程在生产时有何作用？

1-2 什么是工序、安装、工位、工步？

1-3 如何划分生产类型？各种生产类型的工艺特征是什么？

1-4 在加工中可通过哪些方法保证工件的尺寸精度、形状精度及位置精度？

1-5 什么是零件的结构工艺性？

1-6 何谓设计基准、定位基准、工序基准、测量基准和装配基准，请举例说明。

1-7 精基准、粗基准的选择原则有哪些？如何处理在选择时出现的矛盾？

1-8 如何选择下列加工过程中的定位基准：

（1）浮动铰刀铰孔；（2）拉齿坯内孔；（3）无心磨削销轴外圆；（4）磨削床身导轨面；（5）箱体零件攻螺纹；（6）珩磨连杆大头孔。

1-9 如图 1-24 所示的零件，若按调整法加工时，试在图中指出：

（1）加工平面 2 时的设计基准、定位基准、工序基准和测量基准。

（2）镗孔 4 时的设计基准、定位基准、工序基准和测量基准。

1-10 试述在零件加工过程中，划分加工阶段的目的和原则。

1-11 试叙述零件在机械加工工艺过程中，安排热处理工序的目的、常用的热处理方法及其在工艺过程中安排的位置。

1-12 试分析图 1-25 所示零件的工艺过程的组成（内容包括工序、安装、工步、工位等），生产类型为单件小批生产。

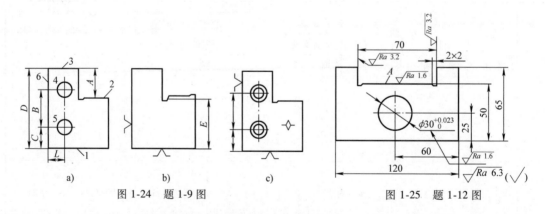

图 1-24 题 1-9 图   图 1-25 题 1-12 图

1-13 一小轴，毛坯为热轧棒料，大量生产的工艺路线为粗车—精车—淬火—粗磨—精磨，外圆设计尺寸为 $\phi 30_{-0.013}^{0}$ mm，已知各工序的加工余量和经济精度，试确定各序尺寸及其偏差、毛坯尺寸及粗车余量，并填入下表：

工序名称	工序余量	经济精度	工序尺寸及偏差	工序名称	工序余量	经济精度	工序尺寸及偏差
精磨	0.1mm	0.013mm（IT6）		粗车	6mm	0.21mm（IT12）	
粗磨	0.4mm	0.033mm（IT8）		毛坯尺寸		±1.2mm	
精车	1.5mm	0.084mm（IT10）					

1-14 加工图 1-26 所示零件，要求保证尺寸（6±0.1）mm。但该尺寸不便测量，要通过测量尺寸 L 来间接保证。试求测量尺寸 L 及其上、下极限偏差，并分析有无假废品存在。若有，可采取什么办法来解决假废品的问题？

1-15 加工套筒零件，其轴向尺寸及有关工序简图如图 1-27 所示，试求工序尺寸 L_1 和 L_2 及其极限偏差。

1-16 试判别图 1-28 所示的各尺寸链中哪些是增环？哪些是减环？

1-17 某零件加工工艺过程如图 1-29 所示，试校核工序 3 精车端面的余量是否足够？

1-18 图 1-30 所示为某模板简图，镗削两孔 O_1、O_2 时均以底面为定位基准，试标注镗两孔的工序尺寸。检验两孔孔距时，因其测量不便，试标注出测量尺寸 A 的大小及偏差。若 A 超差，可否直接判定该模板为废品？

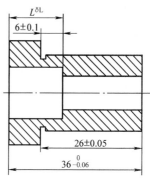

图 1-26 题 1-14 图

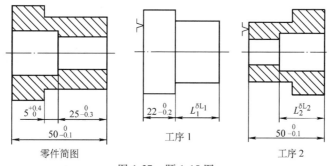

图 1-27 题 1-15 图

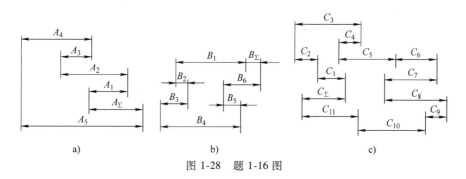

图 1-28 题 1-16 图

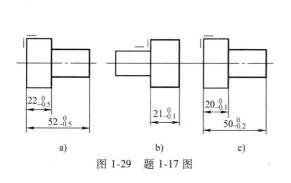

图 1-29 题 1-17 图

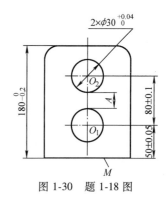

图 1-30 题 1-18 图

1-19 什么是时间定额？批量生产和大量生产时的时间定额分别怎样计算？

1-20 什么是工艺成本？它由哪两类费用组成？单件工艺成本与年产量的关系如何？

1-21 利用极值法和概率法解算装配尺寸链的区别在哪里？它们各适用于哪些装配方法？

1-22 常用的装配方法有哪些？各有何特点？

1-23 图 1-31 所示为键槽与键的装配结构。其中 $A_1 = 20$mm，$A_2 = 20$mm，$A_\Sigma = 0^{+0.15}_{+0.05}$mm。

1）当大批生产时，采用完全互换法装配，试求各组成零件尺寸的上、下偏差。

2）当小批生产时，采用修配法装配，试确定修配的零件并求出各零件尺寸的公差。

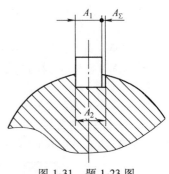

图 1-31 题 1-23 图

1-24 图 1-32 所示溜板部件，在溜板与床身装配前有关组成零件的尺寸分别为：$A_1 = 46^{0}_{-0.04}$mm，$A_2 = 30^{+0.03}_{0}$mm，$A_3 = 16^{+0.06}_{+0.03}$mm。试计算装配后，溜板压板与床身下平面之间的间隙 A_0。试分析，当使用过程中，因导轨磨损导致间隙增大后应如何解决？

1-25 图 1-33 所示为一主轴部件，为保证弹性挡圈能顺利装入，要求保持轴向间隙 $A_0 = 0^{+0.42}_{+0.05}$mm，已知 $A_1 = 32.5$mm，$A_2 = 35$mm，$A_3 = 2.5$mm。试确定各组成环尺寸的上、下极限偏差。

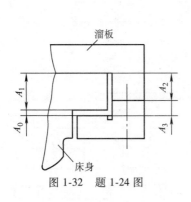

图 1-32 题 1-24 图

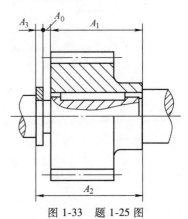

图 1-33 题 1-25 图

1-26 图 1-34 所示装配关系，要求保证轴向间隙，试分别按极值法、概率法、修配法与调整法确定各组成环的尺寸及上、下极限偏差。已知：$A_1 = 30$mm，$A_2 = 5$mm，$A_3 = 43$mm，$A_4 = 3^{0}_{-0.05}$mm（标准件），$A_5 = 5^{0}_{-0.04}$mm（前两种方法选 A_3 为协调环，后两种方法可选 A_5 为分别做修配环和调整环）。

1-27 什么是装配工艺规程？内容有哪些？有何作用？

1-28 制订装配工艺规程的原则及原始资料是什么？

1-29 简述制订装配工艺规程的步骤有哪些？

1-30 保证产品精度的装配工艺方法有哪几种？各用在什么场合？

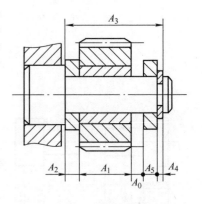

图 1-34 题 1-26 图

第二章

典型表面与典型零件的加工工艺

教学导航

知识目标

1. 熟悉外圆、孔、平面和成形表面等典型表面的加工方法及加工工艺路线。

2. 掌握轴类、箱体类和齿轮等典型零件的加工方法，熟悉其工艺规程。

能力目标

1. 具备选择和制订典型表面加工工艺路线的能力

2. 初步具备制订典型零件加工工艺规程的能力

学习重点

1. 几种典型表面的加工方法。

2. 几种典型零件的加工工艺路线。

学习难点

1. 典型表面加工方法的选择

2. 制订典型零件的工艺规程。

研习导引

路漫漫其修远兮，吾将上下而求索。

——屈原

学习知识要善于思考、思考、再思考，我就是靠这个学习方法成为科学家的。

——爱因斯坦

第一节　典型表面的加工工艺

机器零件的结构形状虽然多种多样，但都是由外圆、孔、平面等基本几何表面组成的，零件的加工过程就是获得这些零件上基本几何表面的过程。同一种表面可选用加工精度、生产率和加工成本各不相同的加工方法进行加工。工程技术人员的任务就是根据具体的生产条件选用最适当的加工方法，制订出最佳的加工工艺路线，加工出符合图样要求的零件，并获得最好的经济效益。

一、外圆加工

外圆面是各种轴、套筒、盘类及大型筒体等回转体零件的主要表面，常用的加工方法有车削、磨削和光整加工。

1. 外圆车削

车外圆是车削加工中加工外圆表面最常见、最基本和最具有代表性的加工方法，该方法既适用于单件、小批量生产，也适用于成批、大量生产。单件、小批量生产常采用卧式车床加工，成批、大量生产常采用转塔车床和自动、半自动车床加工，大尺寸工件常采用大型立式车床加工，复杂零件的高精度表面宜采用数控车床加工。

车削外圆一般分为粗车、半精车、精车和精细车。

（1）粗车 粗车的主要任务是迅速切除毛坯上多余的金属层，通常采用较大的背吃刀量、较大的进给量和中速车削，以尽可能提高生产率。车刀应选取较小的前角、后角和负值的刃倾角，以增强切削部分的强度。粗车尺寸公差等级为 IT11~IT13，表面粗糙度 Ra 为 $12.5~50\mu m$，故可作为低精度表面的最终加工和半精车、精车的预加工。

（2）半精车 半精车是在粗车之后进行的，可作为磨削或精车前的预加工；它可进一步提高工件的精度和降低表面粗糙度，因此也可作为中等精度表面的终加工。半精车尺寸公差等级为 IT9~IT10，表面粗糙度 Ra 为 $3.2~6.3\mu m$。

（3）精车 精车一般是指在半精车之后进行的、作为较高精度外圆的终加工或作为光整加工的预加工。通常在高精度车床上加工，以确保零件的加工精度和表面粗糙度符合图样要求。一般采用很小的背吃刀量和进给量，进行低速或高速车削。低速精车一般采用高速钢车刀，高速精车常用硬质合金车刀。车刀应选用较大的前角、后角和正值的刃倾角。精车尺寸公差等级为 IT6~IT8，表面粗糙度 Ra 为 $0.2~1.6\mu m$。

（4）精细车 精细车所用车床应具有很高的精度和刚度，刀具采用经仔细刃磨和研磨后获得很锋利切削刃的金刚石或细晶粒硬质合金。切削时，采用高切削速度、小背吃刀量和小进给量，其公差等级可达 IT6 以上，表面粗糙度 Ra 在 $0.4\mu m$ 以下。精细车常用于高精度中、小型非铁金属零件的精加工或镜面加工，也可用来代替磨削加工大型精密外圆表面，以提高生产效率。

大批大量生产要求加工效率高，为此可采取如下措施提高外圆表面车削生产率：

1）高速车削，强力车削，提高切削用量，即增大切削速度 v_c、背吃刀量 a_p 和进给量 f，这是缩短基本时间、提高外圆车削生产率的最有效措施之一。

2）采用加热车削、低温冷冻车削、激光和水射流等特种加工方法辅助车削、振动车削等方法加工，减少切削阻力，提高刀具寿命。

3）采用多刀同时进行的复合车削。

2. 外圆磨削

磨削是外圆表面精加工的主要方法。它既能加工淬火的钢铁材料零件，也可以加工不淬火的钢铁材料和非铁金属零件。外圆磨削根据加工质量等级分为粗磨、半精磨、精密磨削、超精密磨削和镜面磨削。一般磨削加工后工件的公差等级可达到 IT7~IT8，表面粗糙度 Ra 可达 $0.8~1.6\mu m$；精磨后工件的公差等级可达 IT6~IT7，表面粗糙度 Ra 可达 $0.2~0.8\mu m$。常见的外圆磨削加工应用如图 2-1 所示。

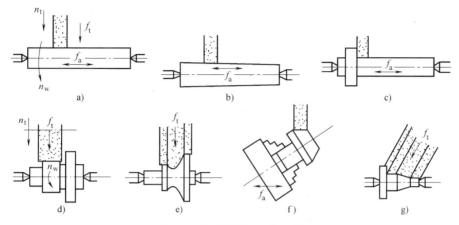

图 2-1　外圆磨削加工的应用

a）纵磨法磨外圆　b）磨锥面　c）纵磨法磨外圆靠端面　d）横磨法磨外圆

e）横磨法磨成形面　f）磨锥面　g）斜向横磨磨成形面

（1）普通外圆磨削　根据工件的装夹状况，普通外圆磨削分为中心磨削和无心磨削两类。

1）中心磨削法。工件以中心孔或外圆定位。根据进给方式的不同，中心磨削又可分为如图 2-2 所示的几种磨削方法。

① 纵磨法。如图 2-2a 所示，磨削时工件随工作台做直线往复纵向进给运动，工件每往复一次（或单行程）砂轮横向进给一次。由于进给次数多，故生产率较低，但能获得较高的精度和较小的表面粗糙度值，因而应用较广，适于磨削长度与砂轮宽度之比>3 的工件。

② 横磨法。如图 2-2b 所示，工件不做纵向进给运动，砂轮以缓慢的速度连续或断续地向工件做径向进给运动，直至磨去全部余量为止。横磨法生产效率高，但磨削时发热量大，散热条件差，且径向力大，故一般只用于大批大量生产中磨削刚性较好、长度较短的外圆及两端都有台阶的轴颈。若将砂轮修整为成形砂轮，可利用横磨法磨削曲面（参见图 2-1e、g）。

③ 综合磨削法。如图 2-2c 所示，先用横磨法分段粗磨被加工表面的全长，相邻段搭接处重叠磨削 3~5mm，留下 0.01~0.03mm 余量，然后用纵横法进行精磨。此法兼有横磨法的高效率和纵磨法的高质量，适用于成批生产中刚性好、长度大、余量多的外圆面。

④ 深磨法。图 2-2d 所示是一种生产率高的先进磨削方法，磨削余量一般为 0.1~0.35mm，纵向进给长度较小（1~2mm），适用于在大批大量生产中磨削刚性较好的短轴。

2）无心磨削法。无心磨削法直接以磨削表面定位，将工件用托

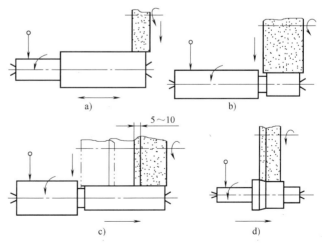

图 2-2　外圆磨削方式/类型

a）纵磨法　b）横磨法　c）综合磨削法　d）深磨法

板支持着放在砂轮与导轮之间进行磨削，工件的中心线稍高于砂轮与导轮中心连线。磨削时，工件靠导轮与工件之间的摩擦力带动旋转，导轮采用摩擦因数大的橡胶结合剂砂轮。导轮的直径较小、速度较低，一般为20~80m/min；而砂轮速度则大大高于导轮速度，是磨削的主运动，它担负着磨削工件表面的重任。无心磨削法操作简单，效率较高，容易实现自动加工，但机床调整较为复杂，故只适用于大批生产。无心磨削前工件的形状误差会影响磨削的加工精度，且不能改善加工表面与工件上其他表面的位置精度，也不能磨削有断续表面的轴。根据工件是否需要轴向运动，无心磨削法分为适用于加工不带台阶的圆柱形工件的通磨（贯穿纵磨）法和适用于加工阶梯轴且有成形回转表面的工件的切入磨（横磨）法。

与中心磨削法相比，无心磨削法具有以下工艺特征：

① 无需打中心孔，且安装工件省时省力，可连续磨削，故生产效率高。

② 尺寸精度较好，但不能改变工件原有的位置误差。

③ 支承刚度好，刚度差的工件也可采用较大的切削用量进行磨削。

④ 容易实现工艺过程的自动化。

⑤ 有一定的圆度误差，一般不小于0.002mm。

⑥ 所能加工的工件有一定局限，不能磨削带槽的工件，也不能磨削内、外圆同轴度要求较高的工件。

（2）高效磨削　以提高效率为主要目的的磨削均属高效磨削，其中以高速磨削、宽砂轮磨削、强力磨削和砂带磨削在外圆加工中较为常用。

1）高速磨削是指砂轮速度大于50m/s的磨削。提高砂轮速度，单位时间内参与磨削的磨粒数增加。如果保持每颗磨粒切去的厚度与普通磨削时一样，即进给量成比例增加，磨去同样余量的时间则按比例缩短；如果进给量仍与普通磨削相同，则每颗磨粒切去的切削厚度减少，提高了砂轮的寿命，减少了修整次数。由此可见，高速磨削可以提高生产效率。此外，由于每颗磨粒的切削厚度减少，可减小 Ra 值。同时由于切削厚度的减少使作用在工件上的法向磨削力也相应减小，可提高工件的加工精度，这对于磨削细长轴类零件十分有利。高速磨削时应采用高速砂轮，磨床也应作适当调整、改进。

2）强力磨削是指采用较高的砂轮速度、较大的背吃刀量和较小的轴向进给，直接从毛坯上磨出加工表面的方法。由于其背吃刀量一次可达6mm甚至更大，因此它可以代替车削和铣削进行粗加工，生产率很高。但是，强力磨削要求磨床、砂轮以及切削液的供应必须与之相匹配。

3）宽砂轮与多砂轮磨削，实质上就是用增加砂轮的宽度来提高磨削生产率。一般外圆砂轮宽度仅有50mm左右，宽砂轮外圆磨削时砂轮宽度可达300mm。

4）砂带磨削是指根据被加工零件的形状选择相应的接触方式，在一定压力下，使高速运动着的砂带与工件接触而产生摩擦，从而使工件加工表面余量逐步被磨除或抛磨光滑的磨削方法，如图2-3所示。砂带是一种单层磨料的涂覆磨具，静电植砂砂带具有磨粒锋利、具有一定弹性的特点。砂带磨削具有生产效率高、设备简单等优点。

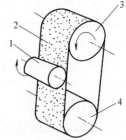

图2-3　外圆磨削方式/类型砂带磨削

1—工件　2—砂带　3—接触轮　4—张紧轮

3. 外圆光整加工

外圆表面的光整加工有高精度磨削、研磨、超精加工、珩磨、抛光和滚压等，这里主要介绍前面三种。

（1）高精度磨削 使工件表面粗糙度 $Ra<0.1\mu m$ 的磨削加工工艺，通常称为高精度磨削。高精度磨削的余量一般为 $0.02\sim0.05mm$，磨削时背吃刀量一般为 $0.0025\sim0.005mm$。为了减小磨床振动，磨削速度应较低，一般取 $15\sim30m/s$，Ra 较小时，速度取低值，反之，取高值。高精度磨削包括以下三种：

① 精密磨削。精密磨削采用粒度为 $60^{\#}\sim80^{\#}$ 的砂轮，并对其进行精细修整，磨削时微刃的切削作用是主要的，光磨 $2\sim3$ 次，使半钝微刃发挥抛光作用，表面粗糙度 Ra 可达 $0.1\sim0.05\mu m$。磨削前 Ra 应小于 $0.4\mu m$。

② 超精密磨削。超精密磨削采用粒度为 $80^{\#}\sim240^{\#}$ 的砂轮，并需进行更精细的修整，选用更小的磨削用量，增加半钝微刃的抛光作用，光磨次数取 $4\sim6$ 次，可使表面粗糙度 Ra 达 $0.025\sim0.012\mu m$。磨削前 Ra 应小于 $0.2\mu m$。

③砂轮镜面磨削。镜面磨削采用金刚石微粉 $W5\sim W14$ 树脂结合剂砂轮，精细修整后半钝微刃的抛光作用是主要的，将光磨次数增至 $20\sim30$ 次，可使表面粗糙度 $Ra<0.012\mu m$。磨削前 Ra 应小于 $0.025\mu m$。

（2）研磨 研磨是在研具与工件之间置以半固态状研磨剂（膏），对工件表面进行光整加工的方法。研磨时，研具在一定压力下与工件做复杂的相对运动，通过研磨剂的机械和化学作用，从工件表面切除一层极微薄的材料，同时工件表面形成复杂网纹，从而达到很高的精度和很小的表面粗糙度值的一种光整加工。

1）手工研磨。如图 2-4 所示，外圆手工研磨采用手持研具或工件进行。手工研磨劳动强度大，生产率低，多用于单件、小批量生产。

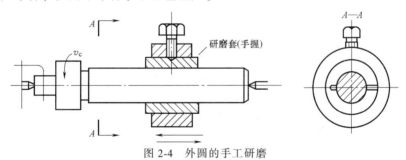

图 2-4 外圆的手工研磨

2）机械研磨。图 2-5 所示为研磨机研磨滚柱的外圆。机械研磨在研磨机上进行，一般用于大批大量生产中，但研磨工件的形状受到一定的限制。

（3）超精加工。如图 2-6 所示，超精加工是用极细磨粒 $W2\sim W60$ 的低硬度油石，在一定压力下对工件表面进行光整加工的方法。加工时，装有油石条的磨头以恒定的压力 p （$0.1\sim0.3MPa$）轻压于工件表面，工件低速旋转（$v=15\sim$

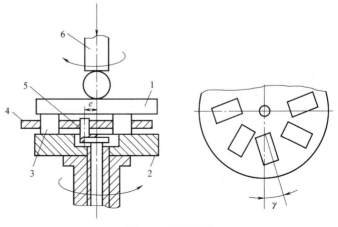

图 2-5 机械研磨

1—上研磨盘 2—下研磨盘 3—工件 4—隔离盘 5—偏心轴 6—悬臂轴

150m/min)，磨头做轴向进给运动（0.1~0.15mm/r），油石做轴向低频振动（频率8~35Hz，振幅为2~6mm），且在油石与工件之间注入润滑油，以清除屑末及形成油膜。因磨条运动轨迹复杂，加工后表面具有交叉网纹，利于储存润滑油，耐磨性好。超精加工只能提高加工表面质量（Ra 为 0.008~0.1μm），不能提高尺寸精度、形状精度和位置精度，主要用于轴类零件的外圆柱面、圆锥面和球面等的光整加工。

4. 外圆加工方法的选择

选择外圆的加工方法，除应满足图样技术要求之外，还与零件的材料、热处理要求、零件的结构、生产纲领、现场设备和操作者技术水平等因素密切相关。总的说来，一个合理的加工方案应能经济地达到技术要求，提高生产效率，因而其工艺路线的制订是十分灵活的。

一般外圆加工的主要方法是车削和磨削。对于精度要求高、表面

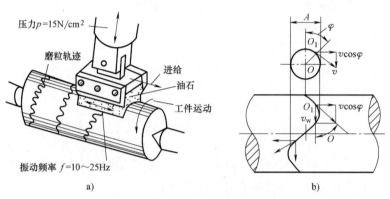

图 2-6　超精加工

粗糙度值小的工件外圆，还需经过研磨、超精加工等才能达到要求；对某些精度要求不高但需光亮的表面，可通过滚压或抛光获得。常见外圆加工方案可以获得的经济精度和表面粗糙度见表2-1。

表 2-1　外圆加工工艺路线方案

序　号	加 工 方 案	经济公差等级	表面粗糙度 $Ra/\mu m$	适 用 范 围
1	粗车	IT12~IT14	12.5~50	适用于除淬火钢件外的各种金属和部分非金属材料
2	粗车—半精车	IT9~IT11	3.2~6.3	
3	粗车—半精车—精车	IT6~IT8	0.8~1.6	
4	粗车—半精车—精车—滚压（抛光）	IT6~IT7	0.4~0.8	
5	粗车—半精车—磨削	IT6~IT7	0.4~0.8	主要用于淬火钢，也可用于未淬火钢及铸铁
6	粗车—半精车—粗磨—精磨	IT5~IT6	0.2~0.4	
7	粗车—半精车—粗磨—精磨—超精加工	IT4~IT6	0.012~0.1	
8	粗车—半精车—精车—金刚石精细车	IT5~IT6	0.2~0.8	主要用于非铁金属
9	粗车—半精车—粗磨—精磨—高精度磨削	IT3~IT5	0.008~0.1	极高精度的外圆加工
10	粗车—半精车—粗磨—精磨—研磨	IT3~IT5	0.008~0.1	

二、孔（内圆）加工

孔是盘类、套类、支架类、箱体和大型筒体等零件的重要表面之一。孔的机械加工方法较多，中、小型孔一般靠刀具本身尺寸来获得被加工孔的尺寸，如钻孔、扩孔、铰孔、镗孔

及拉孔等；大、较大型孔则需采用其他方法，如立车孔、镗孔及磨孔等。

1. 钻孔、扩孔、铰孔、锪孔及拉孔

（1）钻孔　用钻头在工件实体部位加工孔的方法称为钻孔。钻孔属于孔的粗加工，多用作扩孔、铰孔前的预加工，或加工螺纹底孔和油孔。公差等级为 IT11～IT14，表面粗糙度 *Ra* 为 1.6～50μm。

钻孔主要在钻床和车床上进行，也可在镗床和铣床上进行。在钻床、镗床上钻孔时，由于钻头旋转而工件不动，在钻头刚性不足的情况下，钻头引偏就会使孔的中心线发生歪斜，但孔径无显著变化。如果在车床上钻孔，因为是工件旋转而钻头不转动，这时钻头的引偏只会引起孔径的变化并产生锥度等缺陷；但孔的中心线是直的，且与工件回转中心一致，如图 2-7 所示。故钻小孔和深孔时，为了避免孔的轴线偏移和不直，应尽可能在车床上进行。

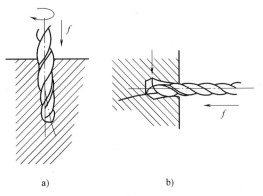

a)　　　　　　　　b)

图 2-7　钻头引偏引起的加工误差
a）在钻床、镗床上钻孔　b）在车床上钻孔

钻孔常用的刀具是麻花钻，其加工性能较差，为了改善其加工性能，目前已广泛应用群钻（见图 2-8）。钻削本身的效率较高，但是由于普通钻孔需要划线、錾坑等辅助工序，使其生产率降低。为提高生产效率，大批大量生产中钻孔常用钻模和专用的多轴组合钻床，也可采用如图 2-9 所示的新型自带中心导向钻的组合钻头，这种钻头可以直接在平面上钻孔，无需錾坑，非常适合数控钻削。

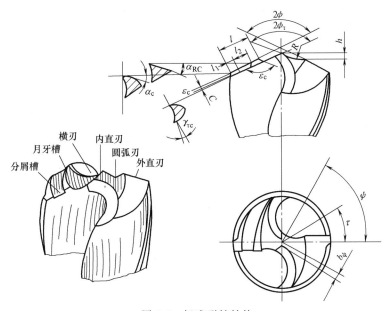

图 2-8　标准群钻结构

对于深孔加工，由于排屑、散热困难，宜采用切削液内喷麻花钻、错齿内排屑深孔钻、喷吸钻等特殊专用钻头。

（2）扩孔　扩孔是用扩孔钻对已钻出、铸出、锻出或冲出的孔进行再加工，以扩大孔径并提高精度和减小表面粗糙度值。扩孔公差等级可达 IT9～IT10，表面粗糙度 Ra 可达 $0.8～6.3\mu m$。扩孔属于孔的半精加工，常用作铰孔等精加工前的准备工序，也可作为精度要求不高的孔的最终工序。

扩孔可以在一定程度上校正钻孔的轴线偏斜。扩孔的加工质量和生产率比钻孔高。因为扩孔钻的结构刚性好，切削刃数目较多，且无端部横刃，加工余量较小（一般为 2～4mm），故切削时轴向力小，切削过程平稳，因此可以采用较大的切削速度和进给量。如采用镶有硬质合金刀片的扩孔钻，切削速度还可提高 2～3 倍，使扩孔的生产率进一步提高。

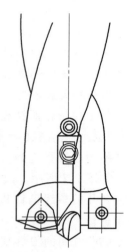

图 2-9　自带中心导向钻的组合钻头

当孔径大于 100mm 时，一般采用镗孔而不用扩孔。扩孔使用的机床与钻孔相同。用于铰孔前的扩孔钻，其直径偏差为负值，用于终加工的扩孔钻，其直径偏差为正值。

（3）钻扩复合加工　由于钻头材料和结构的进步，可以用同一把机夹式钻头实现钻孔、扩孔、镗孔加工，因而用一把钻头可加工通孔沉孔、不通孔沉孔，或在斜面上钻孔，还可一次进行钻孔、倒角（圆）、锪端面等复合加工，如图 2-10 所示。

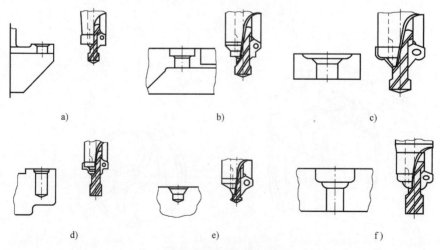

a)　　　　　　　　　　　　b)　　　　　　　　　　　　c)

d)　　　　　　　　　　　　e)　　　　　　　　　　　　f)

图 2-10　钻孔、锪端面、倒角等复合加工

a）铸件钻孔、倒角、锪端面　b）钻孔、沉孔、倒角　c）钻孔、倒角、圆弧面加工
d）钻孔、倒角用于攻螺纹　e）中心钻、倒角、沉孔　f）铝轮钻孔、倒圆弧、深沉孔加工

（4）铰孔　铰孔是在扩孔或半精镗孔等半精加工基础上进行的一种孔的精加工方法。铰孔公差等级可达 IT6~IT8，表面粗糙度 Ra 为 0.4~1.6μm。有手铰和机铰两种方式。

铰孔的加工余量小，一般粗铰余量为 0.15~0.35mm，精铰余量为 0.05~0.15mm。为避免产生积屑瘤和引起振动，铰削应采用低切速，一般粗铰时 v = 0.07~0.2m/s，精铰时 v = 0.03~0.08m/s。机铰进给量约为钻孔的 3~5 倍，一般为 0.2~1.2mm/r，以防出现打滑和啃刮现象。铰削应选用合适的切削液，铰削钢件时常采用乳化液，铰削铸件时则用煤油。

机铰刀在机床上常采用浮动连接。浮动机铰或手铰时，一般不能修正孔的位置误差，孔的位置误差应由铰孔前的工序来保证。铰孔直径一般不大于 80mm，铰削也不宜用于非标准孔、台阶孔、不通孔、短孔和具有断续表面的孔的加工。

（5）锪孔　用锪钻加工锥形或柱形的沉坑称为锪孔。锪孔一般在钻床上进行，加工的表面粗糙度 Ra 为 3.2~6.3μm。锪沉孔的主要目的是为了安装沉头螺钉，锥形锪钻还可用于清除孔端毛刺。

（6）拉孔　拉孔是一种高生产率的精加工方法，既可加工内表面也可加工外表面，孔前工件须经钻孔或扩孔。工件以被加工孔自身定位并以工件端面为支承面，一次行程中便可完成粗加工—精加工—光整加工等阶段的工作。拉孔一般没有粗拉工序、精拉工序之分，除非拉削余量太大或孔太深，用一把拉刀拉削拉刀太长，才分两个工序加工。

拉削速度低，每齿切削厚度很小，拉削过程平稳，不会产生积屑瘤；同时拉刀是定尺寸刀具，又有校准齿来校准孔径和修光孔壁，所以拉削加工精度高，表面粗糙度值小。拉孔精度主要取决于刀具，机床的影响不大。拉孔的公差等级可达 IT6~IT8，表面粗糙度 Ra 可达 0.4~0.8μm，拉孔难以保证孔与其他表面间的位置精度。因此被拉孔的轴线与端面之间，在拉削前应保证一定的垂直度公差。

图 2-11 所示为拉刀刀齿尺寸逐个增大而切下金属的过程。为保证拉刀工作时的平稳性，拉刀同时工作的齿数应在 2~8 个。由于受到拉刀制造工艺及拉床动力的限制，过小与特大尺寸的孔均不适宜于拉削加工。

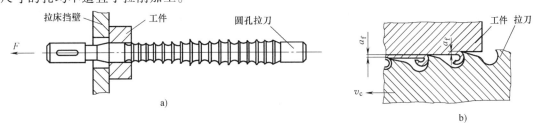

图 2-11　拉孔及拉刀刀齿的切削过程
a）拉孔　b）拉刀刀齿的切削过程

当工件端面与工件毛坯孔的垂直度不好时，为改善拉刀的受力状态，防止拉刀崩刃或折断，常采用在拉床固定支承板上装有自动定心的球面垫板作为浮动支承装置，如图 2-12 所示。拉削力通过球面垫板 2 作用在拉床的前壁上。

拉刀是定尺寸刀具，结构复杂，排屑困难，价格昂贵，设计制造周期长，故一般用于成批大量生产中，不适合于加工大孔，在单件小批生产中使用也受限制。

拉削不仅能加工圆孔，而且还可以加工成形孔、花键孔。

2. 镗孔

镗孔是用镗刀对已钻出、铸出或锻出的孔做进一步的加工。其工艺特点如下：

1）加工箱体、机座、支架等复杂大型件的孔和孔系，通过镗模或坐标装置，容易保证加工精度。

2）工艺灵活性大、适应性强，镗孔可以在车床，也可以在镗床或铣床上进行；而镗床上还可实现钻、铣、车、攻螺纹工艺。

3）对工人的技术水平要求高，效率低。

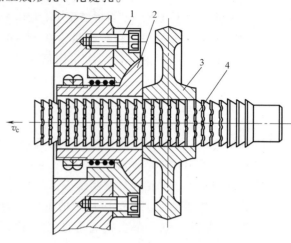

图 2-12　拉孔工件的支撑

1—联接螺钉　2—球面垫板　3—工件　4—拉刀

镗削的工作方式有以下三种：

（1）工件旋转刀具做进给运动　在车床上镗孔属于这种方式，如图 2-13a 所示。车床镗孔多用于加工盘、套和轴件中间部位的孔以及小型支架的支承孔，孔径大小由镗刀的背吃刀量和进给次数予以控制。

（2）工件不动而刀具做旋转和进给运动　如图 2-13c 所示，这种加工方式在镗床上进行。镗床主轴带动镗刀杆旋转，并做纵向进给运动。由于主轴的悬伸长度不断加大，刚性随之减弱，为保证镗孔精度，故一般用来镗削深度较小的孔。

（3）刀具旋转工件做进给运动　如图 2-13b 所示，这种镗孔方法有以下两种方式：

1）镗床平旋盘带动镗刀旋转，工作台带动工件做纵向进给运动，利用径向刀架使镗刀处于偏心位置，即可镗削大孔。大于 $\phi200$mm 的孔多用此种方式加工，但孔深不宜过大。

2）主轴带动刀杆和镗刀旋转，工作台带动工件做进给运动。这种方式镗削的孔径一般小于 120mm；对于悬伸式刀杆，镗刀杆不宜过长，一般用来镗削深度较小的孔，以免弯曲变形过大而影响镗孔精度，可在镗床、卧式铣床上进行；镗削箱体两壁距离较远的同轴孔系时刀杆较长，为了增加刀杆刚性，刀杆的另一端支承在镗床后立柱的导套座里。

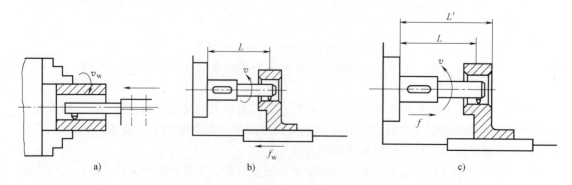

图 2-13　镗孔的几种运动方式

镗孔的适用性强，一把镗刀可以加工一定孔径和深度范围的孔，除直径特别小和较深的孔外，各种直径的孔都可进行镗削，可通过粗镗、半精镗、精镗和精细镗达到不同的精度和表面粗糙度。粗镗孔的公差等级为IT11~IT13，表面粗糙度 Ra 为 $6.3~12.5\mu m$；半精镗孔的公差等级为IT9~IT10，表面粗糙度 Ra 为 $1.6~3.2\mu m$；精镗孔的公差等级为IT7~IT8，表面粗糙度 Ra 为 $0.8~1.6\mu m$；精细镗的公差等级为 IT6~IT7，表面粗糙度 Ra 为 $0.1~0.4\mu m$，常在金刚镗床上进行高速镗削。

对于孔径较大（$>\phi 80mm$），精度要求高和表面粗糙度较小的孔，可采用浮动镗刀加工，用以补偿刀具安装误差和主轴回转误差带来的加工误差，保证加工尺寸精度，但不能纠正直线度误差和位置误差。浮动镗削操作简单，生产率高，故适用于大批大量生产。

镗孔和钻—扩—铰工艺相比，孔径尺寸不受刀具尺寸的限制，且镗孔具有较强的误差修正能力。镗孔不但能够修正孔中心线偏斜误差，而且还能保证被加工孔和其他表面的相互位置精度。和车外圆相比，由于镗孔刀具、刀杆系统的刚性比较差，散热、排屑条件比较差，工件和刀具的热变形倾向比较大，故其加工质量和生产率都不如车外圆高。

3. 磨孔

（1）砂轮磨孔 砂轮磨孔是孔的精加工方法之一。磨孔的公差等级可达IT6~IT8，表面粗糙度 Ra 可达 $0.4~1.6\mu m$。砂轮磨孔可在内圆磨床或万能外圆磨床上进行，如图 2-14 所示。孔的磨削方法分三类：

1）普通内圆磨削。工件装夹在机床上回转，砂轮高速回转并做轴向往复进给运动和径向进给运动，在普通内圆磨床上磨孔就是这种方式，如图 2-14a 所示。

2）行星式内圆磨削。工件固定不动，砂轮自转并绕所磨孔的中心线做行星运动和轴向往复进给运动，径向进给则通过加大砂轮行星运动的回转半径来实现，如图 2-14b 所示。此种磨孔方式用得不多，只有在被加工工件体积较大、不便于做回转运动的条件下才采用。

3）无心内圆磨削。如图 2-14c 所示，工件 4 放在滚轮中间，被滚轮 3 压向滚轮 1 和导轮 2，并由导轮 2 带动回转，它还可沿砂轮轴心线做轴向往复进给运动。这种磨孔方式一般只用来加工轴承圈等简单零件。

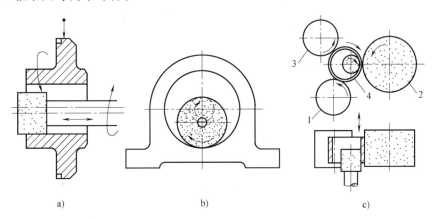

a) b) c)

图 2-14 砂轮磨孔方式

a) 普通内圆磨削 b) 行星式内圆磨削 c) 无心内圆磨削

1、3—滚轮 2—导轮 4—工件

磨孔适用性较铰孔广，还可纠正孔的轴线歪斜及偏移，但磨削的生产率比铰孔低，且不适于磨削非铁金属，小孔和深孔也难以磨削。磨孔主要用于不宜或无法进行镗削、铰削和拉削的高精度孔及淬硬孔的精加工。

同磨外圆相比，磨孔效率较低，表面粗糙度 Ra 比磨外圆时大，且磨孔的精度控制较磨外圆时难，主要原因如下：

1）受被磨孔径大小的限制砂轮直径一般都很小，且排屑和冷却不便，为取得必要的磨削速度，砂轮转速要非常高。此外，小直径砂轮的磨损快，砂轮寿命低。

2）内圆磨头在悬臂状态下工作，且磨头主轴的直径受工件孔径大小的限制，一般都很小，因此内圆磨头主轴的刚度差，容易产生振动。

3）磨孔时，砂轮与工件孔的接触面积大，容易发生表面烧伤。

4）磨孔时，容易产生圆柱度误差，要求主轴刚性好。

（2）砂带磨孔　对于大型筒体内表面的磨削，砂带磨削比砂轮磨削更具灵活性，可以解决砂轮磨削无法实施的加工难题。

4. 孔的光整加工

（1）研磨孔　研磨孔是常用的一种孔光整加工方法，如图 2-15 所示，用于对精镗、精铰或精磨后的孔作进一步加工。研磨孔的特点与研磨外圆相类似，研磨后孔的公差等级可达 IT6~IT7，表面粗糙度 Ra 可达 $0.008~0.1\mu m$，形状精度也有相应提高。

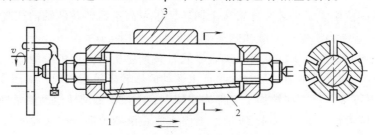

图 2-15　套类零件孔的研磨

1—心棒　2—研套　3—工件（手握）

（2）珩磨孔　珩磨孔是利用带有磨条（油石）的珩磨头对孔进行光整加工的方法，常常对精铰、精镗或精磨过的孔在专用的珩磨机上进行光整加工。珩磨头的结构形式很多，图 2-16 所示是一种机械加压的珩磨头。这种磨头结构简单，但操作不便，只用于单件小批生产，大批大量生产中常用压力恒定的气体或液体加压的珩磨头。珩磨时，工件固定在机床工作台上，主轴与珩磨头浮动连接并驱动珩磨头做旋转和往复运动，如图 2-17a 所示。珩磨头上的磨条在孔的表面上切去极薄的一层金属，其切削轨迹成交叉而不重复的网纹，有挂油、储油作用，可减少滑动摩擦，如图 2-17b 所示。

珩磨主要用于精密孔的最终加工工序，能加工直径 $\phi15~\phi500mm$ 或更大的孔，并可加工深径比大于 10 的深孔。珩磨可加工铸铁件、淬火和不淬火钢件以及青铜件等，但珩磨不宜加工塑性较大的非铁金属，也不能加工带键槽孔、花键孔等断续表面。

5. 孔加工方法的选择

选择孔的加工方法与机床的选用有密切联系，较外圆加工要复杂得多。现分别阐述如下：

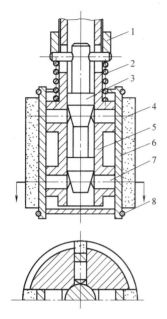

图 2-16 珩磨头结构

1—弹簧箍 2—本体 3—磨条顶块

4—磨条座 5—磨条 6—调节锥

7—螺母 8—压力弹簧

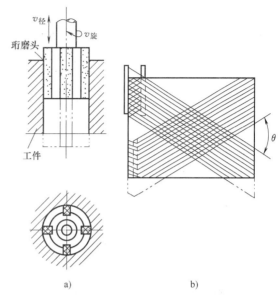

图 2-17 珩磨时的运动及切削轨迹

（1）加工方法的选择 常用的孔加工方案见表 2-2。拟订孔加工方案时，除一般因素外，还应考虑孔径大小和深径比。

表 2-2 孔加工方案

加工方案		尺寸公差等级	表面粗糙度 Ra/μm	适应范围
钻削类	钻	IT11~IT14	12.5~50	用于任何批量生产中工件实体部位的孔加工
铰削类	钻—铰	IT8~IT9	1.6~3.2	φ10mm 以下 用于成批生产及单件小批生产中的小孔和细长孔加工。可加工不淬火的钢件、铸铁件和非铁金属件
	钻—扩—铰	IT7~IT8	0.8~1.6	φ10~80mm
	钻—扩—粗铰—精铰	IT6~IT7	0.4~1.6	
	粗镗—半精镗—铰	IT7~IT8	0.8~1.6	用于成批生产中 φ30~φ80mm 铸锻孔的加工
拉削类	钻—拉 或 粗镗—拉	IT7~IT8	0.4~1.6	用于大批大量生产中，加工不淬火的钢铁材料和非铁金属件的中、小孔
镗削类	（钻）[1]—粗镗—半精镗	IT9~IT10	3.2~6.3	多用于单件小批生产中加工除淬火钢外的各种钢件、铸铁件和非铁金属件。以珩磨为终加工的，多用于大批大量生产，并可以加工淬火钢件
	（钻）—粗镗—半精镗—精镗	IT7~IT8	0.8~1.6	
	（钻）—粗镗—半精镗—精镗—研磨	IT6~IT7	0.008~0.4	
	（钻）—粗镗—半精镗—精镗—珩磨	IT5~IT7	0.012~0.4	

（续）

加工方案		尺寸公差等级	表面粗糙度 $Ra/\mu m$	适应范围
镗磨类	（钻）—粗镗—半精镗—磨	IT7~IT8	0.4~0.8	用于淬火钢、不淬火钢及铸铁件的孔加工，但不宜加工韧性大、硬度低的非铁金属件
	（钻）—粗镗—半精镗—粗磨—精磨—精磨	IT6~IT7	0.2~0.4	
	（钻）—粗镗—半精镗—粗磨—精磨—研磨	IT6~IT7	0.008~0.2	

① （钻）表示毛坯上若无孔，则需先钻孔；毛坯上若已铸出或锻出孔，则可直接粗镗。

（2）机床的选用　对于给定尺寸大小和精度的孔，有时可在几种机床上加工。为了便于工件装夹和孔加工，保证质量和提高生产率，机床选用主要取决于零件的结构类型、孔在零件上所处的位置以及孔与其他表面的位置精度等条件。

1）盘、套类零件上各种孔加工的机床选用。盘、套类零件中间部位的孔一般在车床上加工，这样既便于工件装夹，又便于在一次装夹中精加工孔、端面和外圆，以保证位置精度。若采用镗磨类加工方案，在半精镗后再转磨床加工；若采用拉削方案，可先在卧式车床或多刀半自动车床上粗车外圆、端面和钻孔（或粗镗孔）后再转拉床加工。盘、套零件分布在端面上的螺钉孔、螺纹底孔及径向油孔等均应在立式钻床或台式钻床上钻削。

2）支架箱体类零件上各种孔加工的机床选用。为了保证支承孔与主要平面之间的位置精度并使工件便于安装，大型支架和箱体应在卧式镗床上加工；小型支架和箱体可在卧式铣床或车床（用花盘、弯板）上加工。支架、箱体上的螺钉孔、螺纹底孔和油孔，可根据零件大小在摇臂钻床、立式钻床或台式钻床上钻削。

3）轴类零件上各种孔加工的机床选用。轴类零件除中心孔外，带孔的情况较少，但有些轴件有轴向圆孔、锥孔或径向小孔。轴向孔的精度差异很大，一般均在车床上加工，高精度的孔则需再转磨床加工。径向小孔在钻床上钻削。

三、平面加工

平面是盘形和板形零件的主要表面，也是箱体、导轨及支架类零件的主要表面之一。平面加工的方法有车、铣、刨、磨、研磨和刮削等。

1. 端面车削

平面车削一般用于加工轴、轮、盘、套等回转体零件的端面、台阶面等，也用于其他需要加工孔和外圆零件的端面，通常这些面要求与内、外圆柱面的轴线垂直，一般在车床上与相关的外圆和内孔在一次装夹中加工完成。中小型零件在卧式车床上加工，重型零件可在立式车床上加工。平面车削的公差等级可达 IT6~IT7，表面粗糙度 Ra 可达 1.6~12.5μm。

2. 平面铣削

铣削是平面加工的主要方法。铣削中小型零件的平面，一般用卧式或立式铣床；铣削大型零件的平面则用龙门铣床。

铣削工艺具有工艺范围广、生产效率高、容易产生振动、刀齿散热条件较好等特点。

平面铣削按加工质量可分为粗铣和精铣。粗铣的表面粗糙度 Ra 为 12.5~50μm，公差等级为 IT12~IT14；精铣的表面粗糙度 Ra 可达 $1.6 \sim 3.2 \mu m$，公差等级可达 IT7~IT9。按铣刀的切削方式不同可分为周铣与端铣，还可同时进行周铣和端铣。周铣常用的刀具是圆柱铣刀；端铣常用的刀具是面铣刀；同时进行端铣和周铣的铣刀有立铣刀和三面刃铣刀等。

（1）周铣　周铣是用铣刀圆周上的切削刃来铣削工件，铣刀的回转轴线与被加工表面平行，如图 2-18a 所示。周铣适用于在中小批生产中铣削狭长的平面、键槽及某些曲面。周铣有逆铣和顺铣两种方式。

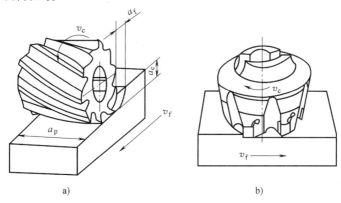

图 2-18　铣削的两种方式
a）周铣　b）端铣

1）逆铣。铣削时，在铣刀和工作接触处，铣刀的旋转方向与工件的进给方向相反称为逆铣，如图 2-19a 所示。铣削过程中，在刀齿切入工件前，刀齿要在加工面上滑移一小段距离，从而加剧了刀齿的磨损，增加工件表层硬化程度，并增大加工表面的表面粗糙度值。逆铣时有把工件向上挑起的切削垂直分力，影响工件夹紧，需加大夹紧力。但铣削时，水平切削分力有助于丝杠与螺母贴紧，消除丝杠/螺母之间的间隙，使工作台进给运动比较平稳。

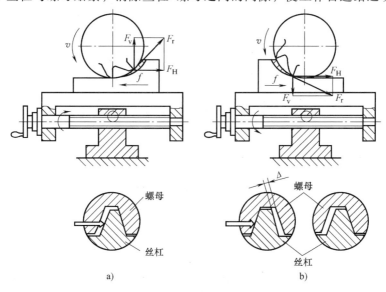

图 2-19　逆铣和顺铣
a）逆铣　b）顺铣

2）顺铣。铣削时，在铣刀和工件接触处，铣刀的旋转方向与工件进给方向相同时称为顺铣，如图2-19b所示。顺铣过程中，刀齿切入时没有滑移现象，但切入时冲击较大。切削时垂直切削分力有助于夹紧工件，而水平切削分力与工作台移动方向一致，当这一切削分力足够大时，即 F_H >工作台/导轨间摩擦力时，会在螺纹传动副侧隙范围内使工作台向前窜动并短暂停留，严重时甚至引起"啃刀"和打刀现象。

综上所述，逆铣和顺铣各有利弊。在切削用量较小（如精铣），工件表面质量较好，或机床有消除螺纹传动副侧隙装置时，采用顺铣为宜。另外对不易夹牢和薄而长的工件，也常用顺铣。一般情况下，特别是加工硬度较高的工件时，最好采用逆铣。

（2）端铣　端铣是用铣刀端面上的切削刃来铣削工件，铣刀的回转轴线与被加工表面垂直，如图2-18b所示。端铣适于在大批生产中铣削宽大平面。在端铣中，按铣刀轴线移动轨迹与被铣平面中心线的相互位置关系，分为对称铣和不对称铣，如图2-20所示。对称端铣时就某一刀齿而言，从切入到切离工件的过程中，有一半属于逆铣，一半属于顺铣。不对称端铣可分为不对称顺铣和不对称逆铣，不对称铣中多采用不对称逆铣。

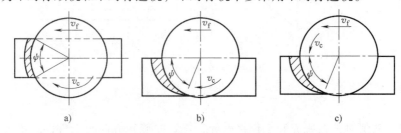

图 2-20　端铣的对称与不对称铣削（俯视图）

a）对称端铣平面　b）不对称逆铣铣台阶面　c）不对称铣顺铣台阶面

（3）端铣和周铣的比较

1）端铣的加工质量比周铣高。因为端铣同时参加切削的刀齿一般较多，切削厚度比较小，切削较为平稳，振动小；面铣刀的主切削刃担任主要切削工作，副切削刃能起修光作用，所以表面粗糙度值较小。周铣通常只有 1～2 个刀齿参加切削，切削厚度和切削力变化较大，铣削时振动也较大。此外，周铣的刀齿为间断切削，加工表面实际上由许多波浪式的圆弧组成，因此表面粗糙度值较大。

2）端铣生产率较周铣高。面铣刀刀杆刚性好，易于采用硬质合金镶齿结构，铣削用量较大；而圆柱铣刀多用高速钢制成，铣削用量较小。

3. 平面刨削

刨削是平面加工的方法之一，中小型零件的平面加工，一般多在牛头刨床上进行，龙门刨床则用来加工大型零件的平面和同时加工多个中小型工件的平面。刨平面所用机床、工夹具结构简单，调整方便，在工件的一次装夹中能同时加工处于不同位置上的平面，且刨削加工有时可以在同一工序中完成，因此，刨平面具有机动灵活，万能性好的优点。

宽刃精刨是在普通精刨基础上，使用高精度龙门刨床和宽刃精刨刀（见图2-21），以5～12m/min 的低切速和大进给量在工件表面切去一层极薄的金属。对于接触面积较大的定位平面与支承平面，如导轨、机架、壳体零件上的平面的刮研工作，劳动强度大，生产效率低，对工人的技术水平要求高，宽刃精刨工艺可以减少甚至完全取代磨削、刮研工作，在机床制造行业中获得了广泛的应用，能有效地提高生产率。宽刃精刨加工的直线度公差可达到0.02mm/m，表面粗糙度 Ra 可达 $0.4 \sim 0.8\mu m$。

4. 平面拉削

平面拉削是一种高效率、高质量的加工方法，主要用于大批大量生产中，其工作原理和拉孔相同，平面拉削的公差等级可达 IT6 ~ IT7，表面粗糙度 Ra 可达 $0.4 \sim 0.8\mu m$。

5. 平面磨削

（1）平面砂轮磨削　对一些平直度、平面之间相互位置精度要求较高、表面粗糙值要求小的平面进行磨削加工的方法，称为平面磨削，平面磨削一般是在铣、刨、车削的基础上进行的。随着高效率磨削的发展，平面磨削既可作为精密加工，又可代替铣削和刨削进行粗加工。

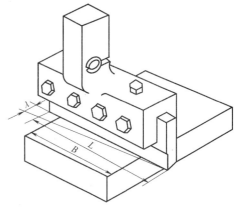

图 2-21　宽刃精刨刀

平面磨削的方法有周磨和端磨两种（参见第二章图）。

1）周磨。周磨平面是指用砂轮的圆周面来磨削平面。砂轮和工件的接触面小，发热量小，磨削区的散热、排屑条件好，砂轮磨损较为均匀，可以获得较高的精度和表面质量。但在周磨中，磨削力易使砂轮主轴受压弯曲变形，故要求砂轮主轴应有较高的刚度，否则容易产生振纹。周磨适用于在成批生产条件下加工精度要求较高的平面，能获得高的精度和较小的表面粗糙度值。

2）端磨。端磨是用砂轮的端面来磨削平面，但砂轮圆周直径不能过大，而且必须是专用端面磨削砂轮。端磨时，磨头伸出短，刚性好，可采用较大的磨削用量，生产效率高；但砂轮与工件接触面积大，发热多，散热和冷却较困难，加上砂轮端面各点的圆周线速度不同，磨损不均匀，故精度较低。一般用于大批大量生产中，代替刨削和铣削进行粗加工。

平面磨削还广泛应用于平板平面、托板的支承面、轴承、盘类的端面或环端面等大小零件的精密加工及机床导轨、工作台等大型平面以磨代刮的精加工。一般经磨削加工的两平面间的尺寸公差等级可达 IT5 ~ IT6，两面的平行度公差可达 $0.01 \sim 0.03mm$，直线度公差可达 $0.01 \sim 0.03mm/m$，表面粗糙度 Ra 可达 $0.2 \sim 0.8\mu m$。

（2）平面砂带磨削　对于非铁金属、不锈钢、各种非金属的大型平面、卷带材、板材，采用砂带磨削不仅不堵塞磨料，能获得极高的生产率，而且一般采用干式磨削，实施极为方便。目前，最大的砂带宽度可以做到 5m，在一次贯穿式的磨削中，可以磨出极大的加工表面。

6. 平面的光整加工

（1）平面刮研　平面刮研是利用刮刀在工件上刮去很薄一层金属的光整加工方法。常在精刨的基础上进行，刮研可以获得很高的表面质量，表面粗糙度 Ra 可达 $0.4 \sim 1.6\mu m$，平面的直线度公差可达 $0.01mm/m$，甚至更高可达 $0.005 \sim 0.0025mm/m$。刮研既可提高表面的配合精度，又能在两平面间形成储油空隙，以减少摩擦，提高工件的耐磨性，还能使工件表面美观。

刮研劳动强度大，操作技术要求高，生产率低，故多用于单件小批生产及修理车间。常用于单件小批生产，加工未淬火的要求高的固定连接面、导向面及大型精密平板和直尺等。在大批大量生产中，刮研多为专用磨床磨削或宽刃精刨所代替。

（2）平面研磨 平面研磨一般在磨削之后进行。研磨后两平面的尺寸公差等级可达IT3~IT5，表面粗糙度 Ra 可达 $0.008~0.1\mu m$，直线度公差可达 $0.005mm/m$。小型平面研磨还可减小平行度误差。

平面研磨主要用来加工小型精密平板、直尺、块规以及其他精密零件的平面。单件小批量生产中常用手工研磨，大批大量生产则常用机器研磨。

7. 平面加工方法的选择

常用的平面加工方案见表 2-3。在选择平面的加工方案时除了要考虑平面的精度和表面粗糙度要求外，还应考虑零件结构和尺寸、热处理要求以及生产规模等。因此在具体拟订加工方案时，除了参考表中所列的方案外，还要考虑以下情况：

表 2-3 平面加工方案

加工方案	尺寸公差等级	表面粗糙度 $Ra/\mu m$	适用范围
粗车—精车	IT6~IT7	1.6~3.2	不淬火钢、铸铁和非铁金属件的平面。刨削多用于单件小批生产；拉削用于大批大量生产中，精度较高的小型平面
粗铣或粗刨	IT12~IT14	12.5~50	
粗铣—精铣	IT7~IT9	1.6~3.2	
粗刨—精刨	IT7~IT9	1.6~3.2	
粗拉—精拉	IT6~IT7	0.4~0.8	
粗铣（车、刨）—精铣（车、刨）—磨	IT5~IT6	0.2~0.8	淬火及不淬火钢、铸铁的中小型零件的平面
粗铣（刨）—精铣（刨）—磨—研磨	IT3~IT5	0.008~0.1	淬火及不淬火钢、铸铁的小型高精度平面
粗刨—精刨—宽刀细刨	IT7~IT8	0.4~0.8	导轨面等
粗铣（刨）—精铣（刨）—刮研	IT6~IT7	0.4~1.6	高精度平面及导轨平面

1）非配合平面。一般粗铣、粗刨、粗车即可。但对于要求表面光滑、美观的平面，粗加工后还需精加工，甚至光整加工。

2）支架、箱体与机座的固定连接平面。一般经粗铣、精铣或粗刨、精刨即可；精度要求较高的，如车床主轴箱与床身的连接面，则还需进行磨削或刮研。

3）盘、套类零件和轴类零件的端面。应与零件的外圆和孔加工结合进行，如法兰盘的端面，一般采用粗车→精车的方案。精度要求高的端面，则精车后还应磨削。

4）导向平面。常采用粗刨→精刨→宽刃精刨（或刮研）的方案。

5）较高精度的板块状零件，如定位用的平行垫铁等平面常用粗铣（刨）→精铣（刨）→磨削的方案。块规等高精度的零件则尚需研磨。

6）韧性较大的非铁金属件上的平面一般用粗铣→精铣或粗刨→精刨方案，高精度的可再刮削或研磨。

7）大批大量生产中，加工精度要求较高的、面积不大的平面（包括内平面）常用粗拉→精拉的方案，以保证高的生产率。

四、成形（异型）面加工

1. 成形面加工概述

随着科学技术的发展，机器的结构日益复杂，功能也日益多样化。在这些机器中，为了满足预期的运动要求或使用要求，有些零件的表面不是简单的平面、圆柱面、圆锥面或它们的组合，而是复杂的、具有相当加工精度和表面粗糙度的成形表面。例如，自动化机械中的凸轮机构，凸轮轮廓形状有阿基米德螺线形、对数曲线形、圆弧形等；模具中凹模的型腔往往由形状各异的成形表面组成。成形面就是指这些由曲线作为母线，以圆为轨迹做旋转运动，或以直线为轨迹做平移运动所形成的表面。

成形面的种类很多，按照其几何特征，大致可以分为以下四种类型：

（1）回转成形面 由一条母线（曲线）绕一固定轴线旋转而成，如滚动轴承内、外圈的圆弧滚道，手柄（见图2-22a）等。

（2）直线成形面 由一条直母线沿一条曲线平行移动而成。它可分为外直线曲面，如冷冲模的凸模和凸轮（见图2-22b）等；内直线曲面，如冷却模的凹模型孔等。

（3）立体成形面 零件各个剖面具有不同的轮廓形状，如某些锻模（见图2-22c）、压铸模、塑压模的型腔。

（4）复合运动成形表面 零件的表面是按照一定的曲线运动轨迹形成的，如齿轮的齿面、螺栓的螺纹表面等。

与其他表面类似，成形面的技术要求也包括尺寸精度、形状精度、位置精度及表面质量等方面，但成形面往往是为了实现某种特定功能而专门设计的，因此其表面形状的要求显得更为重要。

成形面的加工方法很多，已由单纯采用切削加工方法发展到采用特种加工、精密铸造等多种加工方法。下面着重介绍各种曲面的切削加工方法（包括磨削）。按成形原理，成形面加工可分为用简单刀具加工和用成形刀具加工。

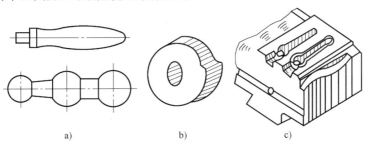

a)   b)   c)

图2-22 成形面的类型

a）回转成形面 b）直线成形面 c）立体成形面

2. 简单刀具加工成形面

（1）按划线加工成形面 这种方法是在工件上划出成形面的轮廓曲线，钳工沿划线外缘钻孔、锯开、修锉和研磨，也可以用铣床粗铣后再由钳工修锉。此法主要靠手工操作，生产效率低，加工精度取决于工人的技术水平，一般适用于单件生产，目前已很少采用。

（2）手动控制进给加工成形面 加工时由人工操纵机床进给，使刀具相对工件按一定的轨迹运动，从而加工出成形面。这种方法不需要特殊的设备和复杂的专用刀具，成形面的形状和大小不受限制，但要求操作工人有较高的技术水平，而且加工质量不高，劳动强度大，生产率低，只适宜在单件小批生产中对加工精度要求不高的成形面进行粗加工。

1）回转成形面。一般需要按回转成形面的轮廓制作一套（一块或几块）样板，在卧式车床上加工，加工过程中不断用样板进行检验、修正，直到成形面基本与样板吻合为止，如图 2-23 所示。

2）直线成形面。将成形面轮廓形状划在工件相应的端面，人工操纵机床进给，使刀具沿划线进行加工，一般在立式铣床上进行。

（3）用靠模装置加工成形面

1）机械靠模装置。图 2-24 所示为车床上用靠模法加工手柄，将车床中滑板上的丝杠拆去，将拉杆固定在中滑板上，其另一端与滚柱连接，当大滑板做纵向移动时，滚柱沿着靠模的曲线槽移动，使车刀做相应的移动，车出手柄成形面。

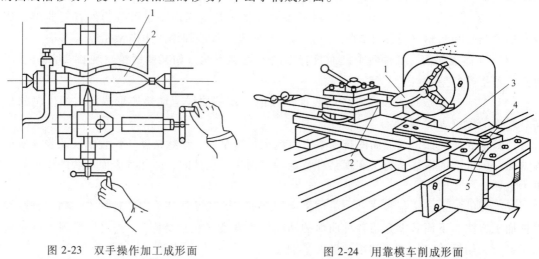

图 2-23　双手操作加工成形面　　　　　图 2-24　用靠模车削成形面
　　1—样板　2—工件　　　　　　　　1—工件　2—车刀　3—拉板　4—紧固件　5—滚柱

用机械靠模装置加工曲面，生产率较高，加工精度主要取决于靠模精度。靠模形状复杂，制造困难，费用高。这种方法适用于成批生产。

2）随动系统靠模装置。随动系统靠模装置是以发送器的触点（靠模销）接受靠模外形轮廓曲线的变化作为信号，通过放大装置将信号放大后，再由驱动装置控制刀具做相应的仿形运动。按触发器的作用原理不同，仿形装置可分为液压式、电感式仿形等多种。按机床类型不同，主要有仿形车床和仿形铣床。仿形车床一般用来加工回转成形面，仿形铣床可用来加工直线成形面和立体成形面。随动系统靠模装置仿形加工有以下特点：

① 靠模与靠模销之间的接触压力小（约 5~8MPa），靠模可用石膏、木材或铝合金等软材料制造，加工方便，精度高且成本低。但机床复杂，设备费用高。

② 适用范围较广，可以加工形状复杂的回转成形面和直线成形面，也可加工复杂的立体成形面。

③ 仿形铣床常用指状铣刀，加工后表面残留刀痕比较明显。因此，表面较粗糙，一般都需要进一步修整。

（4）用数控机床加工　用切削方法来加工成形面的数控机床主要有数控车床、数控铣床、数控磨床和加工中心等，如图 2-25 所示。在数控机床上加工成形面，只需将成形面的数控和工艺参数按机床数控系统的规定，编制程序后输入数控装置，机床即能自动进行加工。在数控机床上，不仅能加工二维平面曲线型面，还能加工出各种复杂的三维曲线型面，同时由于数控机床具有较高的精度，加工过程的自动化避免了人为误差因素，因而可以获得高精度的成形面，同时大大提高了生产效率。目前数控机床加工已相当广泛，尤其适合模具制造中的凸凹模及型腔加工。

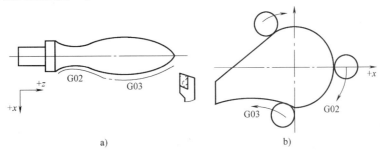

图 2-25　数控机床加工成形面

a）数控车床加工　b）数控铣床加工

3. 成形刀具加工成形面

刀具的切削刃按工件表面轮廓形状制造，加工时刀具相对于工件做简单的直线进给运动。

（1）成形面车削　用主切削刃与回转成形面母线形状一致的成形车刀加工内、外回转成形面。

（2）成形面铣削　一般在卧式铣床上用盘状成形铣刀进行，常用来加工直线成形面。

（3）成形面刨削　成形刨刀的结构与成形车刀结构相似。由于刨削时有较大的冲击力，故一般用来加工形状简单的直线成形面。

（4）成形面拉削　拉削可加工多种内、外直线成形面，其加工质量好、生产率高。

（5）成形面磨削　利用修整好的成形砂轮，在外圆磨床上可以磨削回转成形面，如图 2-26a 所示；在平面磨床上可以磨削外直线成形面，如图 2-26b 所示。

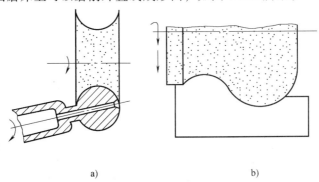

图 2-26　成形砂轮磨削

a）成形砂轮磨削外球面　b）成形砂轮磨削外直线成形面

利用砂带柔性较好的特点，砂带磨削很容易实施成形面的成形磨削，而且只需简单地更换砂带便可实现粗磨、精磨在一台装置上完成，而且磨削宽度可以很大，如图 2-27 所示。

用成形刀具加工成形面，加工精度主要取决于刀具精度，且机床的运动和结构比较简单，操作简便，故容易保证同一批工件表面形状、尺寸的一致性和互换性。成形刀具是宽刃刀具，同时参加切削的切削刃较长，一次切削行程就可切削出工件的成形面，因而有较高的生产率。此外，成形刀具可重磨的次数多，所以刀具的寿命长；但成形刀具的设计、制造和刃磨都较复杂，刀具成本高。因此，用成形刀具加工成形面，适用于成形面精度要求高、零件批量大、且刚性好而成形面不宽的工件。

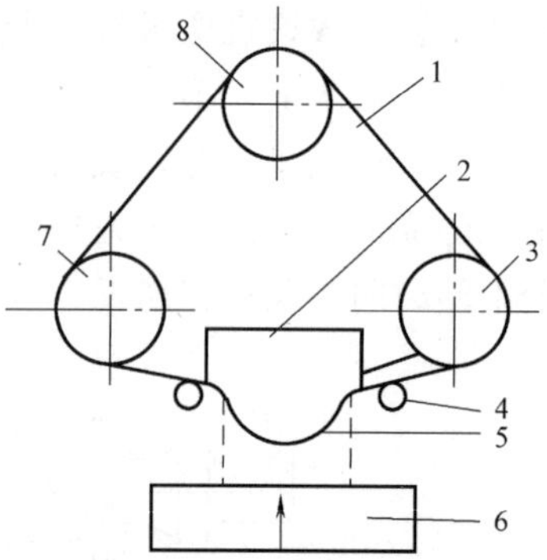

图 2-27　砂带成形磨削
1—砂带　2—特形接触压块　3—主动轮
4—导轮　5—工件　6—工作台
7—张紧轮　8—惰轮

4. 展成法加工成形面

展成法加工成形面是指按照成形面的曲线复合运动轨迹来加工表面的方法，最常见、也是最典型的就是齿轮的齿面和螺栓的螺纹表面的加工。

齿轮齿面的加工前面已经述及（参见第二章第四节），在此不再赘述。下面简单介绍一下螺纹的加工。

（1）螺纹的分类及技术要求

1）螺纹的分类。螺纹是零件中最常见的结构之一，按用途的不同，可分为以下两类：

① 紧固螺纹：用于零件的固定联接，常用的有普通螺纹和管螺纹等，螺纹牙型多为三角形。

② 传动螺纹：用于传递动力、运动或位移，如机床丝杆的螺纹等，牙型多为梯形或矩形。

2）螺纹的技术要求。螺纹和其他结构的表面一样，也有一定的尺寸精度、形状精度、位置精度和表面质量要求。根据用途的不同，技术要求也各不相同。

① 对于紧固螺纹和无传动精度要求的传动螺纹，一般只要求螺纹的中径和顶径（外螺纹的大径或内螺纹的小径）的精度。普通螺纹的主要要求是可旋入性和联接的可靠性，管螺纹的主要要求是密封性和联接的可靠性。

② 对于有传动精度要求或用于计量的螺纹，除要求中径和顶径的精度外，还对螺距和牙形角有精度要求。对传动螺纹的主要要求是传动准确、可靠、螺纹牙面接触良好并耐磨等，因此对螺纹表面的粗糙度和硬度也有较高的要求。

（2）螺纹的加工方法　螺纹的加工方法除攻螺纹、套螺纹、车螺纹、铣螺纹和磨削螺纹外，还有滚压螺纹等。

1）攻螺纹和套螺纹。用丝锥加工内螺纹的方法称为攻螺纹，如图 2-28 所示；用板牙加工外螺纹的方法称为套螺纹，如图 2-29 所示。

攻螺纹和套螺纹是应用较广的螺纹加工方法，主要用于螺纹直径不超过 16mm 的小尺寸螺纹的加工，单件小批量生产一般用手工操作，批量较大时，也可在机床上进行。

2）车螺纹。车螺纹是螺纹加工的最基本的方法。其主要特点是刀具制作简单、适应性广，使用通用车床即能加工各种形状、尺寸、精度的内、外螺纹，特别适于加工尺寸较大的螺纹；但车螺纹生产率低，加工质量取决于机床精度和工人的技术水平，所以适合单件小批量生产。

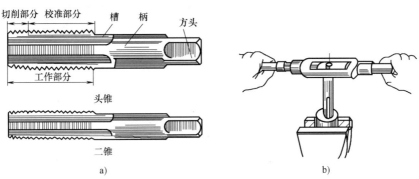

图 2-28 攻螺纹

a）丝锥 b）攻螺纹

当生产批量较大时，为了提高生产率，常采用螺纹梳刀车削螺纹，如图 2-30 所示，这种多齿螺纹车刀只要一次进给即可切出全部螺纹，所以生产效率高；但螺纹梳刀加工精度不高，不能加工精密螺纹和螺纹附近有轴肩的工件。

对于不淬硬精密丝杆的加工，通常使用精密车床或精密螺纹车床加工，可以获得较高的精度和较小的表面粗糙度。

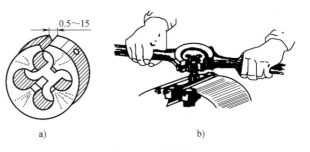

图 2-29 套螺纹

a）板牙 b）套螺纹

3）铣螺纹。铣削螺纹是利用旋锋切削加工螺纹的方式，其生产率比车削螺纹的高，但加工精度不高，在成批和大量生产中应用广泛，适用于一般精度的未淬硬内外螺纹的加工或作为精密螺纹的预加工。

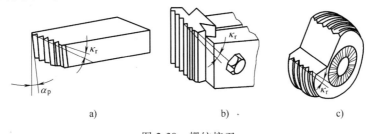

图 2-30 螺纹梳刀

a）平板螺纹梳刀 b）棱体螺纹梳刀 c）圆体螺纹梳刀

铣削螺纹可以在专门的螺纹铣床上进行，也可以在改装的车床和螺纹加工机床上进行。铣削螺纹的刀具有盘形螺纹铣刀、铣削螺纹梳刀。铣削时，铣刀轴线与工件轴线倾斜一个螺旋升角 λ，如图 2-31 所示。

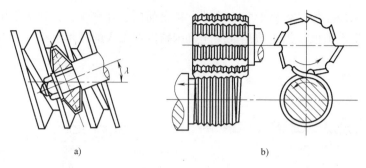

图 2-31 铣削螺纹

a）盘形铣刀铣螺纹 b）梳形铣刀铣螺纹

4）磨螺纹。螺纹磨削常见于淬硬螺纹的精加工，以修正热处理引起的变形，提高加工精度。螺纹磨削一般在螺纹磨床上进行。

螺纹在磨削前必须经过车削或铣削预加工，对于小尺寸的精密螺纹也可以直接磨出。

根据砂轮的形状，外螺纹的磨削可分为单线砂轮磨削和多线砂轮磨削，如图 2-32 所示。

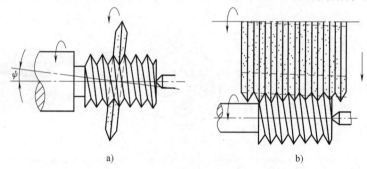

图 2-32 螺纹磨削

a）单线砂轮磨削螺纹 b）多线砂轮磨削螺纹

5）滚压螺纹。滚压螺纹根据滚压的方式又分为滚丝和搓丝两种。

① 滚丝。图 2-33a 所示为双滚轮滚丝，滚丝时，工件放在两滚轮之间。两滚轮的转速相等，转向相同，工件由两滚轮带动做自由旋转。两滚丝轮圆周面上都有螺纹，一轮轴心固定（称为定滚轮），一轮做径向进给运动（称为动滚轮），两轮配合逐渐滚压出螺纹。

滚丝零件的直径范围很广，可由 $\phi0.3 \sim \phi120mm$；加工精度高，表面粗糙度 Ra 可达 $0.2 \sim 0.8\mu m$，可以滚制丝锥、丝杆等。但滚丝生产效率较低。

② 搓丝。如图 2-33b 所示，搓丝时，工件放在固定搓丝板与活动搓丝板中间。两搓丝板的平面都有斜槽，它的截面形状与被搓制的螺纹牙型相吻合。当活动搓丝板移动时，工件在搓丝板间滚动，即在工件表面挤压出螺纹。被搓制好的螺纹件在固定搓丝板的另一边落下。活动搓丝板移动一次，即可搓制一个螺纹件。

搓丝前，必须将两搓丝板之间的距离根据被加工螺纹的直径预先调整好。搓丝的最大直径可达 $\phi25mm$，表面粗糙度 Ra 可达 $0.4 \sim 1.6\mu m$。

5. 成形面加工方法的选择

曲面的加工方法很多，常用的加工方法详见表 2-4。对于具体零件的曲面应根据零件的尺寸、形状、精度及生产批量等来选择加工方案。

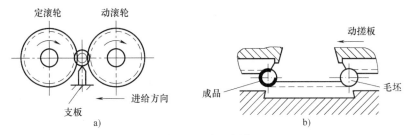

图 2-33 滚压螺纹

a）滚丝 b）搓丝

表 2-4 曲面的常用加工方法

加 工 方 法			加工精度	表面粗糙度 Ra	生产率	机床	适 用 范 围
曲面的切削加工	成形刀具	车削	较高	较小	较高	车床	成批生产尺寸较小的回转曲面
		铣削	较高	较小	较高	铣床	成批生产尺寸较小的外直线曲面
		刨削	较低	较大	较高	刨床	成批生产尺寸较小的外直线曲面
		拉削	较高	较小	高	拉床	大批大量生产各种小型直线曲面
	简单刀具	手动进给	较低	较大	低	各种普通机床	单件小批生产各种曲面
		靠模装置	较低	较大	较低	各种普通机床	成批生产各种直线曲面
		仿形装置	较高	较大	较低	仿形机床	单件小批生产各种曲面
		数控装置	高	较小	较高	数控机床	单件及中、小批各种曲面
曲面的磨削加工	成形砂轮磨削		较高	小	较高	平面、工具、外圆磨床	成批生产加工外直线曲面和回转曲面
	成形夹具磨削		高	小	较低	成形、平面磨床，成形磨削夹具	单件小批生产加工外直线曲面
	砂带磨削		高	小	高	砂带磨床	各种批量生产加工外直线曲面和回转曲面
	连续轨迹数控坐标磨削		很高	很小	较高	坐标磨床	单件小批生产加工内外曲面

　　小型回转体零件上形状不太复杂的曲面，在大批大量生产时常用成形车刀在自动或者半自动车床上加工；批量较小时，可用成形车刀在卧式车床上加工。直槽和螺旋槽等，一般可用成形铣刀在万能铣床上加工。

　　大批大量生产中，为了加工一些直线曲面和立体曲面，常常专门设计和制造专用的拉刀或专门化机床，例如，加工凸轮轴上的凸轮用凸轮轴车床、凸轮轴磨床等。

　　对于淬硬的曲面，如要求精度高、表面粗糙度数值小，其精加工则要采用磨削，甚至要用光整加工。

　　对于通用机床难加工、质量也难保证甚至无法加工的曲面，宜采用数控机床加工或其他特种加工。

第二节　典型零件的加工工艺

　　实际生产中，虽然零件的基本几何构成不外乎是外圆、内孔、平面、螺纹、齿面、曲面等，但很少有零件是由单一典型表面构成，而往往是由一些典型表面复合而成的，其加工方法较单一的典型表面加工复杂，是典型表面加工方法的综合应用。下面介绍轴类零件、箱体类零件和齿轮零件的典型加工工艺。

一、轴类零件的加工

1. 轴类零件的分类、特点及技术要求

（1）轴类零件的功用及分类　轴是机械零件中常见的典型零件之一。它在机械中主要用于支承齿轮、带轮、凸轮以及连杆等传动件，以承受载荷和传递转矩。

根据结构形式，轴可以分为光滑轴、阶梯轴、空心轴、异形轴（包括曲轴、齿轮轴、凸轮轴、偏心轴、十字轴及花键轴）等，如图 2-34 所示。其中阶梯传动轴应用较广，其加工工艺能较全面地反映轴类零件的加工规律和共性。

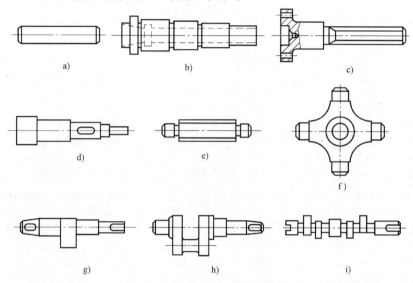

图 2-34　常见轴的类型

a）光轴　b）空心轴　c）半轴　d）阶梯轴　e）花键轴　f）十字轴　g）偏心轴

h）曲轴　i）凸轮轴

（2）轴类零件的特点及技术要求

1）轴类零件主要有以下特点：

① 长度大于直径。

② 加工表面为内外圆柱面或圆锥面、螺纹、花键、沟槽等。

③ 有一定的回转精度。

2）轴类零件的技术要求：根据轴类零件的功用和工作条件，其技术要求主要有以下几个方面。

① 尺寸精度。轴类零件的主要表面常为两类：一类是与轴承的内圈配合的外圆轴颈，即支承轴颈，用于确定轴的位置并支承轴，尺寸精度要求较高，通常公差等级为 IT5 ~ IT7；另一类为与各类传动件配合的轴颈，即配合轴颈，其精度稍低，通常公差等级为 IT6 ~ IT9。

② 几何形状精度。主要指轴颈表面、外圆锥面、锥孔等重要表面的圆度、圆柱度。其误差一般应限制在尺寸公差范围内，对于精密轴，需在零件图上另行规定其几何形状精度。

③ 相互位置精度。包括内、外表面、重要轴面的同轴度公差、圆的径向跳动公差、重要端面对轴心线的垂直度公差以及端面间的平行度公差等。

④ 表面粗糙度。轴的加工表面都有粗糙度的要求，一般根据加工的可能性和经济性来

确定。支承轴颈的表面粗糙度 Ra 常为 $0.2 \sim 1.6\mu m$，传动件配合轴颈的表面粗糙度 Ra 为 $0.4 \sim 3.2\mu m$。

⑤ 其他。热处理、倒角、倒棱及外观修饰等要求。

2. 轴类零件的材料、毛坯及热处理

（1）轴类零件材料 轴类零件通常采用 45 钢，精度较高的轴可选用 40Cr、轴承钢 GCr15、弹簧钢 65Mn，也可选用球墨铸铁；对高速、重载的轴，选用 20CrMnTi、20MnVB 及 20Cr 等渗碳钢或 38CrMoAl 渗氮钢。

（2）轴类零件的毛坯 轴类零件的毛坯常用圆棒料和锻件，大型轴或结构复杂的轴采用铸件。钢件毛坯一般都应经过加热锻造，这样可以使金属内部纤维组织按横向排列，分布致密均匀，获得较高的抗拉、抗弯及抗扭转强度。比较重要的轴大多采用锻件。

（3）轴类零件的热处理 轴类零件大多为锻造毛坯。锻造毛坯在加工前均需安排正火或退火处理，使钢材内部晶粒细化，消除锻造应力，降低材料硬度，改善切削加工性能。

使用性能要求较高的轴类零件一般需要进行调质处理。调质一般安排在粗车之后、半精车之前，以消除粗车产生的残余应力，获得良好的力学性能。毛坯余量较小时，调质可以安排在粗车之前进行。

需要表面淬火的零件，为了纠正因淬火引起的局部变形，表面淬火一般安排在精加工之前。

精度要求高的轴，在局部淬火或粗磨之后，还需进行低温时效处理，以保证尺寸的稳定。

3. 轴类零件的装夹方式

轴类零件的装夹方式主要有以下三种：

（1）采用两中心孔定位装夹 对于长径比较大的轴类零件，通常以重要的外圆面作为粗基准定位，在轴的两端加工出中心孔，再以轴两端的中心孔为定位精基准进行加工，一次装夹可以加工多个表面，既可以实现基准重合，又可以做到基准统一。

中心孔是轴类零件加工的定位基准和检验基准，精度要求高的轴类零件对中心孔的质量要求也非常高，中心孔的加工过程也比较复杂：常常以支承轴颈定位，钻出中心锥孔；然后以中心孔定位，精车外圆；再以外圆定位，粗磨锥孔；又以中心孔定位，精磨外圆；最后以支承轴颈外圆定位，精磨（刮研或研磨）锥孔，使锥孔的各项精度达到要求。

（2）采用外圆表面定位装夹 对于空心轴、短轴等不可能用中心孔定位的轴类零件，可用轴的外圆表面定位、夹紧并传递转矩。装夹时，通常采用自定心卡盘、单动卡盘等通用夹具；对于已经获得较高精度的外圆表面，可以采用各种高精度的自动定心专用夹具，如液性塑料薄壁定心夹具、膜片卡盘及薄膜弹簧夹具等。

（3）采用各种堵头或拉杆心轴定位装夹 加工空心轴的外圆表面时，常用带中心孔的各种堵头或拉杆心轴来装夹工件。小锥孔时常用堵头；大锥孔时常用带堵头的拉杆心轴，如图 2-35 所示。

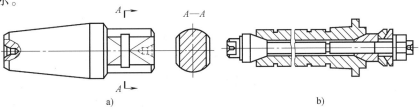

a)　　　　　　　　　　　　　　　　　　　b)

图 2-35 堵头与拉杆心轴

4．轴类零件工艺过程示例（CA6140 车床主轴的工艺过程）

（1）CA6140 车床主轴的结构特点、功用及技术要求

1）CA6140 车床主轴的结构特点。图 2-36 所示为 CA6140 车床主轴零件简图。由零件简图可知，该主轴具有以下特点：

① 它既是阶梯轴，又是空心轴；是长径比小于 12 的刚性轴。

② 它不但传递旋转运动和转矩，而且是工件或刀具回转精度的基础。

③ 其上有安装支承轴承、传动件的圆柱面或圆锥面，安装滑动齿轮的花键，安装卡盘及顶尖的内、外圆锥面，联接紧固螺母的螺旋面，通过棒料的深孔等；主要加工表面有内外圆柱面、圆锥面；次要表面有螺纹、花键、沟槽、端面结合孔等。

④ 其机械加工工艺主要是车削、磨削，其次是铣削和钻削。

2）CA6140 车床主轴各主要部分的功用及技术要求

① 支承轴颈。主轴是一个三支承结构，都是用来安装支承轴承的，并且跨度大。其中支承轴颈 A、B 既是主轴上各重要表面的设计基准，又是主轴部件的装配基准面，所以对它们有严格的位置要求，其制造精度直接影响到主轴部件的回转精度。

支承轴颈 A、B 的圆度公差为 0.005mm，径向跳动公差为 0.015mm；而支承轴颈 1∶12 锥面的接触率≥70%；表面粗糙度 Ra 为 0.4μm；支承轴颈尺寸公差等级为 IT5。

② 锥孔。主轴锥孔是用来安装顶尖和刀具锥柄的，其轴心线必须与两个支承轴颈的轴心线严格同轴，否则会引起工件（或工具）的同轴度误差超差。

主轴内锥孔（莫氏 6 号）对支承轴颈 A、B 的跳动在轴端面处公差为 0.005mm，离轴端面 300mm 处公差为 0.01mm；锥面接触率≥70%；表面粗糙度 Ra 为 0.4μm；硬度要求 48~50HRC。

③ 轴端短锥和端面。主轴前端短圆锥面和端面是安装卡盘的定位面。为了保证卡盘的定心精度，该短圆锥面必须与支承轴颈的轴线同轴，而端面必须与主轴的回转中心垂直。

短圆锥面对主轴两个支承轴颈 A、B 的径向圆跳动公差为 0.008mm；表面粗糙度 Ra 为 0.8μm。

④ 空套齿轮轴颈。空套齿轮轴颈是与齿轮孔相配合的表面，对支承轴颈应有一定的同轴度要求，否则会引起主轴传动啮合不良，当主轴转速很高时，还会影响齿轮传动平稳性并产生振动和噪声，使工件加工表面产生振纹。

空套齿轮轴颈对支承轴颈 A、B 的径向圆跳动公差为 0.015mm。

⑤ 螺纹。主轴上的螺纹是用来固定零件或调整轴承间隙的。如果螺纹中心线与支承轴颈轴心线交叉，则会造成锁紧螺母端面与支承轴颈轴线不垂直，导致锁紧螺母使被压紧的滚动轴承环倾斜，影响轴承的放置精度，严重时还会引起轴承损坏或主轴弯曲变形。

主轴螺纹的精度为 6h，其中心线与支承轴颈 A、B 的中心线的同轴度公差为 ϕ0.025mm，拧在主轴上的螺母支承端面的圆跳动公差在 50mm 半径上为 0.025mm。

⑥ 各表面的表面层要求。主轴的支承轴颈表面、工作表面及其他配合表面都存在不同程度的摩擦。CA6140 采用滚动轴承，摩擦转移给轴承环和滚动体，轴颈可以不要求很高的耐磨性，但仍要求适当地提高其硬度，以改善它的装配工艺性和装配精度。

定位定心表面（内外圆锥面、圆柱面及法兰圆锥面等）因为相配件（顶尖、卡盘等）需要经常拆卸，容易碰伤，拉毛表面，影响接触精度，所以也必须有一定的耐磨性，表面硬度通常淬火到 45HRC 以上。

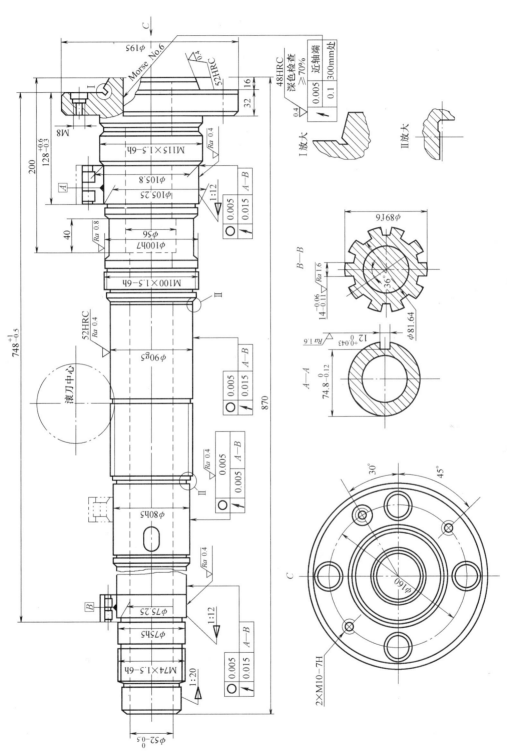

图 2-36　CA6140 车床主轴零件简图

主轴各表面的粗糙度 Ra 为 $0.2 \sim 0.8\mu m$。

（2）CA6140 主轴加工工艺

1）CA6140 车床主轴加工工艺过程。表 2-5 列出了 CA6140 车床主轴的加工工艺过程。

生产类型：大批生产；材料牌号：45 钢；毛坯种类：模锻件

表 2-5　大批生产 CA6140 车床主轴工艺过程

序号	工 序 名 称	工 序 简 图	定 位 基 准	设 备
1	备料			
2	锻造	模锻		
3	热处理	正火		
4	锯头			
5	铣端面钻中心孔		毛坯外圆	中心孔机床
6	粗车外圆		顶尖孔	卧式车床 CA6140
7	热处理	调质 220~240HBW		
8	车大端各部		顶尖孔	卧式车床 CA6140
9	仿形车小端各部		顶尖孔	仿形多刀半自动车床 CE7120
10	钻 φ48mm 深孔		两端支承轴颈	深孔钻床
11	车小端锥孔（配 1：20 锥堵，涂色法检查接触率≥50%）		两端支承轴颈	卧式车床 CA6140
12	车大端锥孔（配莫氏 6 号锥堵，涂色法检查接触率≥30%）；车外短锥及端面		两端支承轴颈	卧式车床 CA6140
13	钻大端端面各孔		大端内锥孔	钻床 Z35
14	热处理	局部高频淬火（φ90g5 轴颈、短锥及莫氏 6 号锥孔）		高频淬火设备
15	精车各外圆并切槽、倒角		锥堵顶尖孔	数控车床 CSK6163
16	粗磨 φ75h5、φ90g5、φ105.8mm 外圆		锥堵顶尖孔	外圆磨床 M1432B
17	粗磨莫氏 6 号内锥孔（重配莫氏 6 号锥堵，涂色法检查接触率≥40%）		前支承轴颈及 φ75h5 外圆	内圆磨床 M2120
18	粗铣和精铣花键		锥堵顶尖孔	花键铣床 YB6016
19	铣键槽		φ80h5 及 M115 外圆	铣床 X52
20	车大端内侧面，车三处螺纹（与螺母配车）		锥堵顶尖孔	卧式车床 CA6140
21	精磨各外圆及 E、F 两端面		锥堵顶尖孔	外圆磨床 M1432B
22	粗磨两处 1：12 外锥面		锥堵顶尖孔	专用组合磨床
23	精磨两处 1：12 外锥面、D 端面及短锥面等		锥堵顶尖孔	专用组合磨床
24	精磨莫氏 6 号内锥孔（卸堵，涂色法检查接触率≥70%）		前支承轴颈及 φ75h5 外圆	专用主轴锥孔磨床
25	钳工	4 个 φ23mm 钻孔、去锐边倒角		
26	检验	按图样技术要求全部检验	前支承轴颈及 φ75h5 外圆	专用检具

2）主轴加工工艺问题分析。

① 定位基准的选择与转换。主轴加工中，为了保证各主要表面的相互位置精度，选择定位基准时，应遵循基准重合、基准统一和互为基准的原则，并在一次装夹中尽可能加工出较多的表面。

轴类零件的定位基准通常采用两中心孔。采用两中心孔作为统一的定位基准加工各外圆表面，既能在一次装夹中将多处外圆表面及其端面加工出来，而且还能确保各外圆中心线间的同轴度公差以及端面与轴线的垂直度公差要求。中心孔是主轴的设计基准，以中心孔为定位基准，不仅符合基准统一原则，也符合基准重合原则，所以主轴在粗车之前应先加工出两中心孔。

CA6140 车床主轴是一空心主轴零件，在加工过程中，作为定位基准的中心孔因钻通孔而消失，为了在通孔加工之后还能使用中心孔作为定位基准，一般都有采用图 2-36 所示的带有中心孔的锥堵或锥套心轴。

为了保证支承轴颈与主轴内锥面的同轴度公差要求，还应遵循互为基准原则选择基准。例如，车小端 1：20 内锥孔和大端莫氏 6 号内锥孔时，以与前支承轴颈相邻而它们又是用同一基准加工出来的外圆柱面为定位基面（因支承轴颈为外锥面，不便装夹）；在精车各外圆（包括两个支承轴颈）时，以前、后锥孔内所配锥堵的顶尖孔为定位基面；在粗磨莫氏 6 号内锥孔时，又以两圆柱面为定位基准面；粗、精磨两个支承轴颈的 1：12 锥面时，再次用锥堵顶尖孔定位；最后精磨莫氏 6 号锥孔时，直接以精磨后的前支承轴颈和另一圆柱面定位。定位基准每转换一次，都使主轴的加工精度提高一步。

② 主要加工表面加工工序安排。CA6140 车床主轴主要加工表面是 $\phi 75 h5$、$\phi 80 h5$、$\phi 90 g5$、$\phi 105.8 mm$ 轴颈，两支承轴颈及大头锥孔。它们加工的尺寸公差等级在 IT5～IT6 之间，表面粗糙度 Ra 为 $0.4～0.8\mu m$。

主轴加工工艺过程可划分为三个加工阶段，即粗加工阶段（包括铣端面、加工顶尖孔及粗车外圆等）、半精加工阶段（半精车外圆，钻通孔，车锥面、锥孔，钻大头端面各孔，精车外圆等）、精加工阶段（包括精铣键槽，粗、精磨外圆、锥面及锥孔等）。

在机械加工工序中间尚需插入必要的热处理工序，这就决定了主轴加工各主要表面总是循着以下顺序进行，即粗车→调质（预备热处理）→半精车→精车→淬火→回火（最终热处理）→粗磨→精磨。

综上所述，主轴主要表面的加工顺序安排如下：

外圆表面粗加工（以顶尖孔定位）→外圆表面半精加工（以顶尖孔定位）→钻通孔（以半精加工过的外圆表面定位）→锥孔粗加工（以半精加工过的外圆表面定位，加工后配锥堵）→外圆表面精加工（以锥堵顶尖孔定位）→锥孔精加工（以精加工外圆面定位）。

在主要表面加工顺序确定后，再合理地插入次要表面加工工序。对主轴而言，次要表面指的是花键、横向小孔、键槽及螺纹等。这些表面加工一般不易出现废品，所以可安排在精加工之后进行，这样可以避免浪费工时，还可避免因断续切削产生振动而影响加工质量；不过，这些表面也不能放在主要表面的最终精加工之后，以免破坏主要表面已获得的精度。

淬硬表面上的螺孔、键槽等都应安排在淬火前加工。非淬硬表面上的螺孔、键槽等一般在外圆精车之后、精磨之前进行加工。主轴上的螺纹，因其有较高的技术要求，所以安排在最终热处理工序之后的精加工阶段进行，以克服淬火带来的变形；而且加工螺纹时的定位基准应与精磨外圆时的基准相同，以保证螺纹的同轴度公差要求。

③ 保证加工质量的几项措施。主轴的加工质量主要体现在主轴支承轴颈的尺寸、形状、位置精度和表面粗糙度，主轴前端内、外锥面的形状精度、表面粗糙度以及它们对支承轴颈的位置精度。

主轴支承轴颈的尺寸精度、形状精度以及表面粗糙度要求可以采用精密磨削方法保证。磨削前应提高精基准的精度。

保证主轴前端内、外锥面的形状精度、表面粗糙度同样应采用精密磨削的方法。为了保证外锥面相对支承轴颈的位置精度，以及支承轴颈之间的位置精度，通常采用组合磨削法在一次装夹中加工这些表面，如图 2-37 所示。机床上有两个独立的砂轮架，精磨在两个工位上进行，工位 I 精磨前、后轴颈锥面，工位 II 用角度成形砂轮磨削主轴前端支承面和短锥面。

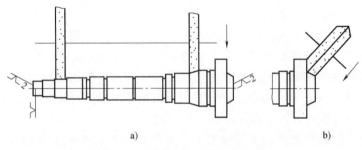

图 2-37　组合磨主轴加工示意图

a）工位 I　b）工位 II

主轴锥孔相对于支承轴颈的位置精度是靠采用支承轴颈 A、B 作为定位基准来保证的。以支承轴颈作为定位基准加工内锥面，符合基准重合原则。在精磨前端锥孔之前，应使作为定位基准的支承轴颈 A、B 达到一定的精度。主轴锥孔的磨削一般采用专用夹具，如图 2-38 所示。夹具由底座、支架及浮动夹头三部分组成，两个支架固定在底座上，作为工件定位基准面的两段轴颈放在支架的两个镶有硬质合金（提高耐磨性）的 V 形块上，工件的中心高必须与磨头中心等高，否则将会使锥面出现双曲线误差，影响内锥孔的接触精度。后端的浮

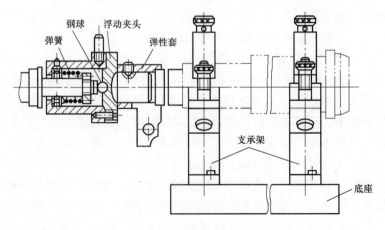

图 2-38　磨主轴锥孔夹具

动夹头用锥柄装在磨床主轴的锥孔内，工件尾端插于弹性套内，用弹簧将浮动夹头外壳连同工件向左拉，通过钢球压向镶有硬质合金的锥柄端面，限制工件的轴向窜动。采用这种连接方式，可以保证工件支承轴颈的定位精度不受内圆磨床主轴回转误差的影响，也可减少机床本身振动对加工质量的影响。

5．轴类零件的检验

轴类零件在加工过程中和加工完成后都要按照工艺规程的要求进行检验。检验的项目包括表面粗糙度、硬度、尺寸精度、表面形状精度和相互位置精度。

（1）加工中的检验 在加工过程中，对轴类零件的检验可采用安装在机床上的自动测量装置。这种检验方式能在不影响加工的情况下，根据测量结果，主动地控制机床的工作过程，如改变进给量，自动补偿刀具磨损，自动退刀、停车等，使之适应加工条件的变化。自动测量属在线检测，即在设备运行、生产不停顿的情况下，根据信号处理的基本原理，掌握设备运行状况，对生产过程进行预测、预报及必要调整，对加工质量进行控制，防止废品发生。在线检测广泛应用于大批大量生产中。

（2）加工后的检验 轴类零件加工质量的检验大多在加工完成后进行。在单件小批生产中，尺寸精度一般用外径千分尺检验；大批大量生产时，常采用光滑极限量规检验；长度大而精度高的工件可用比较仪检验。表面粗糙度可用粗糙度样板进行检验；要求较高时则用光学显微镜或轮廓仪检验。圆度误差可用千分尺测出的工件同一截面内直径的最大差值之半来确定，也可用千分表借助V形铁来测量，若条件许可，可用圆度仪检验。圆柱度误差

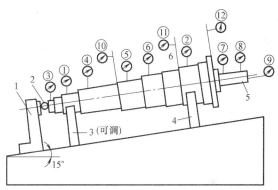

图 2-39　主轴的检验
1—挡铁　2—钢球　3、4—V形块　5—检验心棒

通常用千分尺测出同一轴向剖面内最大与最小值之差的方法来确定。主轴相互位置精度检验，大多采用如图 2-39 所示的专用检验装置检验。

图 2-39 中各量表的功用如下：量表⑦检验锥孔对支承轴颈的同轴度误差；距轴端300mm处的量表⑧检验锥孔中心线对支承轴颈中心线的同轴度误差；量表③、④、⑤、⑥检验各轴颈相对支承轴颈的径向跳动；量表⑩、⑪、⑫检验端面跳动；量表⑨测量主轴的轴向窜动。

二、箱体类零件的加工

1．箱体类零件概述

（1）箱体类零件的功用、结构特点

1）箱体类零件的功用。箱体是机器的基础零件，它是由机器和部件中的轴、套、齿轮等有关零件连接成一个整体，并使之保持正确的相互位置关系，以传递转矩或改变转速来完成规定的运动。因此，箱体类零件的加工质量对机器的工作精度、使用性能和寿命都有直接的影响。

2）箱体类零件的结构特点。箱体零件形状多种多样，结构复杂；多为铸造件，壁薄且

不均匀；加工部位多，箱壁上既有许多精度要求较高的轴承孔和基准平面需要加工，也有许多精度要求较低的紧固孔和一些次要平面需要加工，加工难度大。

（2）箱体类零件的主要技术要求　为了保证箱体零件的装配精度，达到机器设备对它的要求，对箱体零件的主要技术要求表现在以下几方面：

1）孔的尺寸精度和形状精度。箱体支承孔的尺寸误差和几何形状误差超值都会造成轴承与孔的配合不良，影响轴的旋转精度，若是主轴支承孔，还会影响机床的加工精度。由此可知，对箱体孔的精度要求是较高的。主轴支承孔的公差等级为IT6，其余孔的公差等级为IT6～IT7。孔的几何形状精度一般控制在尺寸公差范围内，要求高的应不超过孔公差的1/3。

2）孔与孔的位置精度。包括孔系的同轴度、平行度、垂直度要求。同一轴线上各孔的同轴度误差会使轴装配后出现扭曲变形，从而造成主轴径向圆跳动甚至摆动，并且会加剧轴承的磨损；平行孔轴线的平行度会影响齿轮的啮合精度。平行度公差一般取全长的（0.03～0.1）L；同轴度公差约为最小孔的尺寸公差的一半。

在箱体上有齿轮啮合关系的支承孔之间，应有一定的孔距尺寸精度，通常为±（0.025～0.060）mm。

3）孔与平面的位置精度。主要孔与主轴箱安装基面的平行度误差，决定了主轴与床身导轨的相互位置关系和精度。这项精度是在总装时通过刮研来保证的。为了减少刮研量，通常都规定主轴轴线对安装基面的平行度公差，一般规定在垂直和水平两个方向上，只允许主轴前向上和向前偏。

孔的轴线对端面的垂直度误差，会使轴承装配后出现歪斜，从而造成主轴轴向窜动和加剧轴承磨损，因此孔的轴线对端面的垂直度有一定的要求。

4）主要平面的精度。箱体的主要平面通常是指安装基面和箱体顶面。安装基面的平面度直接影响主轴箱与床身连接时的接触刚度，加工过程中作为定位基准时则会影响孔的加工精度，因此规定箱体的底面和导向面必须平直，并且用涂色法检查接触面积或单位面积上的接触点数来衡量平面度的精度。对箱体顶面的平面度要求是为了保证箱盖的密封性，防止工作时润滑油泄出；大批大量生产时，有时将顶面作定位基准加工孔，对顶面的平面度要求则还应提高。

5）表面粗糙度。重要孔和主要平面的表面粗糙度会影响连接面的配合性质或接触刚度。一般规定，主轴孔的表面粗糙度 Ra 为 0.4μm，其余各纵向孔的表面粗糙度 Ra 为 1.6μm；孔的内端面的表面粗糙度 Ra 为 3.2μm，装配基面和定位基准的表面粗糙度 Ra 为 0.63～2.5μm，其他平面的表面粗糙度 Ra 为 2.5～10μm。

（3）箱体类零件的材料与毛坯　箱体零件常选用各种牌号的灰铸铁，因为灰铸铁具有良好的工艺性、耐磨性、吸振性和可加工性，价格也比较低廉。有时，某些负荷较大的箱体可采用铸钢件；对于单件小批量生产中的简单箱体，为了缩短生产周期，降低生产成本，也可采用钢板焊接结构。在某些特定情况下，如飞机、汽车、摩托车的发动机箱体，也选用铝合金作为箱体。

箱体毛坯在铸造时，应防止砂眼和气孔的产生。为了减少毛坯制造过程中产生的残余应力，箱体在投入加工前通常应安排退火工序。毛坯的加工余量与箱体结构、生产批量、制造方法、毛坯尺寸及精度要求等因素有关，可依据经验或查阅手册确定。

2. 箱体类零件的结构工艺性分析

箱体类零件结构复杂，加工部位多，技术要求高，加工难度大，研究箱体的结构，使之具有良好的结构工艺性，对提高产品质量、降低生产成本、提高生产效率都有重要意义。

箱体的结构工艺性有以下几个方面值得注意：

（1）箱体的基本孔 箱体的基本孔可分为通孔、不通孔、阶梯孔及交叉孔等几类。通孔的工艺性最好；阶梯孔的工艺性较差；交叉孔的工艺性也较差；不通孔的工艺性最差，应尽量避免。加工如图 2-40a 所示的交叉孔时，由于刀具进给到交叉口时是不连续切削，径向受力不均，容易使孔的轴线偏斜和损坏刀具，而且不能采用浮动刀具加工。为了改善其工艺性，可将其中一毛坯孔先不铸通，如图 2-40b 所示，加工好其中的通孔后，再加工这个不通孔就能保证孔的加工质量。

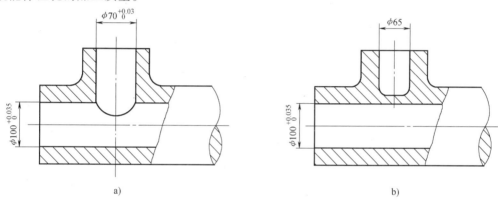

图 2-40 交叉孔的结构工艺性
a）交叉孔 b）交叉孔毛坯

（2）箱体的同轴孔 箱体上同轴孔的孔径有三种排列形式：一种是孔径大小向一个方向递减，且相邻两孔直径之差大于孔的毛坯加工余量，这样排列形式便于镗杆和刀具从一端伸入同时加工其他同轴孔，单件小批量生产中，这种结构形式最为方便；另一种是孔径大小从两边向中间递减，加工时可使刀杆从两边进入，这样可缩短镗杆长度，提高镗杆的刚度，而且为双面同时加工创造了条件，所以大批大量生产时常采用这种结构形式；还有一种是孔径大小排列不规则，两端的孔径小于中间的孔径，这种排列结构工艺性差，应尽量避免。

（3）箱体的端面 箱体的端面加工包括内端面和外端凸台。箱体内端面加工比较困难，应尽可能使内端面尺寸小于刀具需穿过的孔加工前的直径；否则，加工时镗杆伸进后才能装刀，镗杆退出前又需将刀卸下，加工很不方便。同时，内端面尺寸不宜过大，不然还需采用专用径向进给装置。箱体外端凸台应尽可能在一个平面上。

（4）箱体的装配基面 箱体的装配基面应尽可能大，形状应尽量简单，以利于加工、装配和检验。

此外，箱体的紧固孔和螺孔的尺寸规格应尽可能一致，以减少加工中的换刀次数。为了保证箱体有足够的动刚度和抗振性，应酌情合理使用肋板、肋条，加大圆角半径，收小箱口，加厚主轴前轴承口厚度。

3. 箱体类零件加工工艺过程及工艺分析

（1）拟订箱体类零件加工工艺规程的原则 在拟订箱体类零件的加工工艺规程时，有一些共同的基本原则应遵循。

1）加工顺序：先面后孔。先加工平面、后加工孔是箱体加工的一般规律。因为箱体零件上孔的精度要求较高，加工难度大，先以孔为粗基准加工好平面，再以平面为精基准加工孔，这样既能为孔的加工提供稳定可靠的精基准，又能使孔的加工余量较为均匀；同时箱体上的孔均分布在箱体各平面上，先加工好平面，可切去铸件表面凹凸不平及夹砂等缺陷，钻孔时钻头不易引偏，扩孔或铰孔时，刀具不易崩刃。

2）加工阶段：粗、精分开。箱体的结构复杂，壁厚不均匀，刚性不好，而加工精度又高，一般应将粗、精加工工序分阶段进行。先进行粗加工，再进行精加工，可以避免粗加工产生的内应力和切削热等对加工精度产生的影响；同时可以及时发现毛坯缺陷，避免更大浪费。粗加工考虑的主要是效率，精加工考虑的主要是精度，这样可以根据粗、精加工的不同要求，合理选择设备。

3）基准选择：选重要孔为粗基准；精基准力求统一。箱体上的孔比较多，为了保证孔的加工余量均匀，一般选择箱体上的重要孔和另一个相距较远的孔作粗基准。而精基准的选择通常贯彻基准统一原则，常以装配基准或专门加工的一面两孔为定位基准，使整个加工过程基准统一，夹具结构类似，基准不重合误差减至最小。

4）工序集中，先主后次。箱体零件上相互位置要求较高的孔系和平面，一般应尽量集中在同一工序中加工，以保证其相互位置要求和减少装夹次数。加工紧固螺纹孔、油孔等的次要工序，一般安排在平面和支承孔等主要加工表面精加工之后再进行。

5）工序间安排时效处理。箱体零件铸造残余应力较大，为了消除残余应力，减少加工后的变形，保证加工精度稳定，铸造后通常应安排一次人工时效处理；对于精度要求较高的箱体，粗加工之后还要安排一次人工时效处理，以消除粗加工所产生的残余应力。

箱体人工时效处理，除用加温方法外，还可采用振动时效处理方法。

6）工装设备依批量而定。加工箱体零件所用的设备和工艺装备，应根据生产批量而定。单件小批量箱体的生产一般都在通用机床上加工，通常也不用专用夹具；而大批大量箱体的加工则广泛采用专用设备机床，如多轴龙门铣床、组合磨床等，各主要孔的加工采用多工位组合机床、专用镗床等，一般都采用专用夹具，以提高生产效率。

（2）箱体平面的加工　箱体平面的加工，通常采用刨削、铣削或磨削。

刨削和铣削刀具结构简单，机床调整方便，常用作平面的粗加工和半精加工；龙门刨床和龙门铣床都可以利用几个刀架，在工件的一次装夹中完成几个表面的加工，既可保证平面间的相互位置精度，又可提高生产效率。

磨削则用作平面的精加工，而且还可以加工淬硬表面；企业为了保证平面间的位置精度和提高生产效率，有时还采用组合磨削来精加工箱体各表面。

（3）箱体孔系的加工　箱体上一系列有相互位置精度要求的孔的组合，称为孔系。孔系可分为平行孔系、同轴孔系和交叉孔系。

孔系的加工是箱体加工的关键。根据生产批量和精度要求的不同，孔系的加工方法也有所不同。

1）平行孔系的加工。所谓平行孔系，是指轴线互相平行且孔距有精度要求的一些孔。

在生产中，保证孔距精度的方法有多种。

① 找正法。找正法是指工人在通用机床上利用辅助工具来找正要加工孔的正确位置的

加工方法。这种方法加工效率低，一般只适用于单件小批生产。

根据找正方法的不同，找正法又可分为划线找正法、心轴和量块找正法、样板找正法、定心套找正法。

所谓划线找正法，是指加工前按照零件图在毛坯上划出各孔的位置轮廓线，然后按划线——进行加工。

所谓心轴和量块找正法，是指镗第一排孔时将心轴插入主轴内（或者直接利用镗床主轴），然后根据孔和定位基准的距离组合一定尺寸的量块来校正主轴位置。

所谓样板找正法，是指将用钢板制成的样板装在垂直于各孔的端面上，然后在机床主轴上装一千分表，再按样板找正机床主轴，找正后即换上镗刀进行加工。

所谓定心套找正法，是指先在工件上划线，再按线钻攻螺钉孔，然后装上形状精度高而表面光洁的定心套，定心套与螺钉间有较大间隙，接着按图样要求的孔的中心距公差的 1/5~1/3 调整全部定心套的位置，并拧紧螺钉，复查后即可上机床按定心套找正镗床主轴位置，卸下定心套，镗出一孔；每加工一孔找正一次，直至孔系加工完毕。

② 镗模法。镗模法是指利用镗模夹具加工孔系的方法。如图 2-41 所示，镗孔时，工件装夹在镗模上，镗杆被支承在镗模的导套里，增加了系统的刚性。镗刀通过模板上的孔将工件上相应的孔加工出来。当用两个或两个以上的支承来引导镗杆时，镗杆与机床主轴必须浮动连接，如图 2-42 所示，这样机床精度对孔系加工精度的影响就会很小，因而可以在精度较低的机床上加工出精度较高的孔系，孔距精度主要取决于镗模，一般可达 ±0.05mm；加工公差等级可达 IT7，表面粗糙度 Ra 为 1.25~5μm；孔与孔之间的平行度公差可达 0.02~0.03mm。

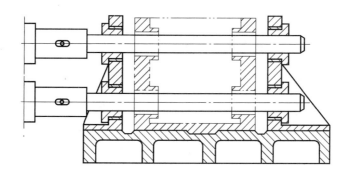

图 2-41 用镗模法加工孔系

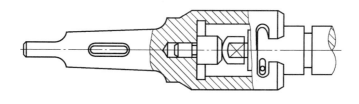

图 2-42 镗杆浮动连接头

这种方法广泛应用于中批生产和大批大量生产中。

③ 坐标法。坐标法镗孔是在普通卧式镗床、坐标镗床或数控镗床等设备上，借助于测量装置，调整机床主轴与工件间在水平和垂直方向的相对位置，来保证孔心距精度的一种镗孔方法。

大多箱体的孔与孔之间有严格的孔心距公差要求。坐标法镗孔的孔心距精度取决于坐标的移动精度，也就是坐标测量装置的精度。

采用坐标法加工孔系时，必须特别注意基准孔和镗孔顺序的选择，否则坐标尺寸的累积误差会影响孔心距精度。通常应遵循以下原则：

a）有孔距精度要求的两孔应连在一起加工，以减少坐标尺寸的累积误差影响孔距精度。

b）基准孔应位于箱壁一侧，以便依次加工各孔时，工作台朝一个方向移动，避免因工作台往返移动由间隙造成的误差。

c）所选的基准孔应有较高的精度和较小的表面粗糙度值，以便在加工过程中可以重新准确地校验坐标原点。

2）同轴孔系的加工。成批生产中，同轴孔系通常采用镗模加工，以保证孔系的同轴度。单件小批量生产则用以下方法保证孔系的同轴度。

① 利用已加工孔作支承导向。一般在已加工孔内装一导向套，支承和引导镗杆加工同一轴线的其他孔。

② 利用镗床后立柱上的导向套支承镗杆。采用这种方法加工时，镗杆两端均被支承，刚性好，但调整麻烦，镗杆长而笨重，因此只适宜加工大型箱体。

③ 采用调头镗。当箱体的箱壁相距较远时，工件在一次装夹后，先镗好一侧的孔，再将镗床工作台回转180°，调整好工作台的位置，使已加工孔与镗床主轴同轴，然后加工另一侧的孔。

3）交叉孔系的加工。交叉孔系的主要技术要求通常是控制有关孔的相互垂直度误差。在普通镗床上主要是靠机床工作台上的90°对准装置，这是一个挡块装置，结构简单，对准精度低。对准精度要求较高时，一般采用光学瞄准器，或者依靠人工用百分表找正。目前也有很多企业开始用数控铣镗床或者加工中心来加工箱体的交叉孔系。

（4）箱体零件加工工艺过程示例　图 2-43 所示为某车床主轴箱。该主轴箱具有一般箱体结构特点，壁薄、中空、形状复杂，加工表面多为平面和孔。

主轴箱体的主要加工表面可分为以下三类：

1）主要平面：箱盖顶部的对合面、底座的底面及各轴承孔的端面等。

2）主要孔：轴承孔（$\phi120K6$、$\phi95K6$、$\phi90K6$、$\phi52J7$、$\phi62J7$、$\phi24H7$、$\phi40J7$）等。

3）其他加工部分：拨叉销孔、连接孔、螺孔以及孔的凸台面等。

表 2-6 所列为某厂在中、小批量生产上述主轴箱时的机械加工工艺过程。表 2-7 所列为某厂在大批大量生产上述主轴箱时的机械加工工艺过程。

（5）箱体零件的检验　箱体零件的检验项目包括表面粗糙度及外观、尺寸精度、形状精度和位置精度等。

1）表面粗糙度的检验通常用目测或样板比较法，只有当 Ra 值很小时，才考虑使用光学量仪或使用粗糙度仪。外观检查只需根据工艺规程检查完工情况以及加工表面有无缺陷即可。

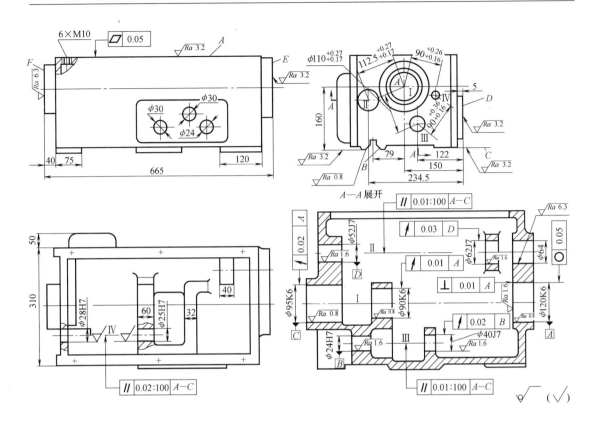

图 2-43　某车床主轴箱简图

表 2-6　某主轴箱中、小批量生产工艺过程

序号	工序名称	工序内容	定位基准	加工设备
1	铸造	铸造毛坯		
2	热处理	人工时效		
3	油漆	喷涂底漆		
4	划线	划 C、A 及 E、D 面的加工线, 注意主轴孔的加工余量, 并尽量均匀		划线平台
5	刨削	粗、精加工顶面 A	按划线找正	牛头刨床或龙门刨床
6	刨削	粗、精加工 B、C 面及侧面 D	顶面 A, 并校正主轴线	牛头刨床或龙门刨床
7	刨削	粗、精加工 E、F 两端面	B、C 面	牛头刨床或龙门刨床
8	镗削	粗、半精加工各纵向孔	B、C 面	卧式镗床
9	镗削	精加工各纵向孔	B、C 面	卧式镗床
10	镗削	粗、精加工横向孔	B、C 面	卧式镗床
11	钻削	加工螺孔及各次要孔		摇臂钻床
12	钳工	清洗、去毛刺		
13	检验	按图样要求检验		

表 2-7　某主轴箱大批生产工艺过程

序号	工序名称	工序内容	定位基准	加工设备
1	铸造	铸造毛坯		
2	热处理	人工时效		
3	油漆	喷涂底漆		
4	铣削	铣顶面 A	I 孔与 II 孔	龙门铣床
5	钻削	钻、扩、铰 2×φ8H7 工艺孔（将 6×M10 先钻至 φ7.8mm，铰 2×φ8H7）	顶面 A 及外形	摇臂钻床
6	铣削	铣两端面 E、F 及前面 D	顶面 A 及两工艺孔	龙门铣床
7	铣削	铣导轨面 B、C	顶面 A 及两工艺孔	龙门铣床
8	磨削	磨顶面 A	导轨面 B、C	平面磨床
9	镗削	粗镗各纵向孔	顶面 A 及两工艺孔	卧式镗床
10	镗削	精镗各纵向孔	顶面 A 及两工艺孔	卧式镗床
11	镗削	精镗主轴孔 I	顶面 A 及两工艺孔	卧式镗床
12	钻削	加工横向各孔及各面上的次要孔		
13	磨削	磨 B、C 导轨面及前面 D	顶面 A 及两工艺孔	导轨磨床
14	钻削	将 2×φ8H7 及 4×φ7.8mm 均扩钻至 φ8.5mm，攻螺纹 6×M10		钻床
15	钳工	清洗、去毛刺		
16	检验	按图样要求检验		

2）孔的尺寸精度一般用塞规检验，单件小批生产时可用内径千分尺或内径千分表检验，若精度要求很高可用气动量仪检验。

3）平面的直线度误差可用平尺和塞尺或水平仪、桥尺检验。

4）平面的平面度误差可用自准直仪或桥尺涂色检验。

5）同轴度误差的检验常用检验棒检验，若检验棒能自由通过同轴线上的孔，则孔的同轴度误差在允差范围之内。

6）孔间距和孔的轴线平行度误差的检验，根据孔距精度的要求，可分别使用游标卡尺或千分尺检验，也可用心轴和衬套或量块测量。

7）三坐标测量机可同时对零件的尺寸、形状和位置等进行高精度的测量。

三、圆柱齿轮加工

1. 圆柱齿轮加工概述

圆柱齿轮是机械传动中应用极为广泛的零件，其功用是按规定的传动比来传递运动和动力。

（1）圆柱齿轮分类及结构特点　图 2-44 所示是常用圆柱齿轮的结构形式，分为：盘形齿轮（图 a 单联、图 b 双联、图 c 三联）、内齿轮（见图 d）、齿轮轴（见图 e）、套类齿轮（见图 f）、扇形齿轮（见图 g）、齿条（见图 h）及装配齿轮（见图 i）等。

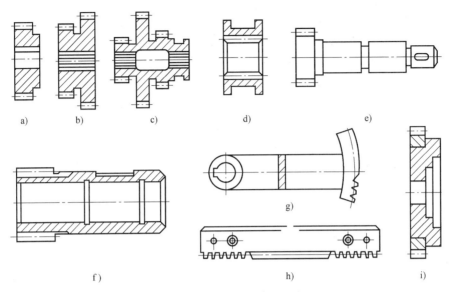

图 2-44　圆柱齿轮的结构形式

　　圆柱齿轮的结构形状按使用场合和要求而不同。一个圆柱齿轮可以有一个或多个齿圈。普通的单齿圈齿轮工艺性好，而双联齿轮或三联齿轮的小齿圈往往会受到台肩的影响，限制了某些加工方法的应用，一般只能采用插齿的方法加工。如果齿轮精度要求高，需要剃齿或磨齿时，通常将多齿圈齿轮做成单齿圈齿轮的组合结构。

　　（2）圆柱齿轮的精度要求　　齿轮自身的制造精度对整个机器的工作性能、承载能力和使用寿命都有很大的影响，因此必须对齿轮的制造提出一定的精度要求。

　　1）运动精度。要求齿轮能准确地传递运动和保持恒定的传动比，即要求齿轮在一转中，最大转角误差不能超过相应的规定值。

　　2）工作平稳性。要求齿轮传递运动平稳，振动、冲击和噪声要小，这就要求齿轮转动时瞬时速比变化要小。

　　3）齿面接触精度。齿轮在传递动力时，为了保证传动中载荷分布均匀，应避免齿面局部载荷过大、应力集中等引起过早磨损或折断。

　　4）齿侧间隙。要求齿轮传动时，非工作面留有一定间隙，以补偿因温升、弹性形变所引起的尺寸变化和装配误差，并利于润滑油的储存和油膜的形成。

　　齿轮的制造精度和齿侧间隙，主要根据齿轮的用途和工作条件而定。对于分度传动用齿轮，主要要求齿轮的运动精度要高，以便传递运动准确可靠；对于高速动力传动用齿轮，必须要求工作平稳，无冲击和噪声；对于重载、低速传动用齿轮，则要求齿轮接触精度要高，使啮合齿的接触面积增大，不致引起齿面过早磨损；对于换向传动和读数机构，则应严格控制齿侧间隙，必要时还应设法消除间隙。

　　（3）齿轮材料、毛坯和热处理

　　1）齿轮材料的选择：齿轮应根据使用要求和工作条件选取合适的材料。普通齿轮通常选用中碳钢和低、中碳合金钢，如 45 钢、40MnB、40Cr、42SiMn、20CrMnTi 等；要求较高的齿轮可选取 20Mn2B、18CrMnTi、38CrMoAlA 渗氮钢；对于低速、轻载、无冲击的齿轮可选取 HT400、HT200 等灰铸铁；非传力齿轮可选取尼龙、夹布胶木或塑料。

2）齿轮的毛坯：毛坯的选择取决于齿轮的材料、形状、尺寸、使用条件、生产批量等因素，常用的毛坯种类如下：

① 铸铁件。用于受力小、无冲击、低速、低精度齿轮。

② 棒料。用于尺寸小、结构简单、受力不大、强度要求不高的齿轮。

③ 锻坯。用于高速重载、强度高、耐磨和耐冲击的齿轮。

④ 铸钢件。用于结构复杂、尺寸较大而不宜锻造的齿轮。

3）齿轮的热处理：在齿轮加工工艺过程中，热处理工序的位置安排十分重要，它直接影响齿轮的力学性能及切削加工的难易程度。一般在齿轮加工中有两种热处理工序。

①毛坯的热处理。为了消除锻造和粗加工造成的残余应力，改善齿轮材料内部的金相组织和切削加工性，提高齿轮的综合力学性能，在齿轮毛坯加工前后通常安排正火或调质等预热处理。

②齿面的热处理。为了提高齿面硬度、增加齿轮的承载能力和耐磨性，有时应进行齿面高频淬火、渗碳淬火、氮碳共渗和渗氮等热处理工序。一般安排在滚齿、插齿、剃齿之后，珩齿、磨齿之前。

2. 圆柱齿轮齿面（形）加工方法

（1）齿轮齿面加工方法的分类　按齿面形成的原理不同，齿面加工可以分为两类方法：

1）成形法：用与被切齿轮齿槽形状相符的成形刀具切出齿面的方法，如盘形铣刀铣齿、指形齿轮铣刀铣齿、齿轮拉刀拉齿和成形砂轮磨齿等便属于成形法加工齿面的例子。

2）展成法：齿轮刀具与工件按齿轮副的啮合原理作展成运动切出齿面的方法，如滚齿、插齿、剃齿、磨齿和珩齿等。

（2）圆柱齿轮齿面加工方法的选择　圆柱齿轮齿面的精度要求大多较高，加工工艺复杂，选择加工方案时应综合考虑齿轮的结构、尺寸、材料、精度等级、热处理要求、生产批量及工厂加工条件等。常用的齿面加工方案见表 2-8。

表 2-8　常用的齿面加工方案

齿面加工方案	齿轮公差等级	齿面表面粗糙度 $Ra/\mu m$	适用范围
铣齿	IT9 以下	3.2~6.3	单件修配生产中,加工低精度的外圆柱齿轮、齿条、锥齿轮、蜗轮
拉齿	IT7	0.4~1.6	大批大量生产 7 级内齿轮,外齿轮拉刀制造复杂,故少用
滚齿	IT7~IT8	1.6~3.2	各种批量生产中,加工中等质量外圆柱齿轮及蜗轮
插齿	IT7~IT8	1.6	各种批量生产中,加工中等质量的内、外圆柱齿轮、多联齿轮及小型齿条
滚（或插）齿—淬火—珩齿	IT7~IT8	0.4~0.8	用于齿面淬火的齿轮
滚齿—剃齿	IT6~IT7	0.4~0.8	主要用于大批大量生产
滚齿—剃齿—淬火—珩齿	IT6~IT7	0.2~0.4	主要用于大批大量生产
滚（插）齿—淬火—磨齿	IT3~IT6	0.2~0.4	用于高精度齿轮的齿面加工,生产率低,成本高
滚（插）齿—磨齿	IT3~IT6	0.2~0.4	用于高精度齿轮的齿面加工,生产率低,成本高

3. 圆柱齿轮加工工艺过程示例

（1）圆柱齿轮加工工艺过程　圆柱齿轮的加工工艺过程一般应包括以下内容：齿轮毛坯加工、齿面加工、热处理及齿面的精加工。

在编制齿轮加工工艺过程中，常因齿轮结构、精度等级、生产批量以及生产环境的不同，而采用各种不同的方案。

图 2-45 所示为一直齿圆柱齿轮的简图。表 2-9 列出了该齿轮机械加工工艺过程，从表中可以看出，编制齿轮加工工艺过程大致可划分如下几个阶段：

1）制造齿轮毛坯：锻件。

2）齿面的粗加工：切除较多的余量。

3）齿面的半精加工：滚切或插削齿面。

4）热处理：调质或正火、齿面高频淬火等。

5）精加工齿面：剃削或者磨削齿面。

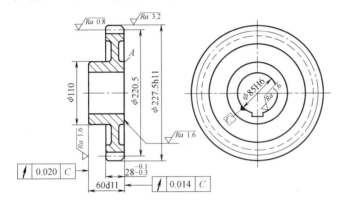

模数	m	3.5
齿数	z	63
压力角	α	20°
精度等级		655CH
基节极限偏差	F_r	±0.006
公法线长度变动公差	F_ω	0.016
跨齿数	k	8
公法线平均长度		$80.58^{-0.14}_{-0.22}$
齿向公差	F_β	0.007
齿形公差	F_f	0.007

图 2-45　直齿圆柱齿轮零件图

表 2-9　直齿圆柱齿轮加工工艺过程

工序号	工序名称	工序内容	定位基准
1	锻造	毛坯锻造	
2	热处理	正火	
3	粗车	粗车外形,各处留加工余量 2mm	外圆和端面
4	精车	精车各处,内孔至 φ84.8mm,留磨削余量 0.2mm,其余至尺寸	外圆和端面
5	滚齿	滚切齿面,留磨齿余量 0.25~0.3mm	内孔和端面 A
6	倒角	倒角至尺寸(倒角机)	内孔和端面 A
7	钳工	去毛刺	
8	热处理	齿面:52HRC(局部高频淬火)	
9	插键槽	至尺寸	内孔和端面 A
10	磨平面	靠磨大端面 A	内孔
11	磨平面	平面磨削 B 面	端面 A
12	磨内孔	磨内孔至 φ85H6	内孔和端面 A
13	磨齿	齿面磨削	内孔和端面 A
14	检验		

（2）齿轮加工工艺过程分析

1）定位基准的选择：对于齿轮定位基准的选择，常因齿轮的结构形状不同而有所差异。带轴齿轮主要采用顶尖定位，顶尖定位的精度高，且能做到基准统一。带孔齿轮在加工齿面时常采用以下两种定位方式：

①以内孔和端面定位。即以工件内孔和端面联合定位，确定齿轮中心和轴向位置。这种方式可使定位基准、设计基准、装配基准和测量基准重合，定位精度高，适于批量生产，但对夹具的制造精度要求较高。

②以外圆和端面定位。工件和夹具心轴的配合间隙较大，用千分表校正外圆以决定中心的位置，并以端面定位。这种方式因每个工件都要校正，故生产效率低；它对齿坯的内、外圆同轴度公差要求高，而对夹具精度要求不高，故适于单件、小批量生产。

2）齿坯的加工：齿面加工前的齿轮毛坯加工，在整个齿轮加工工艺过程中占有很重要的地位，因为齿面加工和检测所用的基准必须在此阶段加工出来；无论从提高生产率，还是从保证齿轮的加工质量，都必须重视齿坯的加工。

在齿轮的技术要求中，应注意齿顶圆的尺寸精度要求，因为齿厚的检测是以齿顶圆为测量基准的，齿顶圆精度太低，必然使所测量出的齿厚值无法正确反映齿侧间隙的大小。所以在加工过程中应注意下列三个问题：

①当以齿顶圆直径作为测量基准时，应严格控制齿顶圆的尺寸精度。

②保证定位端面与定位孔或外圆间的垂直度公差。

③提高齿轮内孔的制造精度，减小与夹具心轴的配合间隙。

3）齿端的加工：齿轮的齿端加工有倒圆、倒尖、倒棱和去毛刺等，如图2-46所示。倒圆、倒尖后的齿轮在换挡时容易进入啮合状态，减少撞击现象。倒棱可除去齿端尖边和毛刺。用指状铣刀对齿端进行倒圆时，铣刀高速旋转，并沿圆弧作摆动，加工完一个齿后，工件退离铣刀，经分度再快速向铣刀靠近加工下一个齿的齿端。齿端加工必须在齿轮淬火之前进行，通常都在滚（插）齿之后、剃齿之前安排齿端加工。

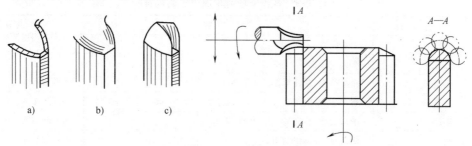

图 2-46　齿端加工

a）倒棱　b）倒圆　c）倒尖

思考题与习题

2-1　外圆加工有哪些方法？外圆光整加工有哪些方法？如何选用？

2-2　车床上钻孔和钻床上钻孔会产生什么误差？钻小孔、深孔最好采用什么钻头？某些新型钻头能否一把刀具一次安装实现非定尺寸加工、扩孔或沉孔加工？如何实施？

2-3　加工图 2-47 所示的轴套内孔 A，请按表 2-10 所列的不同要求，选择加工方法及加工顺序（数量：50 件）

表　2-10

内孔 A 的加工要求		材　料	热　处　理
尺寸精度	表面粗糙度 $Ra/\mu m$		
$\phi 40H8$	1.6	45	调质
$\phi 10H8$	1.6	45	调质
$\phi 100H8$	1.6	45	淬火
$\phi 40H6$	0.8	45	/
$\phi 40H8$	1.6	ZL104（铝合金）	/

2-4　某箱体水平面方向上 $\phi 250H9$ 的大孔和孔内 $\phi 260mm$、宽度 8mm 的回转槽以及孔外 $\phi 350mm$ 的大端面在卧式镗床上如何加工？

2-5　珩磨时，珩磨头与机床主轴为何要用浮动连接？珩磨能否提高孔与其他表面之间的位置精度？

2-6　平面铣削有哪些方法？各适用于什么场合？端铣时如何区分顺铣和逆铣？镶齿端铣刀能否在卧式铣床上加工水平面？

2-7　用简单刀具加工曲面的有哪些方法？各加工方法的特点及适用范围是什么？

2-8　主轴的结构特点和技术要求有哪些？为什么要对其进行分析？它对制订工艺规程起什么作用？

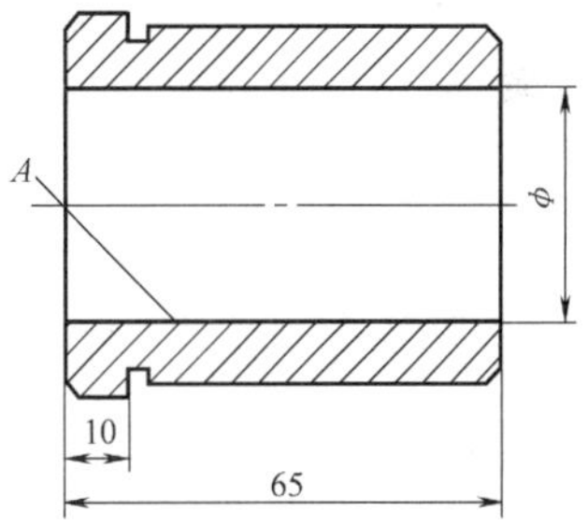

2-9　主轴毛坯常用的材料有哪几种？对于不同的毛坯材料在各个加工阶段中所安排的热处理工序有什么不同？它们在改善材料性能方面起什么作用？

图 2-47　轴套　题 2-3 图

2-10　轴类零件的安装方式和应用有哪些？顶尖孔起什么作用？试分析其特点。

2-11　试分析主轴加工工艺过程中，如何体现"基准统一""基准重合""互为基准""自为基准"的原则？

2-12　箱体类零件常用什么材料？箱体类零件加工工艺要点如何？

2-13　箱体的结构特点和主要的技术要求有哪些？为什么要规定这些要求？

2-14　举例说明箱体零件选择粗、精基准时应考虑哪些问题。试举例比较采用"一面两销"或"几个面"组合两种定位方案的优缺点和适用的场合。

2-15　何谓孔系？孔系加工方法有哪几种？试举例说明各种加工方法的特点和适用范围。

2-16　圆柱齿轮规定了哪些技术要求和精度指标？它们对传动质量和加工工艺有些什么影响？

2-17　齿形加工的精基准选择有几种方案？各有什么特点？齿轮淬火前精基准的加工和淬火后精基准的修整通常采用什么方法？

2-18　试比较滚齿与插齿、磨齿和珩齿的加工原理、工艺特点及适用场合。

2-19　齿端倒圆的目的是什么？其概念与一般的回转体倒圆有何不同？

第三章

特种加工与其他新加工工艺

教 学 导 航

知识目标

1. 熟悉电火花加工、电化学加工、高能束加工和超声波加工等特种加工工艺的工作原理和工作特点，掌握其应用范围。

2. 熟悉精密、超精密加工和细微加工的特点及加工方法。

3. 了解直接成形、少无切削加工等新工艺、新技术。

能力目标

具备合理选择特种加工方法加工机械零件的能力。

学习重点

特种加工工艺的工作原理及应用范围。

学习难点

各种特种加工的加工原理。

研 习 导 引

科学研究的进展及其日益扩充的领域将唤起我们的希望。

——诺贝尔

科学所打开的世界越来越辽阔，越来越奇妙。

——伊林

第一节　特种加工工艺

一、概述

传统的机械加工技术已有了很久的历史，它对人类的社会发展和物质文明起了极大的作用。随着现代科学技术和工业生产的迅猛发展，工业产品正向着高精度、高速度、高温、高压、大功率、小型化等方向发展，传统机械制造技术和工艺方法面临着极大的挑战。工业现代化，尤其是国防工业现代化对机械制造业提出越来越多的新要求。

1）解决各种难切削材料的加工问题。例如，增强复合材料、工业陶瓷、硬质合金、钛合金、不锈钢、金刚石、宝石、石英以及锗、硅等各种高硬度、高强度、高韧性、高脆性、耐高温的金属或非金属材料的加工。

2）解决各种特殊复杂型面的加工问题。例如，喷气涡轮机叶片、整体涡轮、发动机外壳和锻压模、注塑模的立体成型表面，各种冲模、冷拔模上特殊断面的异型孔，炮管内腔线、喷油嘴、栅网、喷丝头上的小孔、窄缝及特殊用途的弯孔等的加工。

3）解决各种超精密、光整或具有特殊要求的零件的加工问题。例如，对表面质量和精度要求很高的航天、航空陀螺仪、伺服阀，以及细长轴、薄壁零件、弹性元件等低刚度零件的加工。

4）解决特殊材料、特殊零件的加工问题。例如，大规模集成电路、光盘基片、复印机和打印机的感光鼓、微型机械和机器人零件、细长轴、薄壁零件及弹性元件等低刚度零件的加工。

上述工艺问题仅仅依靠传统的切削加工方法是很难、甚至根本无法解决的。在生产的迫切需求下，人们不断通过实验研究，借助多种能量形式，相继探索出一系列崭新的加工方法，特种加工就是在这种环境和条件下产生和发展起来的。

特种加工与传统切削加工的不同特点如下：

1）主要不是依靠机械能而是依靠其他能量（如电能、化学能、光能、声能、热能等）去除工件材料。

2）工具硬度可以低于被加工材料的硬度，有的情况下，如高能束加工甚至根本不需要任何工具。

3）加工过程中，工具和工件之间不存在显著的机械切削力作用。

4）加工后的表面边缘无毛刺残留，微观形貌"圆滑"。

特种加工又被称为非传统加工（Non-Traditional Machining，NTM）或非常规机械加工（Non-Conventional Machining，NCM）。特种加工方法种类很多，一般按能量来源和作用形式分类，主要有：电火花加工、电化学加工、高能束（激光束、电子束、离子束）加工、超声波加工、化学加工及快速成形等。目前在生产中常用的特种加工方法及其性能、主要适用范围见表3-1。

表3-1　常用特种加工方法的综合比较

特种加工方法	加工所用能量	可加工的材料	工具损耗率（%）最低/平均	金属去除率/(mm³/min)平均/最高	尺寸精度/mm平均/最高	表面粗糙度Ra/μm平均/最高	特殊要求	主要适用范围
电火花加工	电热能	任何导电的金属材料，如硬质合金、耐热钢、不锈钢、淬火钢等	1/50	30/3000	0.05/0.005	10/0.16		各种冲、压、锻模及三维成形曲面的加工
电火花线切割			极小（可补偿）	5/20	0.02/0.005	5/0.63		各种冲模及二维曲面的成形切割
电化学加工	电、化学能		无	100/10000	0.1/0.03	2.5/0.16	机床、夹具、工件需采取防锈防蚀措施	锻模及各种二维、三维成形表面加工
电化学机械	电、化、机械能		1/50	1/100	0.02/0.001	1.25/0.04		硬质合金等难加工材料的磨削
超声加工	声、机械能	任何脆硬的金属及非金属材料	0.1/10	1/50	0.03/0.005	0.63/0.16		石英、玻璃、锗、硅、硬质合金等脆硬材料的加工、研磨

（续）

特种加工方法	加工所用能量	可加工的材料	工具损耗率（%）	金属去除率/（mm³/min）	尺寸精度/mm	表面粗糙度 Ra/μm	特殊要求	主要适用范围
			最低/平均	平均/最高	平均/最高	平均/最高		
快速成形	光、热、化学能	树脂、塑料、陶瓷、金属、纸张、ABS	无				增材制造	制造各种模型
激光加工	光、热能	任何材料	不损耗	瞬时去除率很高,受功率限制,平均去除率不高	0.01/0.001	10/1.25	需在真空中加工	加工精密小孔、小缝及薄板材成形切割、刻蚀
电子束加工								
离子束加工	电、热能			很低	/0.01μm	0.01		表面超精、超微量加工,抛光、刻蚀、材料改性、镀覆

特种加工技术的广泛应用引起了机械制造领域内的许多变革，主要体现在：

1）改变了材料的可加工性概念。传统观念认为，金刚石、硬质合金、淬火钢、石英、陶瓷及玻璃等都是难加工材料，但现在采用电火花、电解、激光等多种方法却容易加工它们。材料的可加工性再不能只简单地用硬度、强度、韧性、脆性等描述，甚至对电火花、电火花线切割而言，淬火钢比未淬火钢更容易加工。

2）改变了零件的典型工艺路线。在传统的加工工艺中，除磨削加工外，其他切削加工、成形加工等都必须安排在淬火热处理工序之前，这是工艺人员不可违反的工艺准则。但特种加工的出现，改变了这种一成不变的工艺程式，例如，电火花线切割、电火花成形加工、电解加工、激光加工等，反而都必须先淬火、后加工。

3）改变了试制新产品的模式。特种加工技术可以直接加工出各种标准和非标准直齿齿轮、微型电动机定子、各种复杂的二次曲面体零件；快速成形技术更是试制新产品的必要手段，改变了过去传统的产品试制模式。

4）对零件的结构设计产生了很大的影响。传统设计中，花键轴、枪炮膛线的齿根为了减少应力集中，最好做成圆角，但由于拉削加工时刀齿做成圆角对排屑不利，容易磨损，刀齿只能设计和制造成清角的齿根，而今采用电解加工后，正好利用其尖角变圆的现象，可实现小圆角齿根的要求；喷气发动机涡轮也由于电加工而可采用带冠整体结构，大大提高了发动机的性能。

5）改变了对零件结构工艺性好坏的衡量标准。过去，零件中的方孔、小孔、深孔、弯孔及窄缝等都被认为是"工艺性欠佳"的典型。特种加工改变了这种观点。对于电火花穿孔、电火花线切割而言，加工方孔与加工圆孔的难易程度是相同的，而喷油嘴小孔、喷丝头小异形孔、窄缝等采用电加工后变得容易了。

6）特种加工已成为微细加工和纳米加工的主要手段。近年来出现并快速发展的微细加工和纳米加工技术，主要是合理利用电子束、离子束、激光束、电火花、电化学等电物理、电化学特种加工技术。

二、电火花加工

1. 电火花加工的基本原理

电火花加工又称放电加工、电蚀加工（Electrical Discharge Machining，简称 EDM），是一种基于工具和工件之间不断脉冲放电产生的局部、瞬时的高温将金属蚀除掉的加工方法。图 3-1 所示是电火花加工原理图，工件 1 与工具 4 分别与脉冲电源 2 的两输出端相连接。自动进给调节装置 3 使工具和工件间始终保持一很小的放电间隙。当脉冲电压加到两极之间，便在当时条件下某一间隙最小处或绝缘强度最低处击穿介质，产生火花放电，瞬时高温使工具和工件表面都蚀除掉一小部分金属，形成一个小凹坑，如图 3-2 所示，其中图 3-2a 表示为单个脉冲放电后的电蚀坑，图 3-2b 所示为多次脉冲放电后的电极表面。脉冲放电结束后，经过一段间隔时间（即脉冲间隔 t_0），工作液恢复绝缘，第二个脉冲电压又加到两极上，又会在当时极间距离相对最近或绝缘强度最弱处击穿放电，又电蚀出一个小凹坑。如此连续不断地重复放电，工具电极不断地向工件进给，就可将工具的形状复制在工件上，加工出需要的零件。整个加工表面是由无数个小凹坑组成的。

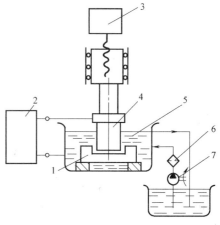

图 3-1 电火花加工原理

1—工件 2—脉冲电源 3—进给调节装置
4—工具 5—工作液 6—过滤器 7—工作液泵

要使这种电腐蚀原理应用于尺寸加工，设备装置必须满足以下三个条件：

1）工具电极和工件电极之间必须始终保持一定的放电间隙，这一间隙随加工条件而定，通常约为几微米至几百微米。因为电火花的产生是由于电极间介质被击穿，介质被击穿取决于极间距离，只有极间距离稳定，才能获得连续稳定的放电。

2）火花放电必须是瞬时的脉冲性放电，放电延续一段时间（一般为 $10^{-7} \sim 10^{-3}\,s$）后，需停歇一段时间，才能使放电所产生的热量来不及传导扩散到其余部分，把每一次的放电点分别局限在很小的范围内，避免像电弧持续放电那样，使表面烧伤而无法用于零件加工。为此，电火花加工必须采用脉冲电源。图 3-3 所示为脉冲电源的电压波形，图中 t_i 为脉冲宽度，t_0 为脉冲间隔，t_p 为脉冲周期，u_i 为脉冲峰值电压或空载电压。

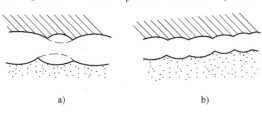

图 3-2 电火花加工表面局部

a）单个脉冲放电 b）多次脉冲放电

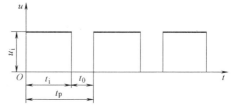

图 3-3 脉冲电源电压波形

3）火花放电必须在有一定绝缘性能的液体介质中进行，例如，煤油、皂化液或去离子水等。液体介质又称工作液，它们必须具有较高的绝缘强度（$10^3 \sim 10^7\,\Omega \cdot cm$），以有利于产生脉冲性的火花放电，同时液体介质还能把电火花加工过程中产生的金属小屑、炭黑等电蚀产物从放电间隙中悬浮排除出去，并且对电极和工件表面有较好的冷却作用。

2. 电火花加工的特点

（1）电火花加工的优点

1）适合于任何难切削材料的加工。电火花加工可以实现用软的工具加工硬度极高的工件，甚至可以加工像聚晶金刚石、立方氮化硼一类超硬材料。目前，电极材料多采用纯铜或石墨，因此工具电极较容易加工。

2）可以加工特殊及复杂形状的零件。由于可以简单地将工具电极的形状复制到工件上，因此，电火花加工特别适用于复杂表面形状工件的加工，如加工复杂型腔模具等。数控技术的采用使得电火花加工可以用简单形状的电极加工复杂形状零件。

3）由于加工过程中工具电极和工件不直接接触，火花放电时产生的局部瞬时爆炸力很小，电极运动所需的动力也较小，因此没有机械切削力，工件不会产生受力变形，特别适宜加工低刚度工件及微细加工。

4）加工表面微观形貌圆滑、无刀痕沟纹等缺陷，工件的棱边、尖角处无毛刺、塌边。

5）工艺适应面宽、灵活性大，可与其他工艺结合，形成复合加工。

6）直接利用电能加工，便于实现自动化控制。

（2）电火花加工的局限性

1）一般加工速度较慢，因此，安排工艺时多采用机械加工去除大部分余量，然后再进行电火花加工以求提高生产率。

2）存在电极损耗和二次放电。由于电极损耗多集中在尖角或底面，因此影响成形精度。电蚀产物在排除过程中与工具电极距离太小时会引起二次放电，形成加工斜度，也会影响成形精度，如图3-4所示。

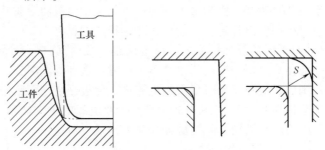

图3-4　电火花加工的加工斜度和圆角现象

3）主要加工金属等导电材料，只有在一定条件下才能加工半导体和非导体材料。

3. 电火花加工的工艺方法分类及应用

按工具电极和工件相对运动的方式和用途的不同，电火花加工大致可分为：电火花穿孔成形加工、电火花线切割、电火花磨削和镗磨、电火花同步共轭回转加工、电火花高速小孔加工、电火花表面强化与刻字六大类，它们的特点及用途见表3-2。

4. 电火花线切割加工

（1）电火花线切割加工的工作原理与装置

表 3-2 电火花加工工艺方法分类

类别	工艺	特 点	用 途	示 意 图
I	电火花穿孔成形加工	1. 工具和工件间主要只有一个相对的伺服进给运动 2. 工具为成形电极,与被加工表面有相同的截面或形状	1. 形腔加工:加工各类形腔模及各种复杂的形腔零件 2. 穿孔加工:加工各种冲模、挤压模、粉末冶金模、各种异形孔及微孔等。约占电火花机床总数的30%。典型机床有 D7125,D7140 等电火花穿孔成形机床	
II	电火花线切割加工	1. 工具电极为顺电极丝轴线移动着的线状电极 2. 工具与工件在两个水平方向同时有相对伺服进给运动	1. 切割各种冲模和具有直纹面的零件 2. 下料、截割和窄缝加工。约占电火花机床总数的60%,典型机床有 DK7725,DK7732 数控电火花线切割机床	见下一小节
III	电火花内孔外圆和成形磨削	1. 工具与工件有相对的旋转运动 2. 工具与工件间有径向和轴向的进给运动	1. 加工高精度、良好表面粗糙度的小孔如拉丝模、挤压模、微型轴承内环、钻套等 2. 加工外圆、小模数滚刀等。约占电火花机床总数的3%,典型机床有 D6310 电火花小孔内圆磨床等	
IV	电火花同步共轭回转加工	1. 成形工具与工件均做旋转运动,但二者角速度相等或成整倍数,相对应接近的放电点可有切向相对运动速度 2. 工具相对工件可做纵、横进给运动	以同步回转、展成回转、倍角速度回转等不同方式,加工各种复杂型面的零件,如高精度的异形齿轮、精密螺纹环规、高精度、高对称度、良好表面粗糙度的内、外回转体表面,约占电火花机床总数的1%,典型机床有 JN—2,JN—8 内外螺纹加工机床等	
V	电火花高速小孔加工	1. 采用细管(>ϕ0.3mm)电极,管内冲入高压水基工作液 2. 细管电极旋转 3. 穿孔速度极高(60mm/min)	1. 线切割预穿丝孔 2. 深径比很大的小孔,如喷嘴等。约占电火花机床1%,典型机床有 D7003A 电火花高速小孔加工机床	

（续）

类别	工艺	特　点	用　途	示　意　图
Ⅵ	电火花表面强化、刻字	1. 工具在工件表面上振动 2. 工具相对工件移动	1. 模具、刀、量具刃口表面强化和镀覆 2. 电火花刻字、打印记。约占电火花机床总数的 2%～3%，典型机床有 D9105 电火花强化机等	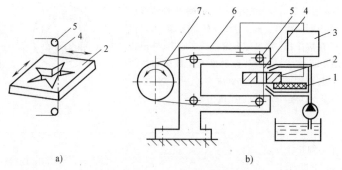

1）电火花线切割加工的原理。电火花线切割加工（Wire Cut EDM，简称 WEDM）是在电火花加工基础上，于 20 世纪 50 年代末在原苏联发展起来的一种新的工艺形式，是利用移动的细金属导线（钼丝或铜丝）作电极，靠脉冲火花放电对工件进行切割，故称为电火花线切割，有时简称线切割。它已获得广泛应用。

2）线切割加工的装置。根据电极丝的运行速度，电火花线切割机床通常分为两大类：一类是高速走丝电火花线切割机床（WEDM—HS），这类机床的电极丝做高速往复运动，一般走丝速度为 8~10m/s，这是我国生产和使用的主要机种，也是我国独有的电火花线切割加工模式；另一类是低速走丝电火花线切割机床（WEDM—LS）。此外，电火花线切割机床还可按控制方式分为：靠模仿型控制、光电跟踪控制及数字过程控制等；按加工尺寸范围分：大、中、小型以及普通型与专用型等。目前，国内外 95% 以上的线切割机床都已采用不同水平的计算机数控系统，从单片机、单板机到微型计算机系统，有的还具有自动编程功能。目前的线切割加工机多数都具有锥度切割、自动穿丝和找正功能。

图 3-5 所示为高速走丝电火花线切割工艺及装置的示意图。高速走丝电火花线切割是利用细钼丝或铜丝 4 作工具电极进行切割，储丝筒 7 使钼丝做正反向交替移动，加工能源由脉冲电源 3 供给，在电极丝和工件之间浇注工作液介质，工作台在水平面两个坐标方向各自按预定的控制程序，根据火花间隙状态做伺服进给移动，从而合成各种曲线轨迹，把工件切割成形。

图 3-5　高速走丝电火花线切割原理及设备构成

a）电火花切割工艺　b）电火花切割装置

1—绝缘底板　2—工件　3—脉冲电源　4—钼丝　5—导向轮　6—支架　7—储丝筒

图 3-6 所示为低速走丝电火花线切割设备的组成。低速走丝电火花线切割机床的电极丝做低速单向运动，其走丝速度低于 0.2m/s，这是国外生产和使用的主要机种。

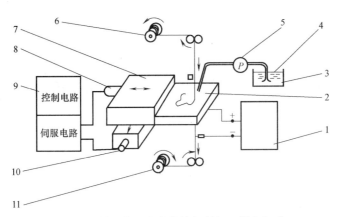

图 3-6　低速走丝电火花线切割加工设备组成

1—脉冲电源　2—工件　3—工作液箱　4—纯水　5—泵

6—新丝放丝筒　7—工作台　8—X 轴电动机

9—数控装置　10—Y 轴电动机　11—废丝卷筒

（2）线切割加工的特点　电火花线切割加工过程的机理和工艺，与电火花穿孔成形加工既有共性，又有特性。

1）电火花线切割加工与电火花穿孔成形加工的共性表现在：

① 线切割加工的电压、电流波形与电火花穿孔成形加工的基本相似。

② 线切割加工的加工原理、生产率、表面粗糙度等工艺规律，材料的可加工性等都与电火花穿孔成形加工的基本相似。

2）线切割加工相比于电火花穿孔成形加工的不同特点表现在：

① 电极丝直径较小，脉冲宽度、平均电流等不能太大，加工参数的范围较小，只能采用正极性加工。

② 电极丝与工件始终有相对运动，尤其是快速走丝电火花线切割加工，间隙状态可以认为是由正常火花放电、开路和短路这三种状态组成，一般没有稳定的电弧放电。

③ 电极与工件之间存在着"疏松接触"式轻压放电现象，因为在电极丝和工件之间存在着某种电化学产生的绝缘薄膜介质，只有当电极丝被顶弯所造成的压力和电极丝相对工件的移动摩擦使这种介质减薄到可被击穿的程度，才会发生火花放电。

④ 省掉了成形的工具电极，大大降低了成形工具电极的设计和制造费用，缩短了生产准备时间。

⑤ 由于电极丝比较细，可以加工微细异形孔、窄缝和复杂形状的工件。

⑥ 由于采用移动的长电极丝进行加工，单位长度电极丝的损耗少，从而对加工精度的影响较小。

⑦ 采用水或水基工作液不会引燃起火，容易实现安全无人运转。

⑧ 在实体部分开始切割时，需加工穿丝用的预孔。

正因为电火花线切割加工有许多突出的长处，因而在国内外发展很快，已获得广泛应用。

电火花线切割加工设备主要由机床本体、脉冲电源、控制系统、工作液循环系统和机床附件等几部分组成。线切割控制系统是按照人的"命令"去控制机床加工的。因此，必须事先将要切割的图形，用机器所能接受的"语言"编排好"命令"，并告诉控制系统，这项工作称为线切割数控编程。

（3）线切割加工的应用范围 线切割加工为新产品试制、精密零件及模具制造开辟了一条新的工艺途径，主要应用于以下几个方面：

1）加工各类模具。广泛应用于加工各种形状的冲模、挤压模、粉末冶金模、弯曲模及塑压模等，还可加工带锥度的模具。

2）各种材料的切断。应用于各种导电材料和半导体材料以及稀有、贵重金属的切断。

3）试制新产品。在试制新产品时，用线切割在板料上直接切割出零件，例如，切割特殊微电机硅钢片定转子铁心，由于不需另行制造模具，可大大缩短制造周期、降低成本。

4）加工薄片零件、特殊难加工材料零件。切割加工薄件时，可多片叠在一起应用线切割加工；还可用于加工品种多、数量少的零件，特殊难加工材料的零件，材料试验样件，各种型孔、凸轮、样板、成形刀具等；同时，还可进行微细槽加工、异形槽加工和任意曲线窄槽的切割等。

5）加工电火花成形加工用的电极。采用铜钨或银钨合金类材料制作电火花加工用的电极、电火花穿孔加工的电极以及带锥度型腔加工的电极，一般用线切割加工特别经济，同时也适用于加工微细复杂形状的电极。

三、电化学加工

1. 电化学加工概述

（1）电化学加工的基本原理 电化学加工（Electro-Chemical Machining，ECM）是利用电极在电解液中发生的电化学作用对金属材料进行成形加工的一种特种加工工艺。

电化学加工的基本理论在 19 世纪末即已经建立，但真正在工业上得到大规模应用还是在 20 世纪 30~50 年代。电化学加工过程的电化学反应如图 3-7 所示。当两金属片接上电源并插入任何导电的溶液（例如水中加入少许 $CuCl_2$）中，即形成通路，导线和溶液中均有电流流过。然而金属导线和溶液是两类性质不同的导体。金属导电体是靠自由电子在外电场作用下按一定方向移动而导电的；导电溶液是靠溶液中的正负离子移动而导电的，如上述 $CuCl_2$ 溶液中就含有正离子 Cu^{2+}、H^+ 和负离子 Cl^-、OH^-。两类导体构成通路时，在金属片（电极）和溶液的界面上，必定有交换电子的电化学反应。如果所接的是直流电源，则溶液中的离子将做定向移动，正离子移向阴极，在阴极上得到电子而发生还原反应；负离子移向阳极，在阳极表面失掉电子而发生氧化反应（也可能是阳极金属原子失掉电子而成为正离子进入溶液）。在阴、阳电极表面发生得失电子的化学反应称之为电化学反应。利用这种电化学作用对金属进行加工（包括电解和镀覆）的方法即电化学加工。

（2）电化学加工的分类 电化学加工按加工原理可以分为三大类。

1）利用阳极金属的溶解作用去除金属材料。主要有电解加工、电解抛光、电解研磨、电解倒棱及电解去毛刺等，用于内外表面形状、尺寸以及去毛刺等加工。例如，型腔和异形孔加工、模具以及三维锻模制造、涡轮发动机叶片和齿轮等零件去毛刺等。

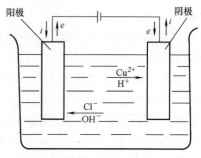

图 3-7 电解液中的电化学反应

2）利用阴极金属的沉积作用进行镀覆加工。主要有电铸、电镀、电刷镀、涂镀及复合电镀等，用于表面加工、装饰、尺寸修复、磨具制造、精密图案及印刷电路板复制等加工。例如，复制印制电路板、修复有缺陷或已磨损的零件、镀装饰层或保护层等。

3）电化学加工与其他加工方法结合完成的电化学复合加工。主要有电解磨削、电解电火花复合加工及电化学阳极机械加工等，用于形状与尺寸加工、表面光整加工、镜面加工及高速切削等。例如，挤压拉丝模加工、硬质合金刀具磨削、硬质合金轧辊磨削及下料等。

（3）电化学加工的特点　电化学加工有如下主要特点：

1）适应范围广。凡是能够导电的材料都可以加工，并且不受材料力学性能的限制。

2）加工质量高。在加工过程中没有机械切削力的存在，工件表面无变质层、无残余应力，也无毛刺及棱角。

3）加工过程不需要划分阶段。可以同时进行大面积加工，生产效率高。

4）电化学加工对环境有一定程度的污染，必须对电化学加工废弃物进行处理，以免对自然环境造成污染和对人类健康造成危害。

2. 电解加工

（1）电解加工的基本原理　电解加工是利用金属在电解液中的电化学阳极溶解，将工件加工成形的。

图 3-8 所示为电解加工实施原理图。加工时，工件接直流电源的正极，工具接直流电源的负极。工具向工件缓慢进给，使两极之间保持较小的间隙（0.1~1mm），具有一定压力（0.5~2MPa）的电解液从间隙中高速（5~50m/s）流过，这时阳极工件的金属被逐渐电解腐蚀，电解产物被电解液带走。在加工刚开始时，阴极与阳极距离较近的地方通过的电流密度较大，电解液的流速也常较高，阳极溶解速度也就较快。由于工具相对工件不断进给，工件表面就不断被电解，电解产物不断被电解液冲走，直至工件表面形成与阴极工作面基本相似的形状为止。

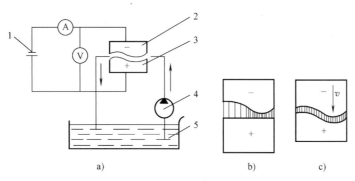

图 3-8　电解加工实施原理图

a）电解加工实施原理与装置　b）材料去除开始阶段　c）阳极成形过程

1—电源　2—阴极　3—阳极　4—泵　5—电解液

（2）电解加工的特点

1）电解加工较之其他加工方法所具有的优点

① 加工范围广，不受金属材料本身硬度、强度以及加工表面复杂程度的限制。电解加工可以加工硬质合金、淬火钢、不锈钢、耐热合金等高硬度、高强度及高韧性金属材料，并

可加工叶片、锻模等各种复杂型面。

② 生产率较高。电解加工约为电火花加工的 5~10 倍,在某些情况下,比切削加工的生产率还高,且加工生产率不直接受加工精度和表面粗糙度的限制。

③ 表面粗糙度值较小。电解加工的表面粗糙度 Ra 可达 $0.2~1.25\mu m$,平均加工精度可达 $\pm 0.1mm$。

④ 加工过程不存在机械切削力。电解加工过程由于不存在机械切削力,因此不会产生由切削力所引起的残余应力和变形,也没有飞边毛刺。

⑤ 阴极工具无耗损。电解加工过程中,阴极工具理论上不会耗损,可长期使用。

2)电解加工的局限性

① 电解加工不易达到较高的加工精度,加工稳定性也较差,这是由于电解加工间隙电场和流场的稳定性控制等比较困难所致。

② 电解加工的附属设备比较多,占地面积较大,机床要有足够的刚性和防腐蚀性能,造价较高,因此一次性投资较大。

③ 加工复杂型腔和型面时,工具的设计、制造和修正比较麻烦,因而不太适应单件生产。

④ 电解产物需进行妥善处理,否则将污染环境。

(3)电解加工的应用　电解加工在解决工业生产中的难题和在特殊行业(如航空、航天)中有着广泛的用途,其主要工艺应用范围参见表 3-3。

表 3-3　电解加工的应用范围

序号	名　称	应 用 说 明	示 意 图
1	深孔扩孔加工	按阴极的运动分为:固定式和移动式加工两种 图示为移动式的卧式布局,立式布局可使电解液流动在四周方向更为均匀,精度可以更高,但安装困难	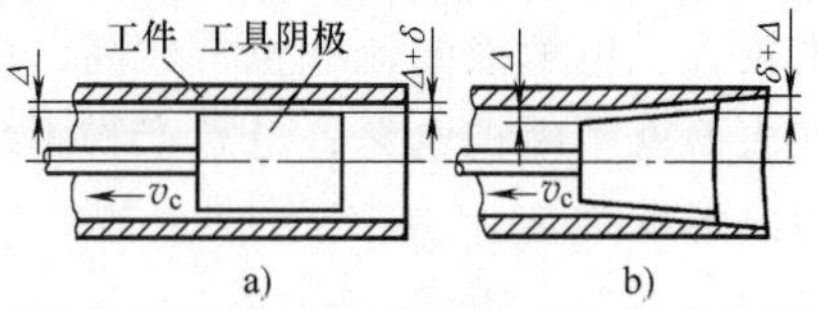
2	型孔加工	适合实体材料上加工型孔、方孔、椭圆孔、半圆孔、多棱形孔等异形孔;弯曲电极还可加工各类孔的弯孔	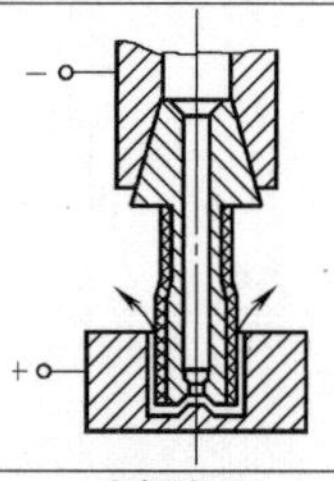
3	型腔加工	压铸模、锻压模等型腔加工 常用硝酸钠、氯酸钠等钝性电解液 阴极的拐角处常开设增液孔或槽以保持流速均匀	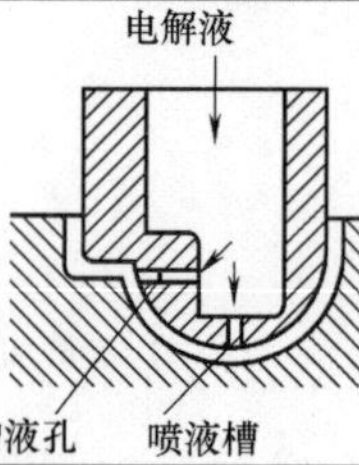
4	套料加工	大面积的异形孔或圆孔的下料、平面凸轮的成形电解加工	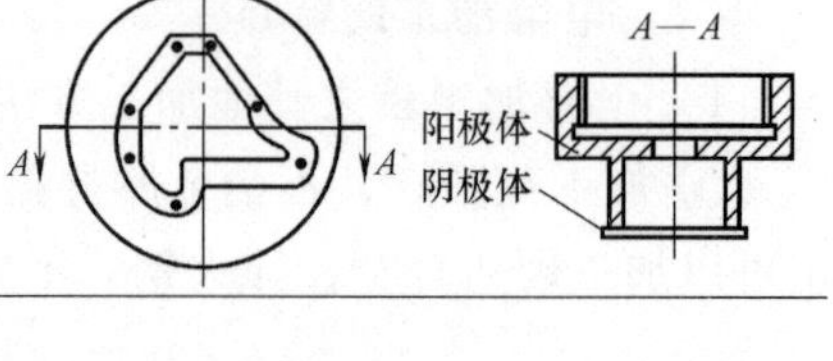

（续）

序号	名 称	应 用 说 明	示 意 图
5	叶片加工	发动机、汽轮机等的整体叶片加工	
6	电解倒棱、去毛刺	特别适合于齿轮渐开线端面、阀组件交叉孔去毛刺和倒棱	
7	电解蚀刻	适合于已淬硬后的零件表面或模具打标记、刻商标等刻字	
8	电解抛光	大间隙、低电流密度对工件表面微加工、抛光	
9	数控电解加工	与数控技术和设备的有机结合加工型腔、型面和复杂表面	

3. 电化学机械复合加工

（1）电化学机械复合加工的原理　电化学机械复合加工是由电化学阳极溶解作用和机械加工作用结合起来对金属工件表面进行加工的复合工艺技术，它包括电解磨削、电解珩磨、电解研磨、电化学机械抛光及电化学机械加工等加工工艺。在电化学机械复合加工中，主要是靠电化学的作用来去除金属，机械作用只是为了更好地加速这一过程。在各种各样的电化学机械复合加工方式中，电化学的作用是相同的，只是机械作用所用的工具及加工方式有所不同。

下面以电解磨削为例说明电化学机械复合加工的原理。图3-9所示为电解磨削的工作原理图：以铜或石墨为结合剂的砂轮具有导电能力，与直流电源的阴极相连；工件与直接电源的阳极相连；在一定压力下，作为阳极的工件与作为阴极的砂轮相接触，加工区域送入电解液，在电解和机械磨削的双重作用下，工件很快被磨光。

当电流密度一定时，通过的电量与导电面积成正比，阴极和工件的接触面积越大，通过的电量则越多，单位时间内金属的去除率就越大，因此，应尽可能增加两极之间的导电面积，以达到提高生产率的目的。当磨削外圆时，工件和砂轮之间的接触面积较小，为此可采用如图3-10所示的"中极性法"——即再附加一个中间电极，工件接正极，砂轮不导电，只起刮除钝化膜的作用，电解作用在中间电极和工件之间进行，从而大大增加了导电面积。

（2）常用电化学机械复合加工方式简介　常用的电化学机械复合加工方式，除了上述电解磨削之外，对于高硬、脆性、韧性材料的内孔、深孔、薄壁套筒，可以采用图3-11所示的电解珩磨工艺方法，进行珩磨或抛光。

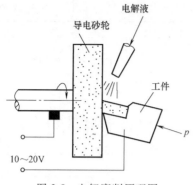

图 3-9 电解磨削原理图

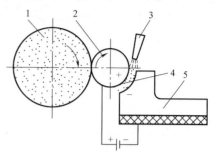

图 3-10 中极法电解磨削

1—普通砂轮 2—工件 3—中间电极

4—钝化膜 5—喷嘴

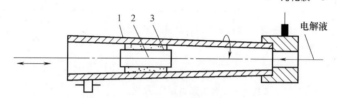

图 3-11 电解珩磨简图

1—工件 2—珩磨头 3—磨条

对于不锈钢、钛合金等难加工材料的大平面精密磨削和抛光，可以采用图 3-12 所示的电解研磨方案。磨料既可固定于研磨材料（无纺布、羊毛毡）上，也可游离于研磨材料与加工表面之间，在阴极 5 的带动下，磨粒在工件表面运动，去除钝化膜，同时形成复杂的网纹，以达到较低的表面粗糙度值。目前，电解研磨是大型不锈钢平板件镜面抛光的高效手段。

4. 电化学阴极沉积加工

与阳极溶解过程相反，阴极沉积是利用电解液中的金属正离子在外加电场的作用下，到达阴极并得到电子，发生还原反应，变成原子而镀覆沉积到阴极的工件上的加工方法。

根据阴极沉积的不同特点，可分为电镀、电铸、涂镀（刷镀）、复合镀及光电成形等，详见表 3-4。电铸的加工原理图如图 3-13 所示；涂镀的加工原理如图 3-14 所示。

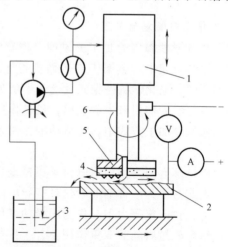

图 3-12 电解研磨加工（固定磨料方式）

1—回转装置 2—工件 3—电解液

4—研磨材料 5—阴极 6—主轴

光电成形是利用照相和光致抗蚀作用，首先在金属基板上按图形形成电气绝缘膜，然后在基板的暴露部分镀上图形，再剥离金属基板而制成精细制品，其尺寸可达 0.002mm。

光电成形的工艺过程由掩膜制备和电镀两部分组成。

表3-4　电镀、电铸、涂镀（刷镀）和复合镀等阴极沉积工艺的比较

	电镀	电铸	涂镀（刷镀）	复合镀
目标与应用	装饰、防护、改性；用于金属或塑件等非金属	复制、成形用于制模或复杂工艺品制造、古董的复制	增大尺寸、改善表面性能，常用于修复工作	镀耐磨镀层；制造超硬磨具、刀具；制造零件特殊耐磨层
增材厚度/mm	0.001~0.05	0.05~0.5	0.001~0.5	0.05~1
质量要求	表面光亮、光滑；无精度要求	有精度要求有表面质量要求	有精度要求有表面质量要求	有精度要求有表面质量要求
结合强度	附着力强、牢固	能与原模分离、脱模	附着力强、牢固	附着力强、牢固
阳极材料	与镀液金属离子同一元素	与镀液金属离子同一元素	石墨、铂金等钝性材料	与镀液金属离子同一元素
镀液准备	自配	自配	选购	自配
工艺实施	需镀槽、工件与阳极淹没在电镀液中，无相对运动	需镀槽、工件与阳极淹没在电镀液中，相对运动可有可无	不需镀槽，镀液浇注或夹带与阴阳极之间	需镀槽、工件与阳极淹没在电镀液中，无相对运动；硬质材料置于工件表面

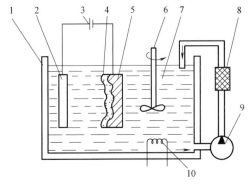

图3-13　电铸加工原理

1—电镀槽　2—阳极　3—电源　4—电铸层
5—原模　6—搅拌器　7—电铸液　8—过滤器
9—泵　10—加热器

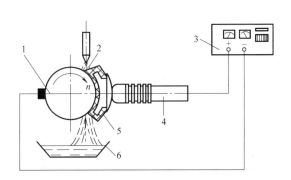

图3-14　涂镀加工原理

1—工件　2—镀液　3—电源　4—镀笔
5—棉套　6—容器

（1）掩膜制备　首先将原图按一定比例放大描绘在纸上或刻在玻璃上，然后通过照相，按所需大小缩小在照相底片上，之后将其紧密贴合在已涂覆感光胶的金属基板上，通过紫外线照射，使金属基板上的感光胶膜按图形感光。照相底片上不透光部分，由于挡住了光线照射，胶膜不参与化学反应，仍是水溶性的；而透光的部分则形成了不溶于水的络合物。最后把未感光的胶膜用水冲洗掉，使胶膜呈现出清晰的图像。

（2）电镀　将已形成光致抗蚀的基体放入电解脱脂液或氢氧化钠溶液中，进行短时间的阳极氧化处理；也可在铬酸钠或硫酸钠溶液中进行短时间浸渍，然后用水清洗，在表面形成剥离薄膜，以此作阴极，用待镀材料作阳极进行电镀。当电镀层达到 $10\mu m$ 厚时停止。之后，再用水清洗，接着干燥并剥离电镀层，此层称为基底镀层。若 $10\mu m$ 厚的镀层已达到要求，即完成制品；但若需要加厚镀层，可将基底镀层用框架展平，再置于镀液中追加电镀。

四、高能束加工

在现代先进加工技术中，激光束（Laser Beam Machining——LBM）、电子束（Electron Beam Machining——EBM）、离子束（Ion Beam Machining——IBM）统称为"三束"，由于它们都具有能量密度极高的特点，因而又被称为"高能束"。目前它们主要应用于各种精密、细微加工场合，特别是在微电子领域有着广泛的应用。

1. 激光束加工

激光技术是20世纪60年代初发展起来的一项重大科技成果，它的出现深化了人们对光的认识，扩展了光为人类服务的领域。目前，激光加工已被广泛应用于打孔、切割、焊接、热处理、切削加工、快速成形、电子器件的微调以及激光存储、激光制导等各个领域。由于激光光束方向性好、加工速度快、热影响区小，可以加工各种材料，在生产实践中越来越显示出它的优越，越来越受人们的重视。

（1）激光加工的工作原理　激光也是一种光，它具有一般光的共性（如光的反射、折射、绕射以及相干特性），也有它独有的特性。激光的光发射以受激辐射为主，发出的光波具有相同的频率、方向、偏振态和严格的位相关系，因而激光具有单色性好、相干性好、方向性好以及亮度高、强度高等特性。

激光加工的工作原理就是利用光的能量经过透镜聚焦后在焦点上达到很高的能量密度，靠光热效应，使被照射工件的加工区域达数千度甚至上万度的高温，将材料瞬时熔化、汽化，在热冲击波作用下蚀除物被抛射出去，达到相应的加工效果，如图3-15所示。

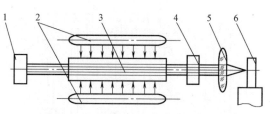

图3-15　激光加工原理示意图

1—全反射镜　2—光泵（激励脉冲氙灯）　3—激光工作物质
4—部分反射镜　5—透镜　6—工件

（2）激光加工的特点　激光加工具有如下特点：

1）激光加工的瞬时功率密度高达 $10^8 \sim 10^{10}$ W/cm^2，光能转换为热能，几乎可以加工任何材料，包括金属材料和非金属材料。

2）激光光斑大小可以聚焦到微米级，输出功率可以调节，而且加工过程中没有明显的机械力的作用，因此可用于精密微细加工。

3）激光加工不需要工具，不存在工具损耗、更换、调整等问题，适用于自动化连续操作。

4）和电子束、离子束加工比较起来，激光加工装置比较简单，不需要复杂的抽真空装置。

5）激光加工速度快，热影响区小，工件变形极小；激光不受电磁干扰，可以透过透明物质，因此可以在任意透明的环境中操作。

6）激光除可以用于材料的蚀除加工外，还可以用来进行焊接、热处理、表面强化或涂覆等加工。

7）激光加工是一种瞬时的局部熔化、汽化的热加工，影响因素很多，因此精微加工时，精度尤其是重复精度和表面粗糙度不易保证。

8）加工过程中产生的金属气体及火星等飞溅物应注意通风抽走，操作者应戴防护眼镜。

（3）激光加工应用

1）激光打孔。利用激光几乎可在任何材料上打微型小孔，目前已应用于火箭发动机和柴油机的燃料喷嘴加工、化学纤维喷丝扳打孔、钟表及仪表中的宝石轴承打孔、金刚石拉丝模加工等方面。

激光打孔适合于自动化连续打孔，如加工钟表行业红宝石轴承上直径为 0.12~0.18mm、深度为 0.6~1.2mm 的小孔，采用自动传送，每分钟可以连续加工几十个宝石轴承；又如生产化学纤维用的喷丝板，在 ϕ100mm 直径的不锈钢喷丝板上打一万多个直径为 0.06mm 的小孔，采用数控激光加工，不到半天即可完成。激光打孔的直径可以小到 0.01mm 以下，深径比可达 50∶1。

激光打孔由于能量在时空内高度集中，加工能力强、效率高，几乎所有材料都能用激光打孔；打孔孔径范围大，从 10^{-2}mm 量级到任意大孔，均可加工；激光还可打斜孔；激光打孔不需要抽真空，能在大气或特殊成分气体中打孔，利用这一特点可向被加工表面渗入某种强化元素，实现打孔的同时对成孔表面的激光强化。

2）激光切割。激光切割原理与激光打孔原理基本相同，所不同的是，激光切割工件与激光束要相对移动（生产实践中，通常是工件移动）。激光切割利用经聚集的高功率密度激光束照射工件，在超过阈值功率密度的前提下，光束能量以及活性气体辅助切割过程附加的化学反应热能等被材料吸收，由此引起照射点材料的熔化或汽化，形成孔洞；光束在工件上移动，便可形成切缝，切缝处的熔渣被一定压力的辅助气体吹除，如图 3-16 所示。

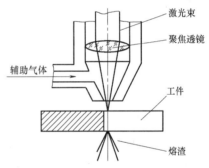

图 3-16　激光切割原理示意图

激光切割可切割各种二维图形的工件。激光切割可用于切割各种各样的材料，既可切割金属，也可切割非金属；既可切割无机物，也可切割皮革之类的有机物；还能切割无法进行机械接触的工件（如从电子管外部切断内部的灯丝）。由于激光对被切割材料几乎不产生机械冲击和压力，故适宜于切割玻璃、陶瓷和半导体等既硬又脆的材料。再加上激光光斑小、切缝窄，便于自动控制，所以更适宜于对细小部件做各种精密切割。

激光切割具有如下特点：

① 切割速度快，热影响区小，工件被切部位的热影响层的深度为 0.05~0.1mm，因而热变形小。

② 割缝窄，一般为 0.1~1mm，割缝质量好，切口边缘平滑，无塌边、无切割残渣。

③ 切边无机械应力，工件变形极小，适宜于蜂窝结构与薄板等低刚度零件的切割。

④ 无刀具磨损，没有接触能量损耗，也不需要更换刀具，切割过程易于实现自动控制。

⑤ 激光束聚集后功率密度高，能够切割各种材料，包括如高熔点材料、硬脆材料等难加工材料。

⑥ 可在大气层中或任何气体环境中进行切割，无需真空装置。

3）激光焊接。激光焊接是利用激光照射时高度集中的能量将工件的加工区域"热熔"

在一起。激光焊接一般无需焊料和焊剂，只需用功率密度为 $10^5 \sim 10^7 \mathrm{W/cm^2}$ 的激光束照射约 $1/100\mathrm{s}$ 时间即可。

激光焊接有如下优点：

① 激光照射时间极短，焊接过程极为迅速，它不仅有利于提高生产率，而且被焊材料不易氧化，焊接质量高；激光焊接热影响区极小，适合于对热敏感很强的晶体管组件等的焊接。

② 激光焊接没有焊渣，不需要去除工件的氧化膜，甚至可以透过玻璃进行内部焊接，以防杂质污染和腐蚀，适用于微型精密仪表、真空仪器元件的焊接。

③ 激光能量密度高，对高熔点、高传导率材料的焊接特别有利；激光不仅能焊接同种材料，而且还可以焊接异类材料，甚至还可进行金属与非金属材料的焊接，例如，用陶瓷作基体的集成电路的焊接。

④ 焊接系统具有高度的柔性，易于实现自动化。

4）激光表面处理。激光表面处理工艺很多，包括激光相变硬化（激光淬火）、熔凝、涂敷、合金化、化学气相沉积、物理气相沉积、增强电镀及刻网纹等。

① 激光相变硬化（激光淬火）。激光相变硬化是利用激光束作热源照射待强化的工件表面，使工件表面材料产生相变甚至熔化，随着激光束离开工件表面，工件的热量迅速向内部传递而形成极高的冷却速度，使表面硬化，从而达到提高零件表面的耐磨性、耐腐蚀性和疲劳强度的目的。激光淬火与火焰淬火、感应淬火等相比，具有如下特点：

a）加热速度极快。在极短的时间内就可以将工件表面加热到临界点以上，而且热影响区小，工件变形小，处理后不需修磨，只需精磨。

b）激光束传递方便，便于控制，可以对形状复杂的零件或局部处进行处理，如不通孔底、深孔内壁、小槽等的淬火；工艺过程易于实现计算机控制或数控，自动化程度高；硬化层深度可以得到精确控制。

c）可实现自冷却淬火，不需淬火介质，不仅节省能源，并且工作环境清洁。

d）激光可以实现对铸铁、中碳钢、甚至低碳钢等材料进行表面淬火。

e）但激光淬火的硬化层较浅，一般在 $1\mathrm{mm}$ 左右；另外设备投资和维护费用较高。

激光淬火已成功地应用于发动机凸轮轴和曲轴、内燃机缸套和纺织纱锭尖等零件的淬火。

② 激光表面合金化。激光表面合金化是利用激光束的扫描照射作用，将一种或多种合金元素与基材表面快速熔凝，在基材表层形成一层具有特殊性能的表面合金层。

往熔化区加入合金元素的方法很多，包括工件表面电镀、真空蒸镀、预置粉末层、放置厚膜、离子注入、喷粉、送丝和施加反应气体等。

③ 激光涂敷。激光涂敷与表面合金化相似，都是在激光加热基体的同时，熔入其他合金材料。但通过控制涂敷过程参数，使基体表面上产生的极薄层的熔化同熔化的涂敷材料实现冶金结合，而涂层材料的化学成分基本上不变，即基体成分几乎没有进入涂层内。

与激光合金化相比，激光涂敷能更好地控制表层的成分和厚度，能得到完全不同于基体的表面合金层，以达到提高工件表面的耐蚀、耐磨及耐热等目的。

与堆焊和等离子体喷涂等工艺相比，激光涂敷的主要优点是：

a）在实现良好的冶金结合的同时，稀释度小。

b）输入基体的能量和基体的热变形小。

c）涂层尺寸可较准确地控制，且涂敷后的机械加工量小。

d）高的冷却速度可得到具有特殊性能的合金涂层。

e）一次性投资和运行费用较高，适用于某些高附加值的工业品加工中。

④ 激光熔凝。激光熔凝处理是用较高功率密度（$10^4 \sim 10^6 \mathrm{W/cm^2}$）的激光束，在金属表面扫描，使表层金属熔化，随后快速冷却凝固，冷却速度通常为 $10^2 \sim 10^6 \mathrm{K/s}$，从而得到细微的接近均匀的表层组织。该表层通常具有较高的耐磨损和耐腐蚀性能。

激光熔凝处理尚未见于工业应用，原因在于激光熔凝与激光合金化的处理过程差不多，既然要将其表层熔化，何不同时加进合金成分进行合金化处理，以提供更大的可能性来改善表面的硬度、耐磨性和耐腐蚀性等性能，而且熔凝处理将破坏工件表面的几何完整性，处理后一般要进行表面机械加工，在这一点它又不如相变硬化处理。

2. 电子束加工

（1）电子束加工原理　电子束加工是在真空条件下，利用聚集后能量密度极高的电子束，以极高的速度（当加速电压为 50V 时，电子速度可达 $1.6\times10^5 \mathrm{km/s}$）冲击到工件表面极小的面积上，在极短的时间（$10^{-6}\mathrm{s}$）内，其能量的大部分转换为热能，使被冲击部分的工件材料达到几千摄氏度以上的高温，从而引起材料的局部熔化和汽化，以实现加工目的。电子束加工原理如图3-17所示。

（2）电子束加工的特点　电子束加工具有以下特点：

1）能够极其细微地聚焦。最细微聚焦直径能达到 $0.1\mu\mathrm{m}$，是一种精密微细加工工艺。

2）电子束能量密度很高。在极微细束斑上能达到 $10^6 \sim 10^9 \mathrm{W/cm^2}$，使照射部分的温度超过材料的熔化和汽化温度，靠瞬时蒸发去除材料，是一种非接触式加工，工件不受机械力作用，不会产生宏观变形。

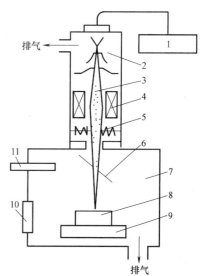

图3-17　电子束加工原理图
1—高速电压　2—电子枪　3—电子束
4—电磁透镜　5—偏转器　6—反射镜
7—加工室　8—工件　9—工作台及驱动系统
10—窗口　11—观察系统

3）生产率很高。由于电子束能量密度很高，而且能量利用率可达90%以上，因此，加工效率很高。例如，电子束每秒钟可在2.5mm厚度的钢板上加工50个直径为0.4mm的孔。

4）控制方便，容易实现自动化。可以通过磁场或电场对电子束的强度、位置、聚集等进行直接控制，因而整个加工过程便于实现自动化；在电子束打孔和切割中，可以通过电气控制加工异形孔，实现曲面弧形切割等。

5）对环境无污染，加工表面纯度高。由于电子束加工在真空中进行，因而污染少，加工表面不氧化，加工表面纯度很高。

6）加工材料范围广泛。加工过程无机械作用力，适合各种材料，包括脆性、韧性、导体、非导体以及半导体材料的加工。

7）设备投资大，应用有一定的局限性。电子束加工需要一套专用设备和真空系统，价格较贵，生产成本较高，因而生产应用受到一定的限制。

（3）电子束加工的应用　目前，电子束加工的应用范围主要有：

1）高速打孔。电子束打孔已在航空航天、电子、化纤以及制革等工业生产中得到广泛应用。目前，电子打孔最小孔直径可达 0.001mm 左右，速度达 3000~50000 个/s；孔径在 0.5~0.9mm 时，其最大孔深已超过10mm，即深径比大于 10：1。

2）加工弯孔、型面和特殊面。电子束不仅可以加工直的型孔和型面，而且可以利用电子束在磁场中偏转的原理，使电子束在工件内部偏转来加工弯孔和曲面。

图 3-18 所示为喷丝头异形孔的加工，切缝宽度为0.03 ~ 0.06mm、长度为 0.80mm，喷丝板厚度为0.60mm；在打小孔、锥孔、斜孔方面，电子束加工已代替电火花加工；控制磁场强度和电子速度可以加工曲面、曲槽及弯孔等，如图 3-19 所示。

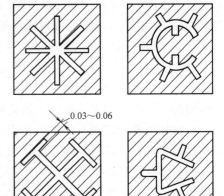

图 3-18　电子束加工喷丝头异形孔

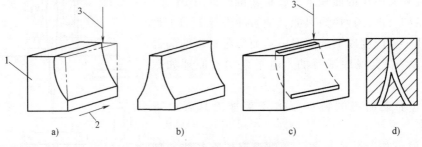

图 3-19　电子束加工曲面弯孔
1—工件　2—工件运动方向　3—电子束

3）焊接。电子束焊接是利用电子束作为热源的一种焊接工艺。当高能量密度的电子束轰击焊件表面时，使焊件接头处的金属熔融，在电子束连续不断地轰击下，形成一个被熔融金属环境绕着的毛细管状的熔池。如果焊件按一定速度沿着焊件接缝与电子束做相对移动，则焊缝上的熔池由于电子束的离开而重新凝固，使焊件的整个接缝形成一条焊缝。

由于电子束的束斑尺寸小，能量密度高，焊接速度快，所以电子束焊接的焊缝深面窄，焊件热影响区极小，工件变形小，焊缝质量高、物理性能好，精加工后精密焊焊缝强度高于基体。

电子束焊接可对难熔金属、异种金属进行焊接。由于它能够实现异种金属焊接，所以就可以将复杂工件分为几个零件，这些零件单独使用最合适的材料，采用各自合适的方法加工制造，最后利用电子束焊接成一个完整的零部件，从而可以获得理想的使用性能和显著的经济效益。

4）热处理。电子束热处理是将电子束作为热源，并适当控制电子束的功率密度，使金属表面加热到临界温度而不熔化，达到热处理目的。电子束的电热转换率可高达 90%，比激光热处理的（7%~10%）高得多；电子束热处理是在真空中进行的，可以防止材料氧化；而且电子束加热金属表面使之熔化后，可以在熔化区内置添加新合金元素，使零件表面形成一层薄的新的合金层，从而获得更好的力学性能。

5）电子曝光。电子曝光是先利用低功率密度的电子束照射称为电致抗蚀剂的高分子材料，由入射电子与高分子相碰撞，使分子的链被切断或重新聚合而引起分子量的变化，这一步骤称为电子束光刻，如图 3-20a 所示；如果按规定图形进行电子曝光，就会在电致抗蚀剂中留下潜像，然后将它浸入适当的溶剂中，则由于分子量不同而溶解度不一样，就会使潜像显影出来，如图 3-20b 所示；将光刻与离子束刻蚀或蒸镀工艺结合，如图 3-20c、d 所示，就能在金属掩膜或材料表面上制作出图形来，如图 3-20e、f 所示。

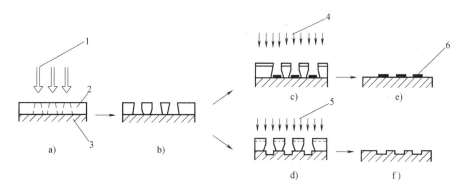

图 3-20　电子曝光的加工过程
1—电子束　2—电致抗蚀剂　3—基板　4—金属蒸镀　5—离子束　6—金属

电子束曝光广泛应用于半导体微电子器件的蚀刻细槽以及大规模集成电路图形的光刻。

3. 离子束加工

（1）离子束加工原理　离子束加工是利用离子束对材料进行成形或表面改性的加工方法。离子束的加工原理类似于电子束的加工原理。在真空条件下，将由离子源产生的离子经过电场加速，获得具有一定速度的离子投射到材料表面，产生溅射效应和注入效应。由于离子带正电荷，离子质量是电子的数千倍或数万倍，所以离子一旦获得加速，则能够具有比电子束大得多的撞击动能，离子束是靠机械撞击动能来加工的。

如图 3-21 所示，按加工目的和所利用的物理效应的不同，离子束加工分为：

1）离子刻蚀（见图 3-21a）。离子以一定角度轰击工件，将工件表面的原子逐个剥离，实质上是一种原子尺度的切削加工，所以又称为离子铣削，即近代发展起来的纳米加工。

2）离子溅射沉积（见图 3-21b）。离子以一定角度轰击靶材，将靶材原子击出，垂直沉积在靶材附近的工件上，使工件镀上一

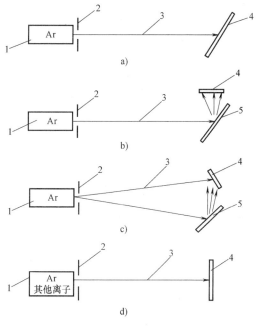

图 3-21　各类离子束加工示意图
a）离子刻蚀　b）溅射沉积　c）离子镀　d）离子注入
1—离子源　2—吸极（吸收电子，引出离子）
3—离子束　4—工件　5—靶材

层薄膜，这实质上是一种镀膜工艺。

3）离子镀（见图3-21c）。离子镀又称为离子溅射辅助沉积。离子分两路以不同角度同时轰击靶材和工件，目的在于增强靶材镀膜与工件基材的结合力。

4）离子注入（见图3-21d）。离子以较高的能量直接垂直轰击工件，由于离子能量相当大，离子就直接进入被加工材料的表面层，成为工件基体内材料的一部分。由于工件表面层含有注入离子后改变了化学成分，从而改变了工件表面层的物理力学和化学性能，达到了材料改性的目的。

（2）离子束加工的特点　离子束加工具有以下特点：

1）高精度。离子束加工是通过离子束逐层去除原子，离子束流密度和离子能量可以精确控制，加工精度可达纳米级，是所有特种加工方法中最精密、最微细的加工方法，是当代纳米加工的技术基础。

2）高纯度、无污染。离子束加工在真空中进行，所以污染少、纯度高，特别适用于易氧化材料和高纯度半导体材料的加工。

3）宏观压力小。离子束加工是靠离子轰击材料表面的原子来实现的，它是一种微观作用，宏观压力很小，所以加工应力、热变形等极小，加工质量高，适用于各种材料和低刚度零件的加工。

4）成本高、效率低。离子束加工需要专门的设备，设备费用高，生产成本也高，而且加工效率低，因此应用范围受到一定的限制。

（3）离子束加工的应用　目前离子束加工的应用主要有：

1）刻蚀加工。离子刻蚀是从工件上去除材料，是一个撞击溅射过程。离子以 $40° \sim 60°$ 入射角轰击工件，使原子逐个剥离。

为了避免入射离子与工件材料发生化学反应，必须使用惰性元素的离子。

离子刻蚀效率低。目前已应用于刻蚀陀螺仪空气轴承和动压马达沟槽、高精度非球面透镜加工、高精度图形刻蚀（如集成电路、光电器件、光集成器件等微电子学器件的亚微米图形）、极薄材料纳米刻蚀。

2）镀膜加工。离子镀膜加工分为离子溅射镀膜和离子镀两种。

离子溅射镀膜是基于离子溅射效应的一种镀膜工艺，适用于合金膜和化合物膜等的镀制。

离子镀的优点主要体现在：附着力强，膜层不易脱落；绕射性好，镀得全面、彻底。

离子镀主要应用于各种润滑膜、耐热膜、耐蚀膜、耐磨膜、装饰膜、电气膜的镀膜；离子镀氮化钛代替镀硬铬可以减少公害；还可用于涂层刀具的制造，包括碳化钛、氮化钛刀片及滚刀、铣刀等复杂刀具，以提高刀具寿命。

3）离子注入。离子注入是以较大的能量垂直轰击工件，离子直接注入工件后固溶，成为工件基体材料的一部分，以达到改变材料性质的目的。

离子注入的局限性在于它是一个直线轰击表面的过程，不适合处理复杂的凹入表面制品。

该工艺可使离子数目得到精确控制，可注入任何材料，其应用还在进一步研究，目前得到应用的主要有：半导体改变导电形式或制造 P-N 结，金属表面改性以提高润滑性、耐热性、耐蚀性、耐磨性，以及制造光波导等。

五、超声波加工

超声波加工（Ultrasonic Machining，USM），又叫超声加工，不仅能加工硬质合金、淬火钢等硬脆金属材料，而且更适合于不导电的非金属脆硬材料的精密加工和成形加工，还可用于清洗、焊接和探伤等工作，在农业、国防、医疗等方面的用途十分广泛。

1. 超声波加工的机理与特点

（1）超声波加工的机理 超声波是一种频率超过 16000Hz 的纵波，它和声波一样，可以在气体、液体和固体介质中纵向传播。由于超声波频率高、波长短、能量大，所以传播时反射、折射、共振及损耗等现象更为显著。

超声波主要具有以下特性：

1）超声波的作用主要是对其传播方向上的障碍物施加压力，它能传递很强的能量。

2）当超声波在液体介质中传播时，将以极高的频率压迫液体质点振动，在液体介质中连续形成压缩和稀疏区域，形成局部"伸""缩"冲击效应和空化现象。

3）超声波通过不同介质时，在界面上会产生波速突变，产生波的反射和折射现象。

4）超声波在一定条件下能产生波的干涉和共振现象。

利用超声波的这些特性来进行加工的工艺称为超声波加工。超声波加工的机理如图 3-22 所示。工具端面作超声频的振动，通过悬浮磨料对脆硬材料进行高频冲击、抛磨，使得被加工表面脆性材料粉碎成很细的微粒，从工件上被打击下来。虽然每次打击下来的材料很少，但由于每秒钟打击次数多达 16000 次以上，所以仍有一定的加工速度。高频、交变的液压正、负冲击波和"空化"作用，促使工作液钻入被加工材料的微裂缝处，加剧了机械破坏作用。所谓"空化"作用，是指当工具端面以很大的加速度离开工件表面时，加工间隙内形成负压和局部真空，使工作液体内形成很多微空腔；当工具端面以很大的加速度接近工件表面时，

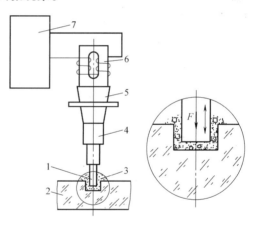

图 3-22 超声波加工机理

1—工具 2—工件 3—磨料悬浮液 4、5—变幅杆
6—换能器 7—超声波发生器

空腔闭合，引起极强的液压冲击波，可以强化加工过程。由此可见，超声波加工是磨料在超声振动作用下的机械撞击和抛磨作用以及超声波"空化"作用的综合结果。

（2）超声波加工的特点 超声波加工有如下特点：

1）特别适合硬脆材料的加工。材料越硬、越脆，加工效率越高；可加工脆性非金属材料，如玻璃、陶瓷、玛瑙、宝石及金刚石等；但加工硬度高、脆性较大的金属材料如淬火钢、硬质合金等时，加工效率低。

2）加工精度高、质量好。超声加工尺寸精度可达 0.01~0.02mm，表面粗糙度 Ra 可达 0.08~0.63μm，加工表面无组织改变、残余应力及烧伤等现象。

3）工具可用软材料，机床结构简单。加工工具可用较软的材料，因此可以做成与工件要求的形状保持一致的复杂形状；工具与工件之间不需要做复杂的相对运动，因而超声波加

工机床结构简单。

4）加工过程中工件受力小。去除工件材料是靠极小的磨粒瞬时局部的撞击作用，因此工件表面的宏观作用力很小，切削热亦很小，不会引起变形，可加工薄壁、窄缝、低刚度零件。

5）生产效率较低。与电火花加工、电解加工相比，采用超声波加工硬质金属材料的生产效率较低。

2. 超声波加工装置的构成及关键部件

超声波加工的基本装置包括以下几个部分：超声波发生器——超声波电源，超声波振动系统——包括超声换能器、变幅杆、工具，机床本体——包括工作头、加压机构及工作进给机构、工作台及其位置调整机构，工作液及循环系统和换能器冷却系统——包括磨料悬浮液循环系统、换能器冷却系统。

影响超声波加工性能的关键部件主要有以下几种：

（1）超声波发生器　超声波发生生器也称为超声频发生器，其作用是将工频交流电变为具有一定功率输出的超声频电振荡，为工具端面往复振动带动磨料去除材料提供能量。

（2）声学部件　声学部件的作用是将高频电能转化成机械振动（动）能，使工具端面形成高频小振幅振动以进行加工；由换能器、变幅杆和工具组成。

实现换能的方法有压电效应和磁致伸缩效应两种。

变幅杆（振幅扩大棒）的作用是将压电或磁致的 0.005～0.01mm 微小变形量通过一个上粗下细的棒杆来将振幅扩大到 0.01～0.1mm，以便进行加工。变幅杆结构不同，振幅放大倍数也不同，如图 3-23 所示，有锥形（5～10 倍）、指数形状（10～20 倍）及阶梯形状（>20 倍）等。

超声波发生器产生的机械振动经变幅杆放大后即传给工具，使磨料和工作液以一定能量冲击工件，并加工出所需的尺寸、形状。工具的结构取决于工件被加工表面的形状和尺寸，它们之间只差一个加工间隙（稍大于平均磨粒直径）。

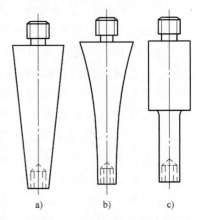

图 3-23　变幅杆的类型

a）锥形　b）指数形　c）阶梯形

（3）磨料工作液及其循环系统　超声波加工用的磨料有氧化铝、碳化硅及碳化硼等，其粒度大小可根据加工生产率和精度等要求来选定；磨料是依靠人工输送和更换的。

常用的工作液有水、煤油和机油。采用后两种的加工质量好，表面粗糙度 Ra 值较小。

超声波加工机床结构简单，图 3-24 所示为 CSJ—2 型超声波加工机床。

3. 超声波加工的应用

超声波的应用很广，在制造工业中的应用主要在以下几方面：

（1）加工型孔、型腔　超声波加工型孔、型腔，具有加工精度高、表面质量好的优点。加工某些冲模、型腔模、拉丝模时，可先经过电火花、电解或激光粗加工之后，再用超声波研磨抛光，以减小表面粗糙度值，提高表面质量。脆硬材料加工圆孔、型孔、型腔、套料、微小孔等。

（2）切割加工　主要切割脆硬的半导体材料，如切割单晶硅片、脆硬的陶瓷刀具等。图 3-25 所示为切割成的陶瓷模块。

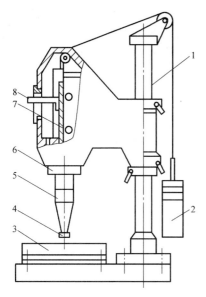

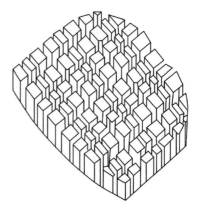

图 3-24　CSJ—2 型超声波加工机床

1—支架　2—平衡物　3—工作台　4—工具

5—变幅杆　6—换能器　7—导轨　8—标尺

图 3-25　超声波切割成的陶瓷模块

（3）复合加工　主要有超声波电解复合加工、超声波电火花复合加工、超声波抛光与电解超声波复合抛光、超声波磨削切割金刚石、超声波振动车削与振动钻削等。图 3-26 所示为超声波电解复合加工小孔，图 3-27 所示为超声波振动切削加工。

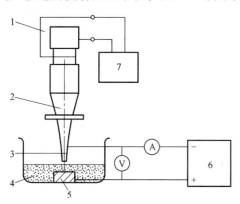

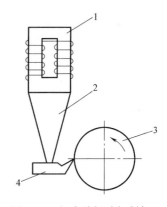

图 3-26　超声波电解复合加工小孔

1—换能器　2—变幅杆　3—工具　4—电解液和磨料

5—工件　6—直流电源　7—超声波发生器

图 3-27　超声波振动切削加工

1—换能器　2—变幅杆　3—工件　4—车刀

（4）超声波焊接　超声波焊接的原理是利用高频振动产生的撞击能量，去除工件表面的氧化膜杂质，露出新鲜的本体，在两个被焊工件表面分子的撞击下，亲和、熔化并粘接在一起。

超声波焊接可以焊接尼龙、塑料制品，特别是表面易产生氧化层的难焊接金属材料，如铝制品等。此外，利用超声波化学镀工艺还可以在陶瓷等金属表面挂锡、挂银及涂覆熔化的金属薄层。

（5）超声清洗 在清洗溶液（煤油、汽油、四氯化碳）中引入超声波，可使精微零件，如喷油嘴、微型轴承、手表机芯、印制电路板和集成电路微电子器件等中的微细小孔、窄缝、夹缝中的脏物、杂质加速溶解、扩散，直至清洗干净。超声清洗装置如图3-28所示。

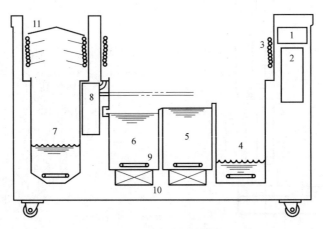

图3-28 超声波清洗装置

1—控制面板 2—超声波发生器 3—冷排管 4—气相清洗槽 5—第二超声清洗槽 6—第一清洗槽
7—蒸馏回收槽 8—水分分离器 9—加热装置 10—换能器 11—冷凝器

六、快速成形技术

1. 快速成形技术概述

快速成形（Rapid Prototyping，RP）又叫快速原模成形、增材制造、叠层制造或分层制造。它是20世纪80年代后期发展起来的新技术，主要依托数控技术的发展，其基本原理是基于将复杂的三维实体或壳体，作有限的二维离散细化分层，然后再根据"材料逐层堆积"的理念，在CAD模型的直接驱动下进行简单的材料二维添加组合，快速制造出任意复杂形状的三维实体。其工艺流程如图3-29所示。

（1）构造产品的三维CAD模型 应用三维CAD软件（如Pro/E、UG、SolidWorks等）根据产品设计要求设计三维模型，或采用逆向工程技术获取产品的三维模型。

（2）三维模型的近似处理 用一系列小三角形平面逼近模型上的不规则曲面，从而得到产品的近似模型。

（3）三维模型的Z向离散化（即分层处理） 将近似模型沿高度方向（Z向）分成一系列具有一定厚度的薄片，提取层片的轮廓信息。

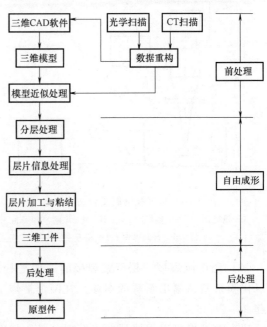

图3-29 快速成形工艺流程

（4）处理层片信息，生成数控代码 根据层片几何信息，生成层片加工数控代码，用以控制成形机的加工运动。

（5）逐层堆积制造 在计算机的控制下，根据生成的数控指令，RP系统中的成形头（如激光扫描头等）在 X—Y 平面内按截面轮廓进行扫描，固化液态树脂（或切割纸、烧结粉末材料、喷射热熔材料），从而堆积出当前一个层片，并将当前层与已加工好的零件部分粘合。然后，成形机工作台下降一个层厚的距离，再堆积新的一层。如此反复进行，直到整个零件加工完毕。

（6）后处理 对完成的原型进行处理，如深度固化、去除支撑、修磨、着色等，使之达到要求。

快速成形技术目前主要用于原模制造、零件仿制、快速工装模具制造。比较成熟的工艺方法主要有：光敏树脂液相固化、选择性粉末激光烧结、薄片分层叠加成形和熔丝堆积成形。

2. 光敏树脂液相固化成形

光敏树脂液相固化成形（Stereolithography Apparatus，SLA）又称为光固化立体成形、立体光刻。

SLA的工艺原理是基于液态光敏树脂光聚合原理工作的，即液态光敏树脂材料在一定波长和功率的紫外线照射下迅速发生光聚合反应，分子量剧增，材料从液体转化成固态，达到固化，如图3-30所示。

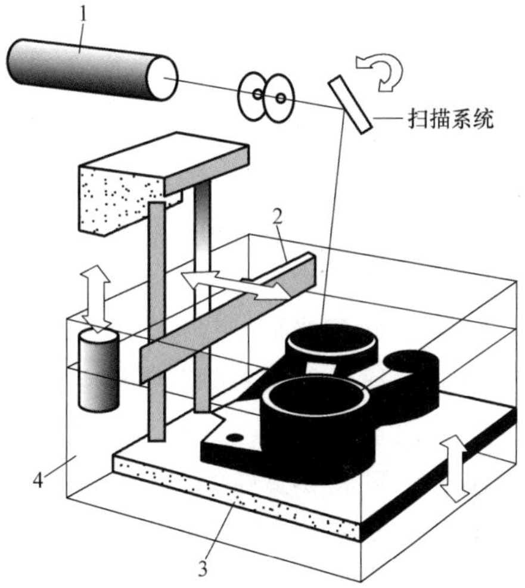

SLA工艺的特点是精度高、表面质量好、原材料利用率将近100%。适用于复杂、精密原模的制造，可快速翻制各种模具。SLA工艺的成形材料为光固化树脂。

图3-30 SLA工艺原理

1—激光器 2—刮刀 3—可升降工作台 4—液槽

3. 选择性粉末激光烧结成形

选择性粉末激光烧结成形（Selective Laser Sintering——SLS）又称为选区激光烧结成形，是利用金属、非金属的粉末状材料在激光照射下，烧结热熔成形，在计算机控制下层层堆积成三维实体，如图3-31所示。

SLS工艺的特点是材料适应面广，无需支撑，可制造空心零件、多层镂空零件和实心零件的模型。

SLS工艺成形用的材料可以是任何受热粘结的粉末，包括塑料、陶瓷、金属粉末以及它们的复合粉。金属粉制备通常用离心雾化和气体雾化等方法。

4. 薄片分层叠加成形

薄片分层叠加成形（Laminated Object Manufacturing——LOM）又称为叠层实体制造、分层实体制造。工艺原理如图3-32所示，利用激光切割与粘合工艺相结合，用激光将涂有热熔胶的纸质、塑料薄膜等片材按照CAD分层模型轨迹切割成形，然后通过热压辊热压，使其与下层已成形的工件层粘结，从而堆积成形。

LOM的工艺特点是易于制造大型零件，无需专用支撑。

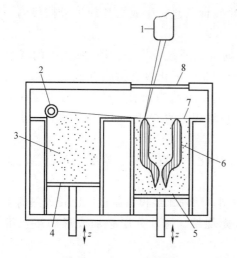

图 3-31 SLS 工艺原理

1—激光器 2—铺粉滚筒 3—原料粉末 4—供粉活塞
5—成形活塞 6—生成工件 7—平面烧结 8—加工窗口

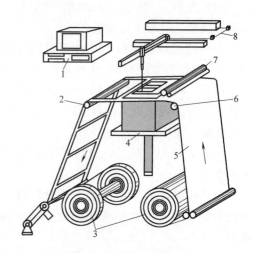

图 3-32 LOM 工艺原理

1—计算机 2—导向辊 3—原材料存储及送料机构
4—工作台 5—原材料 6—导向辊 7—热粘压机构
8—激光切割系统

LOM 工艺的成形材料常用成卷的纸，纸的一面事先涂覆一层热熔胶；偶尔也有用塑料薄膜作成形材料的。

5. 熔丝堆积成形

熔丝堆积成形（Fused Deposition Modeling——FDM）工艺是利用热塑性材料的热熔性、粘结性，在计算机控制下层层堆积成形的，如图 3-33 所示。丝状材料通过送丝机构将其送进一个微细加热喷嘴的喷头，并被加热熔化，在计算机的控制下，喷头在平面内沿着零件截面轮廓和填充轨迹移动，同时将熔融材料挤出，并与前一层熔结固化在一起；一个片层沉积完成后，工作台下降一个层厚的距离，继续熔喷沉积下一层；如此层层叠加形成立体模型。

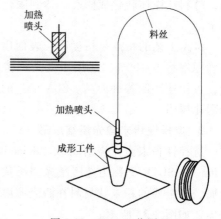

图 3-33 FDM 工艺原理

FDM 工艺的特点是操作简单、维护方便、成本较低、无需激光加热设备，但需要辅助支承材料。FDM 工艺常用的成形材料是 ABS 工程塑料。几种常用的 RP 快速成形工艺比较见表 3-5。

表 3-5 常用 RP 快速成形工艺综合比较

工艺方法	精度	表面质量	材料成本	材料利用率	运行成本	生产成本	设备成本	市场占有率
液相固化 SL	好	优	较贵	接近 100%	较高	高	较贵	70%
粉体烧结 SLS	一般	一般	较贵	接近 100%	较高	一般	较贵	10%
薄片叠层 LOM	一般	较差	较便宜	较差	较低	高	较便宜	7%
熔丝堆积 FDM	较差	较差	较贵	接近 100%	一般	较低	较便宜	6%

第二节 精密、超精密加工和细微加工工艺

精密及超精密加工对尖端技术的发展起着十分重要的作用。当今各主要工业化国家都投入了巨大的人力、物力来发展精密及超精密加工技术，它已经成为现代制造技术的重要发展方向之一。

本节将对精密、超精密加工和细微加工的概念、基本方法、特点和应用作一般性介绍。

一、精密加工和超精密加工的概念

精密和超精密加工主要是根据加工精度和表面质量两项指标来划分的。精密加工是指精度在 $0.1 \sim 10 \mu m$（IT5 或 IT5 以上），表面粗糙度 Ra 为 $0.1 \mu m$ 以下的加工方法，如金刚车、高精密磨削、研磨、珩磨、冷压加工等，用于精密机床、精密测量仪器等制造业中的关键零件如精密丝杠、精密齿轮、精密导轨、微型精密轴承及宝石等的加工。超精密加工一般指工件尺寸公差为 $0.01 \sim 0.1 \mu m$，表面粗糙度 Ra 为 $0.001 \mu m$ 的加工方法，如金刚石精密切削、超精密磨料加工、电子束加工、离子束加工等，用于精密组件、大规模和超大规模集成电路及计量标准组件制造等方面。这种划分只是相对的，随着生产技术的不断发展，其划分界限也将逐渐向前推移。

二、实现精密和超精密加工的条件

精密和超精密加工形成了内容极为广泛的制造系统工程，它涉及超微量切除技术、高稳定性和高净化的工作环境、设备系统、工具条件、工件状况、计量技术、工况检测及质量控制等。其中的任一因素对精密和超精密加工的加工精度和表面质量都将直接或间接地产生不同程度的影响。

1. 加工环境

精密加工和超精密加工必须在超稳定的加工环境中进行，因为加工环境的极微小变化都可能影响加工精度。超稳定的加工环境主要是指环境必须满足恒温、防振、超净三方面要求。

（1）恒温　温度增加 $1 ℃$ 时，$100mm$ 长的钢件会产生 $1 \mu m$ 的伸长，精密加工和超精密加工的加工精度一般都是微米级、亚微米级或更高。因此，为了保证加工区极高的热稳定性，精密加工和超精密加工必须在严密的多层恒温条件下进行，即不仅放置机床的房间应保持恒温，还要对机床采取特殊的恒温措施。例如，美国 LLL 实验室的一台双轴超精密车床安装在恒温车间内，机床外部罩有透明塑料罩，罩内设有油管，对整个机床喷射恒温油流，加工区温度可保持在 $(20 \pm 0.06) ℃$ 的范围内。

（2）防振　机床振动对精密加工和超精密加工有很大的危害，为了提高加工系统的动态稳定性，除了在机床设计和制造上采取各种措施外，还必须用隔振系统来保证机床不受或少受外界振动的影响。例如，某精密刻线机安装在工字钢和混凝土防振床上，再用四个气垫支承约 $7.5t$ 的机床和防振床，气垫由气泵供给恒定压力的氮气。这种隔振方法能有效地隔离频率为 $6 \sim 9Hz$、振幅为 $0.1 \sim 0.2 \mu m$ 的外来振动。

（3）超净　在未经净化的一般环境下，尘埃数量极大，绝大部分尘埃的直径小于 $1 \mu m$，

也有不少直径在 $1\mu m$ 以上甚至超过 $10\mu m$ 的尘埃。这些尘埃如果落在加工表面上，可能将表面拉伤；如果落在量具测量表面上，就会造成操作者或质检员的错误判断。因此，精密加工和超精密加工必须有与加工相适应的超净工作环境。

2. 工具切（磨）削性能

精密加工和超精密加工必须能均匀地去除不大于工件加工精度要求的极薄的金属层。当精密切削（或磨削）的背吃刀量 a_p 在 $1\mu m$ 以下时，背吃刀量可能小于工件材料晶粒的尺寸，切削在晶粒内进行，切削力要超过晶粒内部非常大的原子结合力才能切除切屑，因此，作用在刀具上的剪切应力非常大。刀具的切削刃必须能够承受这个巨大的切应力和由此而产生的很大的热量。一般的刀具或磨粒材料是无法承受的，因为普通材料的刀具其切削刃的刃口不可能刃磨得非常锋利，平刃性也不可能足够好，这样会在高应力、高温下快速磨损。一般磨粒经受高应力、高温时，也会快速磨损。这就需要对精密切削刀具的微切削性能进行认真的研究，找到满足加工精度要求的刀具材料及结构。此外，刀具、磨具等工具必须具有很高的硬度和耐磨性，以保持加工的一致性，一般采用金刚石、CBN 超硬材料刀具。

3. 机床设备

精密加工和超精密加工必须依靠高精密加工设备。高精密加工机床应具备以下条件：

1）机床主轴有极高的回转精度及很高的刚性和热稳定性。

2）机床进给系统有超精确的匀速直线性，保证在超低速条件下进给均匀，不发生爬行。

3）为了在超精密加工时实现微量进给，机床必须配备位移精度极高的微量进给机构。

4）必须采用微机控制系统、自适应控制系统，避免手工操作引起的随机误差。

4. 工件材料

精密加工和超精密加工对工件的材质也有很高的要求。选择材料时，不仅要从强度、刚度方面考虑，而且更要注重材料的加工工艺性。为了满足加工要求，工件材料本身必须均匀一致，不允许存在微观缺陷，有些零件甚至对材料组织的纤维化都有一定要求，如精密硬磁盘的铝合金盘基就不允许存在组织纤维化。

5. 测控技术

精密测量与控制是精密加工和超精密加工的必要条件，加工中常常采用在线检测、在位检测、在线补偿、预测预报及适应控制等手段，如果不具备与加工精度相适应的测量技术，就不能判断加工精度是否达到要求，也就无法为加工精度的进一步提高指明方向。测量仪器的精度一般总是要比机床的加工精度高一个数量级，目前超精密加工所用测量仪器多为激光干涉仪和高灵敏度的电气测量仪。

对于精密测量与控制来说，灵敏的误差补偿系统也是必不可少的。误差补偿系统一般由测量装置、控制装置及补偿装置三部分组成。测量装置向补偿装置发出脉冲信号，后者接收信号后进行脉冲补偿。每次补偿量的大小，取决于加工精度及刀具磨损情况。每次补偿量越小，补偿精度越高，工件尺寸分散范围越小，对补偿机构的灵敏度要求也就越高。

三、精密加工和超精密加工的特点

精密加工和超精密加工目前正处于不断发展之中，从加工条件可知，其特点主要体现在以下几个方面：

（1）加工对象　精密加工和超精密加工都以精密元件、零件为加工对象。精密加工的方法、设备和对象是紧密联系的，例如，金刚石刀具切削机床多用来加工天文、激光仪器中的一些曲面等。

（2）多学科综合技术　精密加工和超精密加工光凭孤立的加工方法是不可能得到满意的效果的，还必须考虑到整个制造工艺系统和综合技术，在研究超精密切削理论和表面形成机理时，还要研究与其有关的其他技术。

（3）加工检测一体化　超精密加工的在线检测和在位检测极为重要，因为加工精度很高，表面粗糙度数值很小，如果工件加工完毕后卸下再检测，发现问题就难再进行加工。

（4）生产自动化技术　采用计算机控制、误差补偿、自适应控制和工艺过程优化等生产自动化技术，可以进一步提高加工精度和表面质量，避免手工操作人为引起的误差，保证加工质量及其稳定性。

四、常用的精密、超精密加工和细微加工方法

精密加工和超精密加工方法主要可分为两类：一是采用金刚石刀具对工件进行超精密的微细切削和应用磨料磨具对工件进行珩磨、研磨、抛光、精密和超精密磨削等，二是采用电化学加工、三束加工、微波加工、超声波加工等特种加工方法及复合加工。

另外，微细加工是指制造微小尺寸零件的生产加工技术，它的出现和发展与大规模集成电路有密切关系，其加工原理也与一般尺寸加工也有区别，它是超精密加工的一个分支。

这里仅介绍金刚石超精密切削、精密磨削、超精密磨削和光刻细微加工技术，其余内容见本章第一节和第三节。

1. 金刚石刀具的超精密切削

（1）切削机理　金刚石刀具的超精密切削主要是应用天然单晶金刚石车刀对铜、铝等软金属及其合金进行切削加工，以获得极高的精度和极小的表面粗糙度值的一种超精密加工方法。

金刚石刀具的超精密切削属于一种原子、分子级加工单位去除工件材料的加工方法，因此其机理与一般切削机理有很大的不同。金刚石刀具在切削时，其背吃刀量 a_p 在 $1\mu m$ 以下，刀具可能处于工件晶粒内部切削状态。因此，切削力就要超过分子或原子间巨大的结合力，从而使切削刃承受很大的切应力，并产生很大的热量，造成切削刃高应力、高温的工作状态。金刚石精密切削的关键问题是如何均匀、稳定地切除如此微薄的金属层。

一般来讲，超精密车削加工余量只有几微米，切屑非常薄，常在 $0.1\mu m$ 以下，能否切除如此微薄的金属层，主要取决于刀具的锋利程度。锋利程度一般是以切削刃的刃口圆角半径 ρ 的大小来表示。ρ 越小，切削刃越锋利，切除微小余量越顺利，如图 3-34 所示。背吃刀量 a_p 很小时，若 $\rho < a_p$，切屑排出顺利，切屑变形小，厚度均匀；若 $\rho > a_p$，刀具就会在工件表面上产生"滑擦"和"耕犁"，不能实现切削。因此，当 a_p 只有几微米，甚至小于 $1\mu m$ 时，ρ 也应精研至微米级的尺寸，并要求刀具有足够的寿命，以维持其锋利程度。

金刚石刀具不仅具有很好的高温强度和高温硬度，而且其材料本身质地细密，经过仔细

修研，切削刃的几何形状很好，切削刃钝圆半径极小。

在金刚石超精密切削过程中，虽然切削刃处于高应力、高温环境，但由于其速度很高、进给量和背吃刀量极小，故工件的温升并不高，塑性变形小，可以获得高精度、小表面粗糙度值的加工表面。目前，金刚石刀具的切削机理仍在进一步研究之中。

（2）金刚石刀具的刃磨及切削参数　金刚石刀具是将金刚石刀头用机械夹持或粘接方式固定在刀体上构成的。金刚石刀具的刃磨是一个关键技术，如图 3-35 所示，刀具的刃口圆角半径 ρ 与刀片材料的晶体微观结构有关，硬质合金即使经过仔细研磨也难达到 $\rho = 1\mu m$，单晶体金刚石车刀的刃口圆角半径 ρ 可达 $0.02\mu m$；此外，金刚石与非铁金属的亲和力极低，摩擦因数小，切削时不产生积屑瘤，因此，金刚石刀具的超精密切削是当前软金属材料最主要的超精密加工方法，对于铜和铝可直接加工出具有较高的精度和表面质量的镜面效果。金刚石刀具精密切削高密度硬磁盘的铝合金基片，表面粗糙度 Ra 可达 $0.003\mu m$，平面度可达 $0.2\mu m$。但用它切削铁碳合金材料时，由于高温环境下刀具上的碳原子会向工件材料扩散，即亲合作用，切削刃会很快磨损（即扩散磨损），所以一般不用金刚石刀具来加工钢、铁等钢铁材料。这些材料的工件常用立方氮化硼（CBN）等超硬刀具材料进行切削，或用超精密磨削的方法来得到高精度的表面。

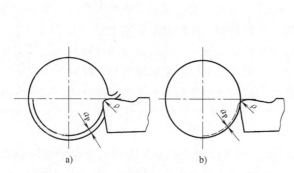

图 3-34　刀具刃口圆角半径 ρ 对背吃刀量 a_p 的影响

a）$\rho < a_p$ 时　b）$\rho > a_p$ 时

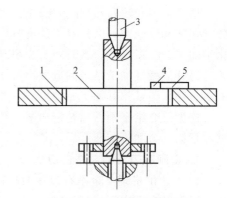

图 3-35　金刚石刀具的刃磨

1—工作台　2—研磨盘　3—红木顶针
4—金刚石刀具　5—刀夹

金刚石精密切削时通常选用很小的背吃刀量 a_p、很小的进给量 f 和很高的切削速度 v。切削铜和铝时，切削速度 $v = 200 \sim 500m/min$，背吃刀量 $a_p = 0.002 \sim 0.003mm$，进给量 $f = 0.01 \sim 0.04mm/r$。

金刚石超精密切削时，必须防止切屑擦伤已加工表面，为此常采用吸尘器及时吸走切屑，用煤油或橄榄油对切削区进行润滑和冲洗，或采用净化压缩空气喷射雾化的润滑剂，使刀具冷却、润滑并清除切屑。

2. 精密磨削及金刚石超精密磨削

精密磨削是指加工精度为 $0.1 \sim 1mm$，表面粗糙度 Ra 为 $0.006 \sim 0.16\mu m$ 的磨削方法；而超精密磨削是指加工精度在 $0.1\mu m$ 以下，表面粗糙度 Ra 为 $0.02 \sim 0.04\mu m$ 的磨削方法。

（1）精密磨削及超精密磨削机理　精密磨削主要是靠对普通磨料砂轮的精细修整，使磨粒具有较高的微刃性和等高性，等高的微刃在磨削时能切除极薄的金属，从而获得具有极细微磨痕、极小残留高度的加工表面，再加上无火花阶段微刃的滑擦、抛光作用，使工件得到很高的加工精度。超精密磨削则是采用人造金刚石、立方氮化硼（CBN）等超硬磨料砂轮对工件进行磨削加工。磨粒去除的金属比精密磨削时还要薄，有可能是在晶粒内进行切削，因此，磨粒将承受很高的应力，使切削刃受到高温、高压的作用。

超精密磨削与普通磨削最大的区别在于，超精密磨削径向进给量极小，是超微量切除，可能还伴有塑性流动和弹性变形等作用，其磨削机理目前仍处于探索研究之中。

精密磨削砂轮的选用以易产生和保持微刃为原则。粗粒度砂轮经精细修整，微粒的切削作用是主要的；而细粒度砂轮经修整，呈半钝态的微刃在适当压力下与工件表面的摩擦抛光作用比较显著，工件磨削表面粗糙度值比粗粒度砂轮所加工的要小。

（2）金刚石砂轮的修整　粗粒度金刚石砂轮的修整常常采用金刚笔车削法和碳化硅砂轮磨削法，形成等高的微刃；这些方法都需工件停止加工并让开位置才能操作，修整器磨损较快，辅助加工时间增多，生产率低。对于细粒度金刚石砂轮磨削高硬度、高脆性材料时，常常采用与特种加工工艺方法相结合的在线修整方法，如高压磨料水射流喷射修整法、电解修锐法（见图 3-36）、电火花修整法和超声振动修整法等，这些方法都可以在磨削工件的同时进行修整工作，因而生产率较高，加工质量也较好，但设备更为复杂。

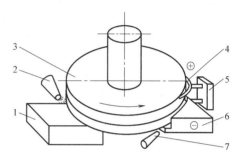

图 3-36　电解超硬砂轮修锐方法
1—工件　2—冷却液　3—超硬磨料砂轮
4—电刷　5—支架　6—阴极　7—电解液

（3）超精密磨床的技术要求　为适应和达到精密、超精密加工的条件，对于金刚石精密及超精密磨削，其磨床设备应满足以下特殊要求：

1）应具有很高的主轴回转精度和很高的导轨直线度，以保证工件的几何形状精度，通常采用大理石导轨以增加其热稳定性。

2）应配备微进给机构，以保证工件的尺寸精度以及砂轮修整时的微刃性和等高性。

3）工作台导轨低速运动的平稳性要好，不产生爬行、振动，以保证砂轮修整质量和稳定的磨削过程。

（4）精密及超精密磨削的应用　精密及超精密磨削主要用于钢铁材料的精密及超精密加工。如果采用金刚石砂轮和立方氮化硼砂轮，还可对各种高硬度、高脆性材料（如硬质合金、陶瓷、玻璃等）和高温合金材料进行精密及超精加工。因此，精密及超精密磨削加工的应用范围十分广泛。

3. 细微加工技术

微型机械是科技发展的重要方向，如未来的微型机器人可以进入到人体血管里去清除"垃圾"、排除"故障"等，而细微加工则是微型机械、微电子技术发展之根本，为此世界各国都投入巨资进行此项工作的研究与开发，例如，目前正在蓬勃开展的"纳米加工技术"的研究。

细微加工技术是指制造微小尺寸零件、部件和装置的加工和装配技术，它属于精密、超精密加工的范畴。因而，其工艺技术包括精密与超精密的切削及磨削方法、绝大多数的特种加工方法以及与特种加工有机结合的复合加工方法等三类，具体方法见表 3-6。

表 3-6　常用的细微加工方法

类别		加工方法	加工精度 /μm	表面粗糙度 Ra/μm	加工材料	应用场合
分离加工	切削加工	等离子体切割			各种材料	熔断钨、钼等高熔点材料、合金钢、硬质合金
		细微切削	1~0.1	0.05~0.008	非铁金属及合金	球体、磁盘、反射镜、多面棱体
		细微钻削	20~10	0.2	低碳钢、铜、铝	钟表盘、油泵喷嘴、化纤喷丝头、印制线路板
	磨料加工	微细磨削	5~0.5	0.05~0.008	脆硬材料、钢铁材料	集成电路基片切割、外圆、平面磨削
		研磨	1~0.1	0.025~0.008	金属、半导体、玻璃	平面、孔、外圆加工,硅片基片
		抛光	1~0.1	0.025~0.008	金属、半导体、玻璃	平面、孔、外圆加工,硅片基片
		砂带研抛	1~0.1	0.01~0.008	金属、非金属	平面、外圆、内孔、曲面
		弹性发射加工	0.1~0.001	0.025~0.008	金属、非金属	硅片基片
		喷射加工	5	0.01~0.02	金属、玻璃、石英、橡胶	刻槽、切断、图案成形、破碎
	特种加工	电火花成形加工	50~1	2.5~0.2	导电金属、非金属	孔、沟槽、窄缝、方孔、型腔
		电火花线切割	20~3	2.5~0.16	导电金属	切断、切槽
		电解加工	100~3	1.25~0.06	金属、非金属	模具型腔、打孔、套孔、切槽、成形、去毛刺
		超声加工	30~5	2.5~0.04	脆硬金属、非金属	各种脆硬材料上打孔
		微波加工	10	6.3~0.12	绝缘材料、半导体	刻模、落料、切片、打孔、刻槽
		电子束加工	10~1	6.3~0.12	各种材料	打孔、切割、光刻
		离子束去除加工	0.01~0.001	0.02~0.01	各种材料	成形表面、刃磨、刻蚀
		激光去除加工	10~1	6.3~0.12	各种材料	打孔、切断、划线
		光刻加工	0.1	2.5~0.2	金属非金属半导体	刻线、图案成形
	复合加工	电解磨削	20~1	0.08~0.01	各种材料	刃磨、成形、平面、内圆
		电解抛光	10~1	0.05~0.008	金属、半导体	平面、外圆、内孔、型面、细金属丝、槽
		化学抛光	0.01	0.01	金属、半导体	平面

（续）

类别		加工方法	加工精度 /μm	表面粗糙度 Ra/μm	加工材料	应用场合
结合加工	附着加工	蒸镀			金属	镀膜、半导体器件
		分子束镀膜			金属	镀膜、半导体器件
		分子束外延生长			金属	半导体器件
		离子束镀膜			金属、非金属	干式镀膜、半导体件、刀具、工具、表壳
		电镀（电化学镀）			金属	电铸、图案成形、印刷线路板
		电铸			金属	喷丝板、网刃、栅网、钟表零件
		喷镀			金属、非金属	图案成形、表面改性
	注入加工	离子束注入			金属、非金属	半导体掺杂
		氧化、阳极氧化			金属	绝缘层
		扩散			金属、非金属	渗碳、掺杂、表面改性
		激光表面处理			金属	表面改性、表面热处理
	结合加工	电子束焊接			金属	难熔材料、活泼金属
		超声波焊接			金属	集成电路引线
		激光焊接			金属、非金属	钟表零件、电子零件
变形加工		压力加工			金属	板、丝的压延、精冲、挤压、波导管、衍射光栅
		精铸、压铸			金属、非金属	集成电路封装、引线

第三节　其他新技术、新工艺简介

一、直接成形技术

1. 爆炸成形

爆炸成形分半封闭式和封闭式两种。

（1）图 3-37a 所示为半封闭式爆炸成形的示意图　坯料钢板用压边圈压在模具上，并用

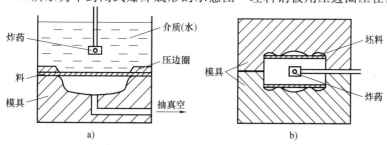

图 3-37　爆炸成形示意图

a）半封闭式　b）封闭式

黄油密封。将模具的型腔抽成真空，炸药放入介质（多用普通的水）中，炸药爆炸，时间极短，功率极大，1kg 炸药的爆炸功率可达 $450×10^4kW$，坯料塑性变形移动的瞬时速度可达 300m/s，工件贴模压力可达 2 万个大气压。炸药爆炸后，可以获得与模具型腔轮廓形状相符的板壳零件。

（2）图 3-37b 所示为封闭式爆炸成形示意图　坯料管料放入上、下模的型腔中，炸药放入管料内。炸药爆炸后即可获得与模具型腔轮廓形状相符的异形管状零件。

爆炸成形多用于单件小批生产中尺寸较大的厚板料的成形（见图 3-38a），或形状复杂的异形管子成形（见图 3-38b）。爆炸成形多在室外进行。

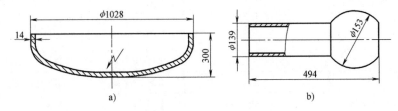

图 3-38　爆炸成形应用实例

a）高压容器椭圆封头　b）不锈钢异形管

2. 液压成形

图 3-39 所示为液压成形示意图。坯料是一根通直光滑管子，油液注入管内。当上、下活塞同时推压油液时，高压油液迫使原来的直管壁向模具的空腔处塑性变形，从而获得所需要的形状。零件液压成形多用于大批大量生产中薄壁回转零件。

图 3-40a 所示为自行车的中接头零件，原来采用 5mm 厚的低碳钢钢板冲压、焊接而成，需要经过

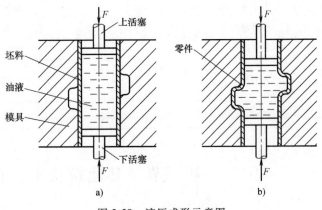

图 3-39　液压成形示意图

a）起始状态　b）终止状态

落料、冲 4 个孔、4 个孔口翻边、卷管、焊缝等 15 道工序。后改为直径 41mm、厚 2.2mm 的焊缝管液压成形，压出 4 个凸头，切去 4 个凸头端面的封闭部分，即成为图 3-40a 所示的中接头零件，使生产率大为提高。

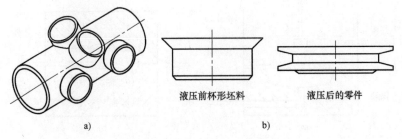

图 3-40　液压成形应用实例

a）中接头零件　b）风扇带轮

图 3-40b 所示为汽车发动机风扇 V 带带轮。液压成形前的坯料是由钢板拉深出来的。使用时，V 带嵌入轮槽即可。这种带轮与切削加工的带轮相比，具有重量轻、体积小、节省金属材料的优点。

3. 旋压成形

图 3-41a 所示为在卧式车床上旋压成形的示意图。旋压模型安装在自定心卡盘上，板料坯料顶压在模型端部，旋压工具形似圆头车刀，安装在方刀架上。模型和工具的材料均要比工件材料软，多用木料或软金属制成。坯料旋转，工具从右端开始，沿模型母线方向缓慢向左移动，即可旋压出与模型外轮廓相符的壳状零件。

图 3-41b 所示为在一种专用设备上旋压成形的示意图。坯料为管壁较厚的管子，旋压工具旋转，压头向下推压使坯料向下移动，从而获得薄壁管成品。此处的旋压工具材料应比工件硬，以提高旋压工具的使用寿命。旋压成形要求工件材料具有很好的塑性，否则成形困难。

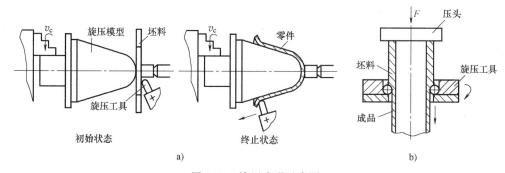

初始状态　　　　　终止状态

a)　　　　　　　　　　b)

图 3-41　旋压成形示意图

a）在车床上旋压成形　b）在专用设备上旋压成形

旋压成形适用于壳状回转零件或管状零件，如日常生活中的铝锅、铝盆、金属头盔以及各种弹头、航空薄管等，如图 3-42 所示。

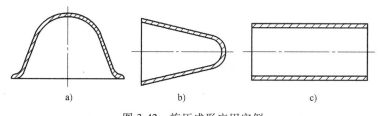

a)　　　　　　　　b)　　　　　　　　c)

图 3-42　旋压成形应用实例

a）头盔　b）弹头外壳　c）航空薄管

4. 喷丸成形

喷丸本来是一种表面强化的工艺方法。这里的喷丸成形是指利用高速金属弹丸流撞击金属板料的表面，使受喷表面的表层材料产生塑性变形，逐步使零件的外形曲率达到要求的一种成形方法，如图 3-43a 所示。工件上某一处喷丸强度越大，此处塑性变形就越大，就越向上凸起。为什么向上凸起而不是向下凹陷呢？这是因为铁丸很小，只使工件表面塑性变形，使表层表面积增大，而四周未变形，所以铁丸撞击之处，只能向上凸起，而不会像一个大铁球砸在薄板上向下凹陷。通过计算机控制喷丸流的方向、速度和时间，即可得到工件上各处曲率不同的表面。同时，工件表面也得到强化。

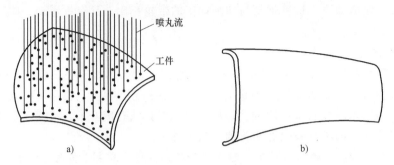

图 3-43　喷丸成形

a) 喷丸成形示意图　b) 喷丸成形应用实例

喷丸成形适用于大型的曲率变化不大的板状零件。例如，飞机机翼外板及壁板零件，材料为铝合金，就可以采用直径为 0.6~0.9mm 的铸钢丸喷丸成形。图 3-43b 所示为飞机机翼外板。

二、少无切削加工

1. 滚挤压加工

滚挤压加工原本为零件表面强化的一种工艺方法。此处是将滚挤压加工作为一种无切削的加工方法加以介绍，其工艺方法与表面强化工艺方法完全相同。滚挤压加工主要用来对工件进行表面光整加工，以获得较小的表面粗糙度值，使用该方法可使表面粗糙度 Ra 达 0.05~1.6μm。

2. 滚轧成形加工

零件滚轧成形加工是一种无切削加工的新工艺。它是利用金属产生塑性变形而轧制出各种零件的方法。冷轧的方法很多，螺纹的滚压加工，其实质就是滚轧成形加工。图 3-44 所示是用多轧轮同时冷轧汽车刹车凸轮轴花键示意图，图 3-45 所示是冷轧花键示意图。工件的一端装夹在机床卡盘内，另一端支承在顶尖上。在工件两侧对称位置上各有一个轧头，每个轧头上各装有两个轧轮。轧制时，两轧头高速同步旋转，轧轮依靠轧制时与工件之间产生的摩擦力使其绕自身的轴线旋转。轧头旋转时，轧轮在极短的瞬间以高速、高能量打击工件表面，使其产生塑性变形，形成与轧轮截面形状相同的齿槽，故该冷轧方法得名为冷轧花键，亦称为滚轧花键。

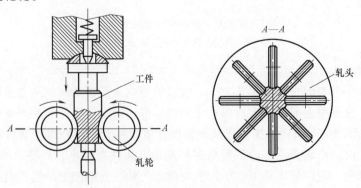

图 3-44　冷轧花键轴示意图

滚轧加工要求工件坯料力学性能均匀稳定，并具有一定的延伸率。由于轧制不改变工件的体积，故坯料外径尺寸应严格控制；太大会造成轧轮崩齿，太小不能使工件形状完整饱满。精确的坯料外径尺寸应通过试验确定。

滚轧加工具有如下特点：

1）滚轧加工属成形法冷轧，其工件齿形精度取决于轧轮及其安装精度。表面粗糙度 Ra 可达 $0.8\sim1.6\mu m$。

2）可提高工件的强度及耐磨性。因为金属材料的纤维未被切断，并使表面层

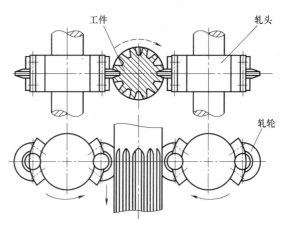

图 3-45 冷轧花键示意图

产生变形硬化，其抗拉强度提高 30% 左右，抗剪切强度提高 5%，表面硬度提高 20%，硬化层深度可达 $0.5\sim0.6mm$，从而提高工件的使用寿命。

3）生产率高。如冷轧丝杠比切削加工生产率提高 5 倍左右；冷轧汽车传动轴花键，生产率达 $0.67\sim6.7mm/s$；节约金属材料 20% 左右。

冷轧花键适宜大批大量生产中加工相当于模数 4mm 以下的渐开线花键和矩形花键，特别适宜加工长花键。

三、水射流切割技术

基于人们早已懂得的"水滴石穿"的道理，研究人员经过不懈的探索，将这一简单原理转化成了水射流切割技术。水射流切割（Water Jet Cutting——WJC）是指在高压下，利用由喷嘴喷射出的高速水射流对材料进行切割的技术；利用带有磨料的水射流对材料进行切割的技术，称为磨料水射流切割（Abrasive Water Jet Cutting——AWJC）。前者由于单纯利用水射流切割，切割力较小，适宜切割软材料，喷嘴寿命长；后者由于混有磨料，切割力大，适宜切割硬材料，喷嘴磨损快，寿命较短。

（1）水射流切割原理 水射流切割是直接利用高压水泵（压力可达到 $35\sim60MPa$）或采用水泵和增压器（可获得 $100\sim1000MPa$ 的超高压和 $0.5\sim25l/min$ 的较小流量）产生的高速高压液流对工件的冲击作用来去除材料的。图 3-46 所示为带有增压器的水射流切割系统原理图。

（2）水射流切割的特点 水射流切割与其他切割技术相比，具有一些独有的特点：

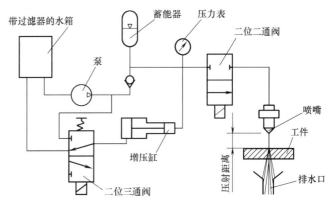

图 3-46 水射流系统液压原理图

1）采用常温切割对材料不会造成结构变化或热变形，这对许多热敏感材料的切割十分有利，是锯切、火焰切割、激光切割和等离子体切割等所不能比拟的。

2）切割力强，可切割 180mm 厚的钢板和 250mm 厚的钛板等。

3）切口质量较高，水射流切口的表面平整光滑、无毛刺，切口公差可达 ±0.06 ~ ±0.25mm。同时切口可窄至 0.015mm，可节省大量的材料消耗，尤其对贵重材料更为有利。

4）由于水射流切割的流体性质，因此可从材料的任一点开始进行全方位切割，特别适宜复杂工件的切割，也便于实现自动控制。

5）由于属湿性切割，切割中产生的"屑末"混入液体中，工作环境清洁卫生，也不存在火灾与爆炸的危险。

水射流切割也有其局限性，整个系统比较复杂，初始投资大。如一台 5 自由度自动控制式水射流设备，其价格可高达 10 万 ~ 50 万美元。此外，在使用磨料水射流切割时，喷嘴磨损严重，有时一只硬质合金喷嘴的使用寿命仅为 2 ~ 4 小时。尽管如此，水射流切割装置仍发展很快。

（3）水射流切割的应用　由于水射流切割有上述特点，它在机械制造和其他许多领域获得日渐增多的应用。

1）汽车制造与维修业采用水射流切割技术加工各种非金属材料，如石棉刹车片、橡胶基地毯，车内装潢材料和保险杠等。

2）造船业用水射流切割各种合金钢板（厚度可达 150mm），以及塑料、纸板等其他非金属材料。

3）航空航天工业用水射流切割高级复合结构材料、钛合金、镍钴高级合金和玻璃纤维增强塑料等。可节省 25% 的材料和 40% 的劳动力，并大大提高劳动生产率。

4）铸造厂或锻造厂可采用水射流高效地对毛坯表层的型砂或氧化皮进行清理。

5）水射流技术不但可用于切割，而且可对金属或陶瓷基复合材料、钛合金和陶瓷等高硬材料进行车削、铣削和钻削。图 3-47 所示为磨料水射流车削加工示意图。

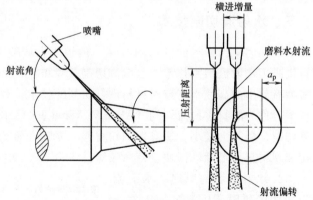

图 3-47　磨料水射流车削加工示意图

思考题与习题

3-1　特种加工技术在机械制造领域的作用和地位如何？

3-2　特种加工技术的逐渐广泛应用引起机械制造领域的哪些变革？

3-3　特种加工技术与常规加工工艺之间的关系如何？应该如何正确处理特种加工与常规加工之间的关系？

3-4　特种加工对材料的可加工性及产品的结构工艺性有何影响？试举例说明。

3-5　试简要说明电火花加工的基本原理、特点及应用。

3-6　试述电火花线切割的工作原理及应用。

3-7　电化学加工有哪些类别？举例说明其应用范围。

3-8　试说明电解磨削的原理，它与机械磨削有何不同？

3-9　高能束加工是指哪些加工方法？试述它们在细微制造技术中的意义。

3-10　简要说明高能束加工各自的特点及其应用。

3-11　何谓超声波加工技术？它有哪些应用？

3-12　试述快速成形技术的应用。常用的快速成形方法有哪些？

3-13　超精密磨削如何进行砂轮修整？

3-14　细微加工有哪些方法？主要应用于哪些领域？

3-15　简要说明常见的几种直接成形技术的工件原理及应用范围。

3-16　试说明水射流切割技术的工作原理、特点及应用。

第四章

机械加工质量

教 学 导 航

知识目标

1. 了解机械加工质量的基本概念。

2. 熟悉获得零件加工精度的方法，掌握影响加工精度的因素，了解加工误差的综合分析方法。

3. 熟悉机械加工表面质量的含义，掌握影响表面质量的工艺因素，熟悉控制表面质量的工艺途径。

能力目标

初步具备分析影响机械加工质量的因素，采取适当措施控制和提高零件加工质量的能力。

学习重点

影响机械加工精度和表面质量的因素。

学习难点

影响机械加工质量因素的综合分析方法。

研 习 导 引

在科学的道路上，没有平坦的大道可走，只有在那崎岖的小路上努力攀登的人，才有可能到达光辉的顶点。

——卡尔·马克思

第一节　机械加工质量概述

机械制造的基本问题是优质、高产、低消耗地生产出技术性能好、使用寿命长的产品，以满足国民经济发展的需要。为了满足技术性能好、使用寿命长的要求，质量问题是一个最根本的问题。

军工产品质量好坏直接关系到战争的成败和人的生命安全，特别是航空产品的空中工作，质量稍有疏忽，就会酿成机毁人亡的重大事故。因此军工产品的质量问题有着特别重大的意义。

就机械工艺过程而言，产品质量主要取决于零件的制造质量和装配质量。零件的制造质量一般用几何参数（如形状、尺寸、表面粗糙度）、物理参数（如导电性、导磁性、导热性等）、力学性能参数（如强度、硬度等）以及化学参数（如耐蚀性等）来表示。

为了便于分析研究，通常将加工质量分为两大部分：一部分是宏观几何参数，称为加工精度；另一部分是微观几何参数和表面物理-力学性能等方面的参数，称为表面质量或表面完整性。

第二节　机械加工精度概述

一、机械加工精度的概念

所谓机械加工精度，是指零件在加工后的几何参数（尺寸大小、几何形状、表面间的相互位置）的实际值与理论值相符合的程度。符合程度高，加工精度也高；反之，则加工精度低。机械加工精度包括尺寸精度、形状精度、位置精度三项内容，三者有联系，也有区别。

由于机械加工中的种种原因，不可能把零件做得绝对精确，总会产生偏差，这种偏差即加工误差。实际生产中加工精度的高低用加工误差的大小表示。加工误差小，则加工精度高；反之则低。保证零件的加工精度就是设法将加工误差控制在允许的偏差范围内；提高零件的加工精度就是设法降低零件的加工误差。

随着对产品性能要求的不断提高和现代加工技术的发展，对零件的加工精度要求也在不断地提高。一般来说，零件的加工精度越高，则加工成本越高，生产率则相对越低。因此，设计人员应根据零件的使用要求，合理地确定零件的加工精度，工艺人员则应根据设计要求、生产条件等采取适当的加工工艺方法，以保证零件的加工误差不超过零件图样上规定的公差范围，并在保证加工精度的前提下，尽量提高生产率和降低成本。

二、获得零件加工精度的方法

1. 获得尺寸精度的方法

在机械加工中获得尺寸精度的方法有试切法、调整法、定尺寸刀具法、自动控制法和主动测量法等五种。

1）试切法：通过试切—测量—调整—再试切，反复进行，直到被加工尺寸达到要求的精度为止的加工方法。试切法不需要复杂的装备，加工精度取决于工人的技术水平和量具的精度，常用于单件小批生产。

2）调整法：按零件规定的尺寸预先调整机床、夹具、刀具和工件的相互位置，并在加工一批零件的过程中保持这个位置不变，以保证零件加工尺寸精度的加工方法。调整法生产效率高，对调整工的要求高，对操作工的要求不高，常用于成批及大量生产。

3）定尺寸刀具法：用具有一定形状和尺寸精度的刀具进行加工，使加工表面达到要求的形状和尺寸的加工方法。如用钻头、铰刀、键槽铣刀等刀具的加工即为定尺寸刀具法。定尺寸刀具法生产率较高，加工精度较稳定，广泛地应用于各种生产类型。

4）自动控制法：把测量装置、进给装置和控制机构组成一个自动加工系统，使加工过程中的尺寸测量、刀具的补偿和切削加工一系列工作自动完成，从而自动获得所要求的尺寸精度的加工方法。该方法生产率高，加工精度稳定，劳动强度低，适应于批量生产。

5）主动测量法：在加工过程中，边加工、边测量加工尺寸，并将测量结果与设计要求比较后，或使机床工作，或使机床停止工作的加工方法。该方法生产率较高，加工精度较稳定，适应于批量生产。

2. 获得几何形状精度的方法

在机械加工中获得几何精度的方法有轨迹法、成形法、仿形法和展成法等四种。

1）轨迹法：依靠刀尖运动轨迹来获得形状精度的方法。刀尖的运动轨迹取决于刀具和工件的相对成形运动，因而所获得的形状精度取决成形运动的精度。普通车削、铣削、刨削和磨削等均为刀尖轨迹法。

2）成形法：利用成形刀具对工件进行加工的方法。成形法所获得的形状精度取决于成形刀具的形状精度和其他成形运动精度。用成形刀具或砂轮进行车、铣、刨、磨、拉等加工的均为成形法。

3）仿形法：刀具依照仿形装置进给获得工件形状精度的方法。如使用仿形装置车手柄、铣凸轮轴等。

4）展成法：又称为范成法，它是依据零件曲面的成形原理、通过刀具和工件的展成切削运动进行加工的方法。展成法所得的被加工表面是切削刃和工件在展成运动过程中所形成的包络面，切削刃必须是被加工表面的共轭曲线。展成法所获得的精度取决于切削刃的形状和展成运动的精度。滚齿、插齿等均为展成法。

3. 获得位置精度的方法

工件的位置精度取决于工件的安装（定位和夹紧）方式及其精度。获得位置精度的方法有：

（1）找正安装法　找正是用工具和仪表根据工件上有关基准，找出工件有关几何要素相对于机床的正确位置的过程。用找正法安装工件称为找正安装，找正安装又可分为：

1）划线找正安装。即用划针根据毛坯或半成品上所划的线为基准找正它在机床上正确位置的一种安装方法。

2）直接找正安装。即用划针和百分表或通过目测直接在机床上找正工件正确位置的安装方法。此法的生产率较低，对工人的技术水平要求高，一般只用于单件小批生产中。

（2）夹具安装法　夹具是用以安装工件和引导刀具的装置。在机床上安装好夹具，工件放在夹具中定位，能使工件迅速获得正确位置，并使其固定在夹具和机床上。因此，工件定位方便，定位精度高且稳定，装夹效率也高。

（3）机床保证法　利用机床本身所设置的保证相对位置精度的机构保证工件位置精度的安装方法，如坐标镗床、数控机床等。

第三节　影响加工精度的因素及其分析

在机械加工过程中，机床、夹具、刀具和工件组成了一个完整的系统，称为工艺系统。工件的加工精度问题也就涉及整个工艺系统的精度问题。工艺系统中各个环节所存在的误差，在不同的条件下，以不同的程度和方式反映为工件的加工误差，它是产生加工误差的根源，因此工艺系统的误差被称为原始误差，如图4-1所示。原始误差主要来自两方面：一方面是在加工前就存在的工艺系统本身的误差（几何误差），包括加工原理误差，机床、夹具、刀具的制造误差，工件的安装误差，工艺系统的调整误差等；另一方面是加工过程中工艺系统的受力变形、受热变形、工件残余应力引起的变形和刀具的磨损等引起的误差，以及加工后因内应力引起的变形和测量引起的误差等。下面即对工艺系统中的各类原始误差分别进行阐述。

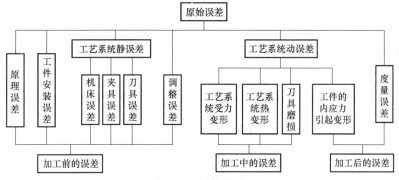

图 4-1　原始误差

一、加工原理误差

加工原理误差是指采用了近似的成形运动或近似的切削刃轮廓进行加工而产生的误差。生产中采用近似的加工原理进行加工的例子很多，例如用齿轮滚刀滚齿就有两种原理误差：一种是为了滚刀制造方便，采用了阿基米德蜗杆或法向直廓蜗杆代替渐开线蜗杆而产生的近似造形误差；另一种是由于齿轮滚刀刀齿数有限，使实际加工出的齿形是一条由微小折线段组成的曲线，而不是一条光滑的渐开线。采用近似的加工方法或近似的切削刃轮廓，虽然会带来加工原理误差，但往往可简化工艺过程及机床和刀具的设计、制造，提高生产率，降低成本，但由此带来的原理误差必须控制在允许的范围内。

二、工艺系统的几何误差

1. 机床几何误差

机床几何误差包括机床本身各部件的制造误差、安装误差和使用过程中的磨损引起的误差。这里着重分析对加工影响较大的主轴回转误差、机床导轨误差及传动链误差。

（1）机床主轴误差　机床主轴是用来安装工件或刀具并将运动和动力传递给工件或刀具的重要零件，它是工件或刀具的位置基准和运动基准，它的回转精度是机床精度的主要指标之一，其误差直接影响着工件精度的高低。

1）主轴回转误差。为了保证加工精度，机床主轴回转时其回转轴线的空间位置应是稳定不变的，但实际上由于受主轴部件结构、制造、装配、使用等种种因素的影响，主轴在每一瞬时回转轴线的空间位置都是变动的，即存在着回转误差。主轴回转轴线的运动误差表现为纯径向跳动、轴向窜动和角度摆动三种形式，如图 4-2 所示。

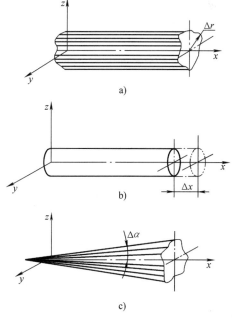

图 4-2　主轴回转轴线的运动误差

机床的主轴是以其轴颈支承在主轴箱前后轴承内的，因此影响主轴回转精度的主要因素有轴承精度、主轴轴颈精度和主轴箱主轴承孔的精度。如果采用滑动轴承，则影响主轴回转精度的主要因素有主轴颈的圆度、与其配合的轴承孔的圆度和配合间隙。不同类型的机床其主轴回转误差所引起的加工误差的形式也会不同。对于工件回转类机床（如车床，内、外圆磨床），因切削力的方向不变，主轴回转时作用在支承上的作用力方向也不变，因而主轴颈与轴承孔的接触点的位置也是基本固定的，即主轴颈在回转时总是与轴承孔的某一段接触，因此，轴承孔的圆度误差对主轴回转精度的影响较小，而主轴颈的圆度误差则影响较大；对于刀具回转类机床（如镗床、钻床），因切削力的方向是变化的，所以轴承孔的圆度误差对主轴回转精度的影响较大，而主轴颈的圆度误差影响较小。

2）主轴回转误差的敏感方向。不同类型的机床，主轴回转误差的敏感方向是不同的。

工件回转类机床的主轴回转误差的敏感方向如图4-3所示，在车削圆柱表面，当主轴在 y 方向存在误差 Δy 时，则此误差将是 $1:1$ 地反映到工件的半径方向上去（$\Delta R_y = \Delta y$）。而在 z 方向存在误差 Δz 时，反映到工件半径方向上的误差为 ΔR_z。其关系式为

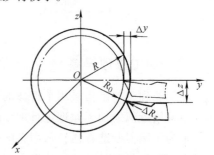

$$R_0^2 + \Delta z^2 = (R_0 + \Delta R_z)^2 = R_0^2 + 2R_0\Delta R_z + \Delta R_z^2$$

因 ΔR_z^2 很小，可以忽略不计，故此式化简后得

$$\Delta R_z \approx \Delta z^2 / (2R_0) \ll \Delta y \tag{4-1}$$

图4-3　车外圆的敏感方向

所以，Δy 所引起的半径误差远远大于由 Δz 所引起的半径误差。我们把对加工精度影响最大的那个方向称为误差的敏感方向，把对加工精度影响最小的那个方向称为误差的非敏感方向。

刀具回转类机床的主轴回转误差的敏感方向，如镗削时，刀具随主轴一起旋转，切削刃的加工表面的法向随刀具回转而不断变化，因而误差的敏感方向也在不断变化。

（2）机床导轨误差　床身导轨既是装配机床各部件的基准件，又是保证刀具与工件之间导向精度的导向件，因此导轨误差对加工精度有直接的影响。导轨误差分为：

1）导轨在水平面内的直线度误差 Δy。这项误差使刀具产生水平位移，如图4-4所示，使工件表面产生的半径误差为 ΔR_y，$\Delta R_y = \Delta y$，使工件表面产生圆柱度误差（鞍形或鼓形）。

2）导轨在垂直平面内的直线度误差 Δz。这项误差使刀具产生垂直位移，如图4-5所示，使工件表面产生的半径误差为 ΔR_z，$\Delta R_z \approx \Delta z^2 / (2R_0)$，其值甚小，对加工精度的影响可以忽略不计；但若在龙门刨这类机床上加工薄长件，由于工件刚性差，如果机床导轨为中凹形，则工件也会是中凹形。

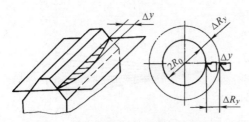

图4-4　机床导轨在水平面内的直线度
误差对加工精度的影响

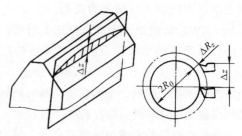

图4-5　机床导轨在垂直面内的直线度
误差对加工精度的影响

3）前后导轨的平行度误差。当前后导轨不平行、存在扭曲时，刀架产生倾倒，刀尖相对于工件在水平和垂直两个方向上发生偏移，从而影响加工精度。如图 4-6 所示，在某一截面内，工件加工半径误差为

$$\Delta R \approx \Delta y = \frac{H}{B}\delta \qquad (4\text{-}2)$$

式中　H——车床中心高；

　　　B——导轨宽度；

　　　δ——前后导轨的最大平行度误差。

（3）传动链传动误差　传动链传动误差是指机床内联系传动链始末两端传动元件之间相对运动的误差。它是影响螺纹、齿轮、蜗轮蜗杆及其

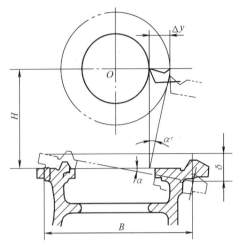

图 4-6　机床导轨扭曲对工件形状的影响

他按展成原理加工的零件加工精度的主要因素。传动链始末两端的联系是通过一系列的传动元件来实现的，当这些传动元件存在加工误差、装配误差和磨损时，就会破坏正确的运动关系，使工件产生加工误差，这些误差即传动链误差。为了减少机床的传动链误差对加工精度的影响，可以采取以下措施：

1）尽量减少传动元件数量，缩短传动链，以缩小误差的来源。

2）采用降速传动（即 $i \ll 1$）。降速传动是保证传动精度的重要措施。对于螺纹加工机床，为保证降速传动，机床传动丝杠的导程应大于工件的导程；齿轮加工机床最后传动副为蜗轮副，为了得到 $i \ll 1$ 的降速传动比，应使蜗轮的齿数远远大于工件的齿数。

3）提高传动链中各元件，尤其是末端元件的加工和装配精度，以保证传动精度。

4）设法消除传动链中齿轮间的间隙，以提高传动精度。

5）采用误差校正装置来提高传动精度。

2. 刀具制造误差与磨损

刀具的制造误差对加工精度的影响，因刀具种类不同而异。当采用定尺寸刀具，如钻头、铰刀、拉刀、键槽铣刀等加工时，刀具的尺寸精度将直接影响到工件的尺寸精度；当采用成形刀具如成形车刀、成形铣刀等加工时，刀具的形状精度将直接影响工件的形状精度；当采用展成刀具如齿轮滚刀、插齿刀等加工时，切削刃的形状必须是加工表面的共轭曲线，因此切削刃的形状误差会影响加工表面的形状精度；当采用一般刀具，如车刀、镗刀、铣刀等，制造误差对零件的加工精度并无直接影响，但其磨损对加工精度、表面粗糙度有直接的影响。

任何刀具在切削过程中都不可避免地要产生磨损，并由此引起工件尺寸和形状误差。例如用成形刀具加工时，刀具刃口的不均匀磨损将直接复映到工件上造成形状误差；在加工较大表面（一次进给时间长）时，刀具的尺寸磨损也会严重影响工件的形状精度；用调整法加工一批工件时，刀具的磨损会扩大工件尺寸的分散范围；刀具磨损使同一批工件的尺寸前后不一致。

3. 夹具的制造误差与磨损

夹具的制造误差与磨损包括三个方面：

1）定位元件、刀具导向元件、分度机构及夹具体等的制造误差。

2）夹具装配后，定位元件、刀具导向元件及分度机构等元件工作表面间的相对尺寸误差。

3）夹具在使用过程中定位元件、刀具导向元件工作表面的磨损。

这些误差将直接影响到工件加工表面的位置精度或尺寸精度。一般来说，夹具误差对加工表面的位置误差影响最大，在设计夹具时，凡影响工件精度的尺寸应严格控制其制造误差，一般可取工件上相应尺寸或位置公差的 $1/5 \sim 1/2$ 作为夹具元件的公差。

4. 工件的安装误差、调整误差及度量误差

工件的安装误差是由定位误差、夹紧误差和夹具误差三项组成。其中，夹具误差如上所述，定位误差这部分内容在机床夹具一章中已有介绍，此处不再赘述。夹紧误差是指工件在夹紧力作用下发生的位移，其大小是工件基准面至刀具调整面之间距离的最大与最小尺寸之差。它包括工件在夹紧力作用下的弹性变形、夹紧时工件发生的位移或偏转而改变了工件在定位时所占有的正确位置、工件定位面与夹具支承面之间的接触部分的变形。

机械加工过程中的每一道工序都要进行各种各样的调整工作，由于调整不可能绝对准确，因此必然会产生误差，这些误差称为调整误差。调整误差的来源随调整方式的不同而不同：

1）采用试切法加工时，引起调整误差的因素有：由于量具本身的误差和测量方法、环境条件（温度、振动等）、测量者主观因素（视力、测量经验等）造成的测量误差；在试切时，由于微量调整刀具位置而出现的进给机构的爬行现象，导致刀具的实际位移与刻度盘上的读数不一致造成的微量进给加工误差；精加工和粗加工切削时切削厚度相差很大，造成试切工件时尺寸不稳定，引起尺寸误差。

2）采用调整法加工时，除上述试切法引起调整误差的因素对其也同样有影响外，还有：成批生产中，常用定程机构如行程挡块、靠模、凸轮等来保证刀具与工件的相对位置，定程机构的制造和调整误差以及它们的受力变形和与它们配合使用的电、液、气动元件的灵敏度等会成为调整误差的主要来源；若采用样件或样板来决定刀具与工件间相对位置时，则它们的制造误差、安装误差和对刀误差以及它们的磨损等都对调整精度有影响；工艺系统调整时由于试切工件数不可能太多，不能完全反映整批工件加工过程的各种随机误差，故其平均尺寸与总体平均尺寸不可能完全符合而造成加工误差。

为了保证加工精度，任何加工都少不了测量，但测量精度并不等于加工精度，因为有些精度测量仪器分辨不出来，有时测量方法失当，均会产生测量误差。引起测量误差的原因主要有：量具本身的制造误差；测量方法、测量力、测量温度引起的误差，如读数有误、操作失当、测量力过大或过小等。

减少或消除度量误差的主要措施有：提高量具精度，合理选择量具；注意操作方法；注意测量条件，精密零件应在恒温中测量。

三、工艺系统受力变形对加工精度的影响

1. 工艺系统的受力变形

机械加工过程中，工艺系统在切削力、传动力、惯性力、夹紧力及重力等外力的作用下，各环节将产生相应的变形，使刀具和工件间已调整好的正确位置关系遭到破坏而造成加工误差。例如，在车床上车削细长轴时，如图4-7所示，工件在切削力的作用下会发生变

形，使加工出的工件出现两头细中间粗的腰鼓形。由此可见，工艺系统受力变形是加工中一项很重要的原始误差，它严重地影响工件的加工精度。工艺系统的受力变形通常是弹性变形，一般来说，工艺系统抵抗弹性变形的能力越强，加工精度越高。

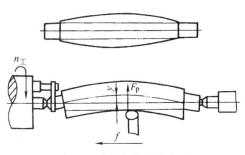

图 4-7　车细长轴时的变形

2. 工艺系统的刚度

工艺系统是一个弹性系统。弹性系统在外力作用下所产生的变形位移的大小取决于外力的大小和系统抵抗外力的能力。工艺系统抵抗外力使其变形的能力称为工艺系统的刚度。工艺系统的刚度用切削力和在该力方向上所引起的刀具和工件间相对变形位移的比值表示。由于切削力有三个分力，在切削加工中对加工精度影响最大的是切削刃沿加工表面的法线方向（y 方向上）的分力，因此计算工艺系统刚度时，通常只考虑此方向上的切削分力 F_y 和变形位移量 y，即

$$k = \frac{F_y}{y} \qquad\qquad (4\text{-}3)$$

3. 工艺系统受力变形对加工精度的影响

工艺系统受力变形对加工精度的影响可归纳为下列几种常见的形式：

（1）受力点位置变化产生形状误差　在切削过程中，工艺系统的刚度会随着切削力作用点位置的变化而变化，因此使工艺系统受力变形也随之变化，引起工件形状误差。例如，车削加工时，由于工艺系统沿工件轴向方向各点的刚度不同，因此会使工件各轴向截面直径尺寸不同，使车出的工件沿轴向产生形状误差（出现鼓形、鞍形、锥形）。

（2）切削力变化引起加工误差　在切削加工中，由于工件加工余量和材料硬度不均将引起切削力的变化，从而造成加工误差。例如，车削图 4-8 所示的毛坯时，由于它本身有圆度误差（椭圆），背吃刀量 a_p 将不一致（$a_{p1} > a_{p2}$），当工艺系统的刚度为常数时，切削分力 F_y 也不一致（$F_{y1} > F_{y2}$），从而引起工艺系统的变形不一致（$y_1 > y_2$），这样在加工后的工件上仍留有较小的圆度误差。这种在加工后的工件上出现与毛坯形状相似的误差的现象称为"误差复映"。

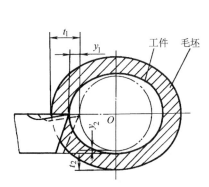

图 4-8　毛坯形状误差的复映

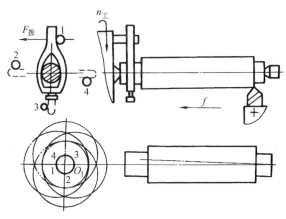

图 4-9　传动力所引起的加工误差

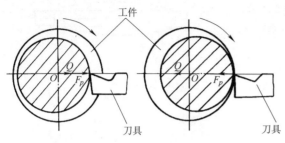

图 4-10　离心惯性所引起的加工误差

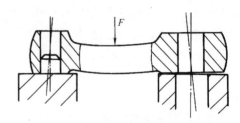

图 4-11　夹紧力不当所引起的加工误差

由于工艺系统具有一定的刚度，因此在加工表面上留下的误差比毛坯表面的误差数值上已大大减小了。也就是说，工艺系统刚度越高，加工后复映到被加工表面上的误差越小，当经过数次进给后，加工误差也就逐渐缩小到所允许的范围内了。

（3）其他作用力引起的加工误差

1）传动力和惯性力引起的加工误差。当在车床上用单爪拨盘带动工件回转时，传动力在拨盘的每一转中不断改变其方向；对高速回转的工件，如其质量不平衡，将会产生离心力，它和传动力同样在工件的转动中不断地改变方向。这样，工件在回转中因受到不断变化方向的力的作用而造成加工误差，如图 4-9 和图 4-10 所示。

2）重力所引起的误差。在工艺系统中，有些零部件在自身重力作用下产生的变形也会造成加工误差。例如，龙门铣床、龙门刨床横梁在刀架自重下引起的变形将造成工件的平面度误差。对于大型工件，因自重而产生的变形有时会成为引起加工误差的主要原因，所以在安装工件时，应通过恰当地布置支承的位置或通过平衡措施来减少自重的影响。

3）夹紧力所引起的加工误差。工件在安装时，由于工件刚度较低或夹紧力作用点和方向不当，会引起工件产生相应的变形，造成加工误差。图 4-11 所示为加工连杆大端孔的安装示意图，由于夹紧力作用点不当，造成加工后两孔中心线不平行及其与定位端面不垂直。

4. 减少工艺系统受力变形的主要措施

减少工艺系统受力变形是保证加工精度的有效途径之一。生产实际中常采取如下措施：

1）提高接触刚度。所谓接触刚度就是互相接触的两表面抵抗变形的能力。提高接触刚度是提高工艺系统刚度的关键。常用的方法是改善工艺系统主要零件接触面的配合质量，使配合面的表面粗糙度和形状精度得到改善和提高，实际接触面积增加，微观表面和局部区域的弹性、塑性变形减少，从而有效地提高接触刚度。

2）提高工件定位基面的精度和表面质量。工件的定位基面如存在较大的尺寸、形位误差，且表面质量差，在承受切削力和夹紧力时则可能产生较大的接触变形，因此精密零件加工用的基准面需要随着工艺过程的进行逐步提高精度。

3）设置辅助支承，提高工件刚度，减小受力变形。切削力引起的加工误差往往是因为工件本身刚度不足或工件各个部位刚度不均匀而产生的。当工件材料和直径一定时，工件长度和切削分力是影响变形的决定性因素。为了减少工件的受力变形，常采用中心架或跟刀架，以提高工件的刚度，减小受力变形。

4）合理装夹工件，减少夹紧变形。当工件本身薄弱、刚性差时，夹紧时应特别注意选择适当的夹紧方法，尤其是在加工薄壁零件时，为了减少加工误差，应使夹紧力均匀分布。缩短切削力作用点和支承点的距离，提高工件刚度。

5）对相关部件预加载荷。例如，机床主轴部件在装配时，通过预紧主轴后端面的螺母给主轴滚动轴承以预加载荷，这样不仅能消除轴承的配合间隙，而且在加工开始阶段就能使主轴与轴承有较大的实际接触面积，从而提高了配合面间的接触刚度。

6）合理设计系统结构。在设计机床夹具时，应尽量减少组成零件数，以减少总的接触变形量；选择合理的结构和截面形状；并注意刚度的匹配，防止出现局部环节刚度低。

7）提高夹具、刀具刚度，改善材料性能。

8）控制负载及其变化。适当减少进给量和背吃刀量，可减少总切削力对零件加工精度的影响；此外，改善工件材料性能以及改变刀具几何参数如增大前角等都可减少受力变形；将毛坯合理分组，使每次调整中加工的毛坯余量比较均匀，能减小切削力的变化，减小误差复映。

四、工艺系统热变形对加工精度的影响

在机械加工中，工艺系统在各种热源的影响下会产生复杂的变形，使得工件与刀具间的正确相对位置关系遭到破坏，造成加工误差。

1. 工艺系统热变形的热源

引起工艺系统热变形的热源主要来自两个方面：一是内部热源，指轴承、离合器、齿轮副、丝杠螺母副、高速运动的导轨副及镗模套等工作时产生的摩擦热，以及液压系统和润滑系统等工作时产生的摩擦热；切削和磨削过程中，由于挤压、摩擦和金属塑性变形产生的切削热；电动机等工作时产生的电磁热、电感热。二是外部热源，指由于室温变化及车间内不同位置、不同高度和不同时间存在的温度差别，以及因空气流动产生的温度差等；日照、照明设备及取暖设备等的辐射热等。工艺系统在上述热源的作用下，温度逐渐升高，同时其热量也通过各种传导方式向周围散发。

2. 工艺系统热变形对加工精度的影响

（1）机床热变形对加工精度的影响　机床在运转与加工过程中受到各种热源的作用，温度会逐步上升，由于机床各部件受热程度的不同，温升存在差异，因此各部件的相对位置将发生变化，从而造成加工误差。

车、铣、镗床的主要热源是主轴箱内的齿轮、轴承、离合器等传动副的摩擦热，它使主轴分别在垂直面内和水平面内产生位移与倾斜，也使支承主轴箱的导轨面受热弯曲；床鞍与床身导轨面的摩擦热会使导轨受热弯曲，中间凸起。磨床类机床都有液压系统和高速砂轮架，故其主要热源是砂轮架轴承和液压系统的摩擦热；轴承的发热会使砂轮轴线产生位移及变形，如果前、后轴承的温度不同，砂轮轴线还会倾斜；液压系统的发热使床身温度不均产生弯曲和前倾，影响加工精度。大型机床（如龙门铣床、龙门刨床、导轨磨床等）的主要热源是工作台导轨面与床身导轨面间的摩擦热及车间内不同位置的温差。

（2）工件热变形及其对加工精度的影响　在加工过程中，工件受热将产生热变形，工件在热膨胀的状态下达到规定的尺寸精度，冷却收缩后尺寸会变小，甚至可能超出公差范围。工件的热变形可能有两种情况：比较均匀地受热，如车、磨外圆和螺纹，镗削棒料的内孔等；不均匀受热，如铣平面和磨平面等。

（3）刀具热变形对加工精度的影响　在切削加工过程中，切削热传入刀具会使得刀具产生热变形，虽然传入刀具的热量只占总热量的很小部分，但是由于刀具的体积和热容量

小，所以由于热积累引起的刀具热变形仍然是不可忽视的。例如，在高速车削中刀具切削刃处的温度可达850℃左右，此时刀杆伸长，可能使加工误差超出公差带。

3. 环境温度变化对加工精度的影响

除了工艺系统内部热源引起的变形以外，工艺系统周围环境的温度变化也会引起工件的热变形。一年四季的温度波动，有时昼夜之间的温度变化可达10℃以上，这不仅影响机床的几何精度，还会直接影响加工和测量精度。

4. 对工艺系统热变形的控制

可采用如下措施减少工艺系统热变形对加工精度的影响：

（1）隔离热源　为了减少机床的热变形，将能从主机分离出去的热源（如电动机、变速箱、液压泵和油箱等）应尽可能放到机外；也可采用隔热材料将发热部件和机床大件（如床身、立柱等）隔离开。

（2）强制和充分冷却　对既不能从机床内移出，又不便隔热的大热源，可采用强制式的风冷、水冷等散热措施；对机床、刀具及工件等发热部位采取充分冷却措施，吸收热量，控制温升，减少热变形。

（3）采用合理的结构减少热变形　如在变速箱中，尽量让轴、轴承、齿轮对称布置，使箱壁温升均匀，减少箱体变形。

（4）减少系统的发热量　对于不能和主机分开的热源（如主轴承、丝杠、摩擦离合器和高速运动导轨之类的部件），应从结构、润滑等方面加以改善，以减少发热量；提高切削速度（或进给量），使传入工件的热量减少；保证切削刀具锋利，避免其刃口钝化增加切削热。

（5）使热变形指向无害加工精度的方向　例如车细长轴时，为使工件有伸缩的余地，可将轴的一端夹紧，另一端架上中心架，使热变形指向尾端；又如外圆磨削，为使工件有伸缩的余地，采用弹性顶尖等。

五、工件内应力对加工精度的影响

1. 产生内应力的原因

内应力也称为残余应力，是指外部载荷去除后仍残存在工件内部的应力。有残余应力的工件处于一种很不稳定的状态，它的内部组织有要恢复到稳定状态的强烈倾向，即使在常温下这种变化也在不断地进行，直到残余应力完全消失为止。在这个过程中，零件的形状逐渐变化，从而逐渐丧失原有的加工精度。残余应力产生的实质原因是金属内部组织发生了不均匀的体积变化。而引起体积变化的原因主要有以下方面：

（1）毛坯制造中产生的残余应力　在铸、锻、焊接以及热处理等热加工过程中，由于工件各部分厚度不均，冷却速度和收缩程度不一致，以及金相组织转变时的体积变化等，都会使毛坯内部产生残余应力，而且毛坯结构越复杂、壁厚越不均，散热的条件差别越大，毛坯内部产生的残余应力也越大。具有残余应力的毛坯暂时处于平衡状态，当切去一层金属后，这种平衡便被打破，残余应力重新分布，工件就会出现明显地变形，直至达到新的平衡为止。

（2）冷校直带来的残余应力　某些刚度低的零件，如细长轴、曲轴和丝杠等，由于机加工产生弯曲变形不能满足精度要求，常采用冷校直工艺进行校直。校直的方法是在弯曲的反方向加外力，如图4-12a所示。在外力 F 的作用下，工件的内部残余应力的分布如图4-12b所示，在轴线以上产生压应力（用负号表示），在轴线以下产生拉应力（用正号表示）。

在轴线和两条双点画线之间是弹性变形区域，在双点画线之外是塑性变形区域。当外力 F 去除后，外层的塑性变形区域阻止内部弹性变形的恢复，使残余应力重新分布，如图 4-12c 所示。这时，冷校直虽然减小了弯曲，但工件却处于不稳定状态，如再次加工，又将产生新的变形。因此，高精度丝杠的加工，不允许冷校直，而是用多次人工时效来消除残余应力。

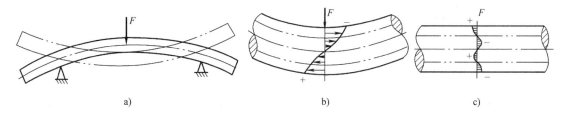

图 4-12　冷校直引起的残余应力

a）冷校直方法　b）加载时残余应力的分布　c）卸载后残余应力的分布

（3）切削加工产生的残余应力　加工表面在切削力和切削热的作用下，会出现不同程度的塑性变形和金相组织的变化，同时也伴随有金属体积的改变，因而必然产生内应力，并在加工后引起工件变形。

2. 消除或减少内应力的措施

（1）合理设计零件结构　在零件结构设计中应尽量简化结构，保证零件各部分厚度均匀，以减少铸、锻件毛坯在制造中产生的内应力。

（2）增加时效处理工序　一是对毛坯或在大型工件粗加工之后，让工件在自然条件下停留一段时间再加工，利用温度的自然变化使之多次热胀冷缩，进行自然时效。二是通过热处理工艺进行人工时效，例如对铸、锻、焊接件进行退火或回火；零件淬火后进行回火；对精度要求高的零件，如床身、丝杠、箱体、精密主轴等，在粗加工后进行低温回火，甚至对丝杠、精密主轴等在精加工后进行冰冷处理等。三是对一些铸、锻、焊接件以振动的形式将机械能加到工件上，进行振动时效处理，引起工件内部晶格蠕变，使金属内部结构状态稳定，消除内应力。

（3）合理安排工艺过程　将粗、精加工分开在不同工序中进行，使粗加工后有足够的时间变形，让残余应力重新分布，以减少对精加工的影响。对于粗、精加工需要在一道工序中来完成的大型工件，也应在粗加工后松开工件，让工件的变形恢复后，再用较小的夹紧力夹紧工件，进行精加工。

第四节　加工误差的综合分析

前面讨论了各种工艺因素产生加工误差的规律，并介绍了一些加工误差的分析方法。在实际生产中，影响加工精度的工艺因素是错综复杂的。对于某些加工误差问题，不能仅用单因素分析法来解决，而需要用概率统计方法进行综合分析，找出产生加工误差的原因，加以消除。

一、加工误差的性质

根据一批工件加工误差出现的规律，可将影响加工精度的误差按性质分为两类：

（1）系统误差　在顺序加工的一批工件中，若加工误差的大小和方向都保持不变或按一定规律变化，这类误差统称为系统误差。前者称为常值系统误差，后者称为变值系统误差。例如，加工原理误差，机床、刀具、夹具的制造误差，工艺系统的受力变形，调整误差等引起的加工误差均与加工时间无关，其大小和方向在一次调整中也基本不变，因此都属于常值系统误差。机床、夹具、量具等磨损速度很慢，在一定时间内也可看作是常值系统误差。机床、刀具和夹具等在尚未达到热平衡前的热变形误差和刀具的磨损等，都是随加工时间而规律变化的，属于变值系统误差。

（2）随机误差　在顺序加工的一批工件中，其加工误差的大小和方向的变化是无规律的，称为随机误差，例如，毛坯误差的复映、残余应力引起的变形误差和定位、夹紧误差等都属于随机误差。应注意的是，在不同的场合，误差表现出的性质也是不同的，例如，对于机床在一次调整后加工出的一批工件而言，机床的调整误差为常值系统误差；但对多次调整机床后加工出的工件而言，每次调整时产生的调整误差就不可能是常值，因此对于经多次调整所加工出来的大批工件，调整误差为随机误差。

二、加工误差的数理统计方法

1. 实际分布曲线（直方图）

将零件按尺寸大小以一定的间隔范围分成若干组，同一尺寸间隔内的零件数称为频数 m_i，若零件总数 n，则频率为 m_i/n。以频数或频率为纵坐标，以零件尺寸为横坐标，画出直方图，进而画成一条折线，即为实际分布曲线，如图 4-13 所示。该分布曲线直观地反映了加工精度的分布状况。

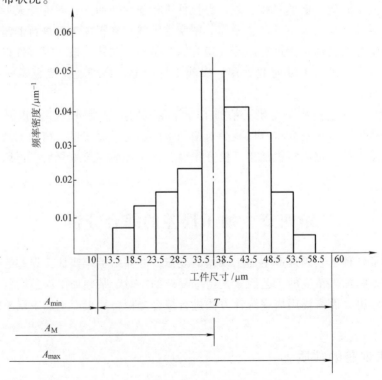

图 4-13　直方图

2. 理论分布曲线（正态分布曲线）

实践证明，当被测量的一批零件（机床上用调整法一次加工出来的一批零件）的数目足够大而尺寸间隔非常小时，所绘出的分布曲线非常接近"正态分布曲线"。

正态分布曲线如图 4-14 所示，其方程
（表达式）为

$$y = \frac{1}{\sigma\sqrt{2\pi}}e^{\frac{-(x-\bar{x})^2}{2\sigma^2}} \qquad (4-4)$$

式中　y——纵坐标，某尺寸的概率密度；

x——横坐标，实际尺寸；

$\bar{x}$——全部实际尺寸的算术平均值；

σ——标准差，均方差；

σ^2——方差。

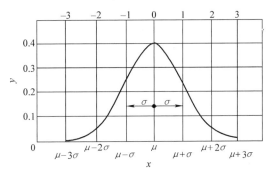

图 4-14　正态分布曲线（$\mu = \bar{x}$）

利用正态分布曲线可以分析产品质量，可以判断加工方法是否合适，可以判断废品率的大小，从而指导下一批的生产。

令 $\dfrac{(x-\bar{x})}{\sigma} = z$，则有

$$\phi(z) = \frac{1}{\sigma\sqrt{2\pi}}\int_0^z e^{-\frac{z^2}{2}}\mathrm{d}z \qquad (4-5)$$

各种不同 z 值的函数 $\phi(z)$ 值见表 4-1。

表 4-1　$\phi(z) = \dfrac{1}{\sigma\sqrt{2\pi}}\displaystyle\int_0^z e^{-\frac{t^2}{2}}\mathrm{d}z$ 之值

z	$\phi(z)$	z	$\phi(z)$	z	$\phi(z)$	z	$\phi(z)$	z	$\phi(z)$	z	$\phi(z)$	z	$\phi(z)$
0.01	0.0040	0.17	0.0675	0.33	0.1293	0.49	0.1879	0.80	0.2881	1.30	0.4032	2.20	0.4861
0.02	0.0080	0.18	0.0714	0.34	0.1331	0.50	0.1915	0.82	0.2939	1.35	0.4115	2.30	0.4893
0.03	0.0120	0.19	0.0753	0.35	0.1368	0.52	0.1985	0.84	0.2995	1.40	0.4192	2.40	0.4918
0.04	0.0100	0.20	0.0793	0.36	0.1406	0.54	0.2054	0.86	0.3051	1.45	0.4265	2.50	0.4938
0.05	0.0199	0.21	0.0832	0.37	0.1443	0.56	0.2123	0.88	0.3106	1.50	0.4332	2.60	0.4953
0.06	0.0239	0.22	0.0871	0.38	0.1480	0.58	0.2190	0.90	0.3159	1.55	0.4394	2.70	0.4965
0.07	0.0279	0.23	0.0910	0.39	0.1517	0.60	0.2257	0.92	0.3212	1.60	0.4452	2.80	0.4974
0.08	0.0319	0.24	0.0948	0.40	0.1554	0.62	0.2324	0.94	0.3264	1.65	0.4505	2.90	0.4981
0.09	0.0359	0.25	0.0987	0.41	0.1591	0.64	0.2389	0.96	0.3315	1.70	0.4554	3.00	0.49865
0.10	0.0398	0.26	0.1023	0.42	0.1628	0.66	0.2454	0.98	0.3365	1.75	0.4599	3.20	0.49931
0.11	0.0438	0.27	0.1064	0.43	0.1664	0.68	0.2517	1.00	0.3413	1.80	0.4641	3.40	0.49966
0.12	0.0478	0.28	0.1103	0.44	0.1700	0.70	0.2580	1.05	0.3531	1.85	0.4678	3.60	0.499841
0.13	0.0517	0.29	0.1141	0.45	0.1772	0.72	0.2642	1.10	0.3643	1.90	0.4713	3.80	0.499928
0.14	0.0557	0.30	0.1179	0.46	0.1776	0.74	0.2703	1.15	0.3749	1.95	0.4744	4.00	0.499968
0.15	0.0596	0.31	0.1217	0.47	0.1808	0.76	0.2764	1.20	0.3849	2.00	0.4772	4.50	0.499997
0.16	0.0636	0.32	0.1255	0.48	0.1844	0.78	0.2823	1.25	0.3944	2.10	0.4821	5.00	0.49999997

查表可知：

当 $z = 0.3$，即 $x - \bar{x} = \pm 0.3\sigma$ 时，$2\phi(z) = 0.2358$。

当 $z = 1.1$，即 $x - \bar{x} = \pm 1.1\sigma$ 时，$2\phi(z) = 0.7286$。

当 $z = 3$，即 $x - \bar{x} = \pm 3\sigma$ 时，$2\phi(z) = 0.9973$。

因此，当 $z=3$，即 $x-\bar{x}=\pm 3\sigma$ 时，则 $2\phi(z)=0.9973$。即当 $x-\bar{x}=\pm 3\sigma$ 时，零件出现的概率已达 99.73%，在此尺寸范围之外（$x-\bar{x}>\pm 3\sigma$）的零件只占 0.27%。

如果 $x-\bar{x}=\pm 3\sigma$ 代表零件的公差 T，则 99.73% 就代表零件的合格率，0.27% 就表示零件的废品率。因此，$x-\bar{x}=\pm 3\sigma=T$ 时，加工一批零件基本上都是合格品，即 $T>6\sigma$ 时，产品无废品。

3. 非正态分布曲线

工件的实际分布，有时并不近于正态分布。例如，将在两台机床上分别调整加工出的工件混在一起测定，由于每次调整时，常值系统误差是不同的，如果常值系统误差大于 2.2σ，就会得到如图 4-15 所示的双峰曲线。这实际上是两组正态分布曲线的叠加。又如，磨削细长孔时，如果砂轮磨损较快且没有自动补偿，则工件的实际尺寸分布的算术平均值将呈平顶形，如图 4-16 所示，它实质上是正态分布曲线的分散中心在不断地移动，即在随机误差中混有变值系统误差。再如，用试切法加工轴颈或孔时，由于操作者为避免产生不可修复的废品，主观地使轴颈宁大勿小，使孔宁小勿大，从而导致尺寸的分布呈现不对称的形状，这种分布又称瑞利分布，如图 4-17 所示。

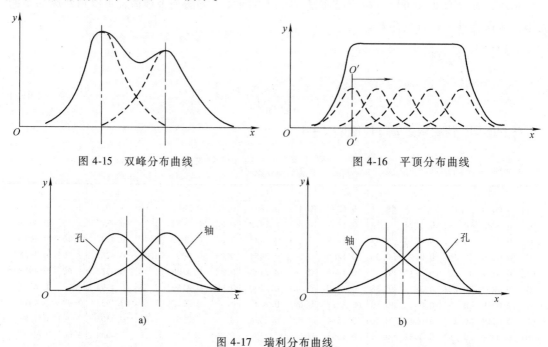

图 4-15 双峰分布曲线　　　　　　　图 4-16 平顶分布曲线

a)　　　　　　　　　　　　b)

图 4-17 瑞利分布曲线

4. 点图分析法

用分布图分析研究加工误差时，不能反映出零件加工的先后顺序，因此就不能把变值系统误差和随机误差区分开。另外，必须等一批工件加工完后才能绘出分布曲线，故不能在加工过程中及时提供控制精度的资料。为了克服这些不足，在生产实践中常用点图分析法。

点图分析法是在一批零件的加工过程中，按加工顺序的先后、按一定规律依次抽样测量零件的尺寸，并记入以零件序号为横坐标，以零件尺寸为纵坐标的图表中。假如把点图上的上、下极限点包络成两根平滑的曲线，如图 4-18 所示，就能清楚地反映加工过程中误差的性质及变化趋势。平均值曲线 OO' 表示每一瞬时的误差分散中心，其变化情况反映了变值系统性误差随时间变化的规律。其起始点 O 则可看出常值系统误差的影响。上、下限 AA' 和 BB' 间的宽度表示每一瞬时尺寸的分散范围。其变化情况反映了随机误差随时间变化的情况。

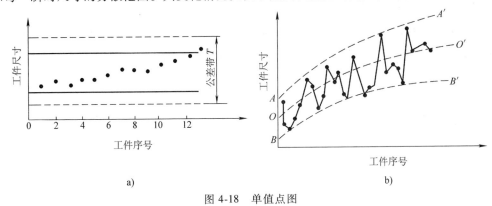

a)　　　　　　　　　　　　　b)

图 4-18　单值点图

第五节　保证和提高加工精度的主要途径

一、直接减少或消除误差

这种方法是在查明产生加工误差的主要因素之后，设法对其直接进行消除或减弱其影响，在生产中有着广泛的应用。例如，在车床上加工细长轴时，因工件刚度极差，容易产生弯曲变形和振动，严重影响加工精度。人们在实际生产中总结了一套行之有效的措施：

1）采用反向进给的切削方式，如图 4-19 所示，进给方向由卡盘一端指向尾座。此时尾部可用中心架或者尾座应用弹性顶尖，使工件的热变形能自由地伸长，故可减少或消除由于热伸长和轴向力使工件产生的弯曲变形。

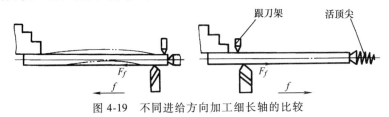

图 4-19　不同进给方向加工细长轴的比较

2）采用大进给量和 93° 的大主偏角，增大轴向切削分力，使径向切削分力稍向外指，既使工件的弯矩相互抵消，又能抑制径向颤动，使切削过程平稳。

3）在工件卡盘夹持的一端车出一个缩颈部分，以增加工件的柔性，使切削变形尽量发生在缩颈处，减少切削变形对加工精度的直接影响。

二、补偿或抵消误差

补偿误差就是人为地制造一种新误差去补偿加工、装配或使用过程中的误差。抵消误差是利用原有的一种误差去抵消另一种误差。这两种方法都是力求使两种误差大小相等，方向相反，从而达到减少误差的目的。例如，预加载荷精加工龙门铣床的横梁导轨，使加工后的导轨产生"向上凸"的几何形状误差，去抵消横梁因铣头重量而产生"向下垂"的受力变形；用校正机构提高丝杠车床传动链精度也是如此。

三、均分与均化误差

当毛坯精度较低而引起较大的定位误差和复映误差时，可能使本工序的加工精度降低，难以满足加工要求，如提高毛坯（或上道工序）的精度，又会使成本增加，这时便可采用均分误差的方法。该方法的实质就是把毛坯按误差的大小分为 n 组，每组毛坯误差的范围缩小为原来的 $1/n$，整批工件的尺寸分散比分组前要小得多，然后按组调整刀具与工件的相对位置。

对于配合精度要求较高的表面，常常采取研磨的方法，让两者相互摩擦与磨损，使误差相互比较、相互抵消，这就是误差均化法。其实质是利用有密切联系的两表面相互比较，找出差异，然后互为基准，相互修正，使工件表面的误差不断缩小和均化。

四、转移变形和转移误差

这种方法的实质是将工艺系统的几何误差、受力变形及热变形等转移到不影响加工精度的非敏感方向上去。这样，可以在不减少原始误差的情况下，获得较高的加工精度。如当机床精度达不到零件加工要求时，常常不是仅靠提高机床精度来保证加工精度，而是通过改进工艺方法和夹具，将机床的各类误差转移到不影响工件加工精度的方向上。例如，用镗模来加工箱体零件的孔系时，镗杆与镗床主轴采用浮动连接，这时孔系的加工精度完全取决于镗杆和镗模的制造精度，而与镗床主轴的回转精度及其他几何精度无关。

五、"就地加工"，保证精度

机床或部件的装配精度主要依赖于组成零件的加工精度，但在有些情况下，即使各组成零件都有很高的加工精度也很难保证达到要求的装配精度。因此，对于装配以后有相互位置精度要求的表面，应采用"就地加工"法来加工。例如，在车床上"就地"配车法兰盘；在转塔车床的主轴上安装车刀，加工转塔上的六个刀架安装孔等。

六、加工过程中主动控制误差

对于变值系统性误差，通常只能在加工过程中用可变补偿的方法来减少加工误差。这就要求在加工循环中，利用测量装置连续地测量出工件的实际尺寸精度，随时给刀具以附加的补偿量，直至实际值与调定值的差不超过预定的公差为止。现代机械加工中，自动测量和自动补偿都属于这种主动控制误差的形式。

第六节 机械加工表面质量概述

评价零件是否合格的质量指标除了机械加工精度外，还有机械加工表面质量。机械加工表面质量是指零件经过机械加工后的表面层状态。探讨和研究机械加工表面质量，掌握机械加工过程中各种工艺因素对表面质量的影响规律，对于保证和提高产品的质量具有十分重要的意义。

一、机械加工表面质量的含义

机械加工表面质量又称为表面完整性，其含义包括两个方面的内容：

1. 表面层的几何形状特征

表面层的几何形状特征如图 4-20 所示，主要由以下几部分组成：

（1）表面粗糙度　表面粗糙度是指加工表面上较小间距和峰谷所组成的微观几何形状特征，即加工表面的微观几何形状误差，其评定参数主要有轮廓算术平均偏差 Ra 或轮廓微观不平度十点平均高度 Rz。

（2）表面波度　表面波度是介于宏观形状误差与微观表面粗糙度之间的周期性形状误差，它主要是由机械加工过程中低频振动引起的，应作为工艺缺陷设法消除。

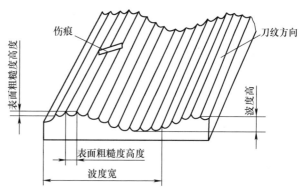

图 4-20　表面层几何特征的组成

（3）表面加工纹理　表面加工纹理是指表面切削加工刀纹的形状和方向，取决于表面形成过程中所采用的机加工方法及其切削运动的规律。

（4）伤痕　伤痕是指在加工表面个别位置上出现的缺陷，如砂眼、气孔、裂痕、划痕等，它们大多随机分布。

2. 表面层的物理力学性能

表面层的物理力学性能主要指以下三个方面的内容：

1）表面层的加工冷作硬化。

2）表面层金相组织的变化。

3）表面层的残余应力。

二、表面质量对零件使用性能的影响

1. 表面质量对零件耐磨性的影响

零件的耐磨性是零件的一项重要性能指标，当摩擦副的材料、润滑条件和加工精度确定之后，零件的表面质量对耐磨性将起着关键性的作用。由于零件表面存在着表面粗糙度，当两个零件的表面开始接触时，接触部分集中在其波峰的顶部，因此实际接触面积远远小于名义接触面积，并且表面粗糙度越大，实际接触面积越小。在外力作用下，波峰接触部分将产生很大的压应力。当两个零件做相对运动时，开始阶段由于接触面积小、压应力大，在接触处的波峰会产生较大的弹性变形、塑性变形及剪切变形，波峰很快被磨平，即使有润滑油存在，也会因为接触点处压应力过大，油膜被破坏而形成干摩擦，导致零件接触表面的磨损加剧。当然，并非表面粗糙度越小越好，如果表面粗糙度过小，接触表面间储存润滑油的能力变差，接触表面容易发生分子胶合、咬焊，同样也会造成磨损加剧。

表面层的冷作硬化可使表面层的硬度提高，增强表面层的接触刚度，从而降低接触处的弹性、塑性变形，使耐磨性有所提高。但如果硬化程度过大，表面层金属组织会变脆，出现微观裂纹，甚至会使金属表面组织剥落而加剧零件的磨损。

2. 表面质量对零件疲劳强度的影响

表面粗糙度对承受交变载荷的零件的疲劳强度影响很大。在交变载荷作用下，表面粗糙度波谷处容易引起应力集中，产生疲劳裂纹。并且表面粗糙度值越大，表面划痕越深，其抗疲劳破坏能力越差。

表面层残余压应力对零件的疲劳强度影响也很大。当表面层存在残余压应力时，能延缓疲劳裂纹的产生、扩展，提高零件的疲劳强度；当表面层存在残余拉应力时，零件则容易引起晶间破坏，产生表面裂纹而降低其疲劳强度。

表面层的加工硬化对零件的疲劳强度也有影响。适度的加工硬化能阻止已有裂纹的扩展和新裂纹的产生，提高零件的疲劳强度；但加工硬化过于严重会使零件表面组织变脆，容易出现裂纹，从而使疲劳强度降低。

3. 表面质量对零件耐腐蚀性能的影响

表面粗糙度对零件耐腐蚀性能的影响很大。零件表面粗糙度值越大，在波谷处越容易积聚腐蚀性介质而使零件发生化学腐蚀和电化学腐蚀。

表面层残余压应力对零件的耐腐蚀性能也有影响。残余压应力使表面组织致密，腐蚀性介质不易侵入，有助于提高表面的耐腐蚀能力；残余拉应力对零件耐腐蚀性能的影响则相反。

4. 表面质量对零件间配合性质的影响

相配零件间的配合性质是由过盈量或间隙量来决定的。在间隙配合中，如果零件配合表面的表面粗糙度值较大，则由于磨损迅速使得配合间隙增大，从而降低了配合质量，影响了配合的稳定性；在过盈配合中，如果表面粗糙度值较大，则装配时表面波峰被挤平，使得实际有效过盈量减少，降低了配合件的连接强度，影响了配合的可靠性。因此，对有配合要求的表面应规定较小的表面粗糙度值。

在过盈配合中，如果表面硬化严重，将可能造成表面层金属与内部金属脱落的现象，从而破坏配合性质和配合精度。表面层残余应力会引起零件变形，使零件的形状、尺寸发生改变，因此它也将影响配合性质和配合精度。

5. 表面质量对零件其他性能的影响

表面质量对零件的使用性能还有一些其他影响。如对间隙密封的液压缸、滑阀来说，减小表面粗糙度 Ra 可以减少泄漏，提高密封性能；较小的表面粗糙度值可使零件具有较高的接触刚度；对于滑动零件，减小表面粗糙度 Ra 能使摩擦因数降低，运动灵活性增高，减少发热和功率损失；表面层的残余应力会使零件在使用过程中继续变形，失去原有的精度，机器工作性能恶化等。

总之，提高加工表面质量，对于保证零件的性能、提高零件的使用寿命是十分重要的。

第七节　影响表面质量的工艺因素

一、影响机械加工表面粗糙度的因素及减小表面粗糙度值的工艺措施

1. 影响切削加工表面粗糙度的因素

在切削加工中，影响已加工表面粗糙度的因素主要包括几何因素、物理因素和加工中工艺系统的振动。下面以车削为例来说明。

（1）几何因素　切削加工时，表面粗糙度的值主要取决于切削面积的残留高度。下面

两式为车削时残留面积高度的计算公式：

当刀尖圆弧半径 $r_\varepsilon = 0$ 时，残留面积高度 H 为

$$H = \frac{f}{\cot\kappa_r + \cot\kappa'_r} \tag{4-6}$$

当刀尖圆弧 $r_\varepsilon > 0$ 时，残留面积高度 H 为

$$H = \frac{f^2}{8r_\varepsilon} \tag{4-7}$$

从以上两式可知，进给量 f、主偏角 κ_r、副偏角 κ'_r 和刀尖圆弧半径 r_ε 对切削加工表面粗糙度的影响较大。减小进给量 f、减小主偏角 κ_r 和副偏角 κ'_r、增大刀尖圆弧半径 r_ε，都能减小残留面积的高度 H，也就减小了零件的表面粗糙度值。

（2）物理因素　在切削加工过程中，刀具对工件的挤压和摩擦使金属材料发生塑性变形，引起原有的残留面积扭曲或沟纹加深，增大表面粗糙度值。当采用中等或中等偏低的切削速度切削塑性材料时，在前刀面上容易形成硬度很高的积屑瘤，它可以代替刀具进行切削，但状态极不稳定，积屑瘤生成、长大和脱落将严重影响加工表面的表面粗糙度。另外，在切削过程中由于切屑和刀具前面的强烈摩擦作用以及撕裂现象，还可能在加工表面上产生鳞刺，使加工表面的表面粗糙度值增大。

（3）动态因素——振动的影响　在加工过程中，工艺系统有时会发生振动，即在刀具与工件间出现的除切削运动之外的另一种周期性的相对运动。振动的出现会使加工表面出现波纹，增大加工表面的粗糙度值，强烈的振动还会使切削无法继续下去。

除上述因素外，造成已加工表面粗糙不平的原因还有被切屑拉毛和划伤等。

2. 减小表面粗糙度值的工艺措施

1）在精加工时，应选择较小的进给量 f、较小的主偏角 κ_r 和副偏角 κ'_r、较大的刀尖圆弧半径 r_ε，以获得较小的表面粗糙度值。

2）加工塑性材料时，采用较高的切削速度可防止积屑瘤的产生，减小表面粗糙度值。

3）根据工件材料、加工要求，合理选择刀具材料，有利于减小表面粗糙度值。

4）适当地增大刀具前角和刃倾角，提高刀具的刃磨质量，降低刀具前面、后面的表面粗糙度值均能降低工件加工表面的表面粗糙度值。

5）对工件材料进行适当的热处理，以细化晶粒，均匀晶粒组织，可减小表面粗糙度值。

6）选择合适的切削液，减小切削过程中的界面摩擦，降低切削区温度，减小切削变形，抑制鳞刺和积屑瘤的产生，可以大大减小表面粗糙度值。

二、影响表面物理力学性能的工艺因素

1. 表面层残余应力

外载荷去除后，仍残存在工件表层与基体材料交界处的相互平衡的应力称为残余应力。产生表面残余应力的原因主要有：

（1）冷态塑性变形引起的残余应力　切削加工时，加工表面在切削力的作用下产生强烈的塑性变形，表层金属的比容增大，体积膨胀，但受到与它相连的里层金属的阻止，从而

在表层产生了残余压应力，在里层产生了残余拉应力。当刀具在被加工表面上切除金属时，由于受刀具后面的挤压和摩擦作用，表层金属纤维被严重拉长，仍会受到里层金属的阻止，而在表层产生残余压应力，在里层产生残余拉应力。

（2）热态塑性变形引起的残余应力　切削加工时，大量的切削热会使加工表面产生热膨胀，由于基体金属的温度较低，会对表层金属的膨胀产生阻碍作用，因此表层产生热态压应力。当加工结束后，表层温度下降要进行冷却收缩，但受到基体金属阻止，从而在表层产生残余拉应力，里层产生残余压应力。

（3）金相组织变化引起的残余应力　如果在加工中工件表层温度超过金相组织的转变温度，则工件表层将产生组织转变，表层金属的比容将随之发生变化，而表层金属的这种比容变化必然会受到与之相连的基体金属的阻碍，从而在表层、里层产生互相平衡的残余应力。例如，在磨削淬火钢时，由于磨削热导致表层可能产生回火，表层金属组织将由马氏体转变成接近珠光体的屈氏体或索氏体，密度增大，比容减小，表层金属要产生相变收缩但会受到基体金属的阻止，而在表层金属产生残余拉应力，里层金属产生残余压应力。如果磨削时表层金属的温度超过相变温度，且冷却充分，表层金属将成为淬火马氏体，密度减小，比容增大，则表层将产生残余压应力，里层则产生残余拉应力。

2. 表面层加工硬化

（1）加工硬化的产生及衡量指标　机械加工过程中，工件表层金属在切削力的作用下产生强烈的塑性变形，金属的晶格扭曲，晶粒被拉长、纤维化甚至破碎而引起表层金属的强度和硬度增加，塑性降低，这种现象称为加工硬化（或冷作硬化）。另外，加工过程中产生的切削热会使得工件表层金属温度升高，当升高到一定程度时，会使得已强化的金属回复到正常状态，失去其在加工硬化中得到的物理力学性能，这种现象称为软化。因此，金属的加工硬化实际取决于硬化速度和软化速度的比率。

评定加工硬化的指标有下列三项：

1）表面层的显微硬度 HV。

2）硬化层深度 h（μm）。

3）硬化程度 N

$$N = \frac{HV - HV_0}{HV_0} \tag{4-8}$$

式中　HV_0——金属原来的显微硬度。

（2）影响加工硬化的因素

1）切削用量的影响。切削用量中进给量和切削速度对加工硬化的影响较大。增大进给量，切削力随之增大，表层金属的塑性变形程度增大，加工硬化程度增大；增大切削速度，刀具对工件的作用时间减少，塑性变形的扩展深度减小，故而硬化层深度减小。另外，增大切削速度会使切削区温度升高，有利于减少加工硬化。

2）刀具几何形状的影响。切削刃钝圆半径对加工硬化影响最大。实验证明，已加工表面的显微硬度随着切削刃钝圆半径的加大而增大，这是因为径向切削分力会随着切削刃钝圆半径的增大而增大，使得表层金属的塑性变形程度加剧，导致加工硬化增大。此外，刀具磨损会使得刀具后面与工件间的摩擦加剧，表层的塑性变形增加，导致表面冷作硬化加大。

3）加工材料性能的影响。工件的硬度越低、塑性越好，加工时塑性变形越大，冷作硬化越严重。

第八节 控制表面质量的工艺途径

随着科学技术的发展，对零件的表面质量的要求已越来越高。为了获得合格零件，保证机器的使用性能，人们一直在研究控制和提高零件表面质量的途径。提高表面质量的工艺途径大致可以分为两类：一类是用低效率、高成本的加工方法，寻求各工艺参数的优化组合，以减小表面粗糙度值；另一类是着重改善工件表面的物理力学性能，以提高其表面质量。

一、减小表面粗糙度值的加工方法

1. 超精密切削和小表面粗糙度值磨削加工

（1）超精密切削加工 超精密切削是指表面粗糙度 Ra 为 $0.04\mu m$ 以下的切削加工方法。超精密切削加工最关键的问题在于要在最后一道工序切削 $0.1\mu m$ 的微薄表面层，这就既要求刀具极其锋利，刀具钝圆半径为纳米级尺寸，又要求这样的刀具有足够的寿命，以维持其锋利。目前只有金刚石刀具才能达到要求。超精密切削时，进给量要小，切削速度要非常高，才能保证工件表面上的残留面积小，从而获得极小的表面粗糙度值。

（2）小表面粗糙度值磨削加工 为了简化工艺过程，缩短工序周期，有时用小表面粗糙度值磨削替代光整加工。小表面粗糙度值磨削除要求设备精度高外，磨削用量的选择最为重要。在选择磨削用量时，参数之间往往会相互矛盾和排斥。例如，为了减小表面粗糙度值，砂轮应修整得细一些，但如此却可能引起磨削烧伤；为了避免烧伤，应将工件转速加快，但这样又会增大表面粗糙度值，而且容易引起振动；采用小磨削用量有利于提高工件表面质量，但会降低生产效率而增加生产成本；而且工件材料不同其磨削性能也不一样，一般很难凭手册确定磨削用量，要通过试验不断调整参数，因而表面质量较难准确控制。近年来，国内外对磨削用量最优化作了不少研究，分析了磨削用量与磨削力、磨削热之间的关系，并用图表表示各参数的最佳组合，加上计算机的运用，通过指令进行过程控制，使得小表面粗糙度值磨削逐步达到了应有的效果。

2. 采用超精密加工、珩磨、研磨等方法作为最终工序加工

超精密加工、珩磨等都是利用磨条以一定压力压在加工表面上，并做相对运动以减小表面粗糙度值和提高精度的方法，一般用于表面粗糙度 Ra 为 $0.4\mu m$ 以下的表面加工。该加工工艺由于切削速度低、压强小，所以发热少，不易引起热损伤，并能产生残余压应力，有利于提高零件的使用性能；而且加工工艺依靠自身定位，设备简单，精度要求不高，成本较低，容易实行多工位、多机床操作，生产效率高，因而在大批大量生产中应用广泛。

（1）珩磨 珩磨是利用珩磨工具对工件表面施加一定的压力，同时珩磨工具还要相对工件完成旋转和直线往复运动，以去除工件表面的凸峰的一种加工方法。珩磨后工件圆度和圆柱度公差一般可控制在 $0.003\sim0.005mm$，尺寸的公差等级可达 IT5～IT6，表面粗糙度 Ra 在 $0.025\sim0.2\mu m$ 之间。

珩磨工作原理如图 4-21 所示，它是利用安装在珩磨头圆周上的若干条细粒度油石，由涨开机构将油石沿径向涨开，使其压向工件孔壁形成一定的接触面，同时珩磨头作回转和轴

向往复运动以实现对孔的低速磨削。油石上的磨粒在工件表面上留下的切削痕迹为交叉的且不重复的网纹，有利于润滑油的储存和油膜的保持。

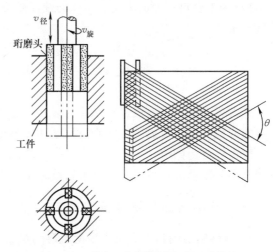

由于珩磨头和机床主轴是浮动连接，因此机床主轴回转运动误差对工件的加工精度没有影响。因为珩磨头的轴线往复运动是以孔壁作导向的，即是按孔的轴线进行运动的，故在珩磨时不能修正孔的位置偏差，工件孔轴线的位置精度必须由前一道工序来保证。

珩磨时，虽然珩磨头的转速较低，但其往复速度较高，参与磨削的磨粒数量大，因此能很快地去除金属，为了及时排出切屑和

图 4-21　珩磨工作原理及磨粒运动轨迹

冷却工件，必须进行充分冷却润滑。珩磨生产效率高，可用于加工铸铁、淬硬或不淬硬钢，但不宜加工易堵塞油石的韧性金属。

（2）超精加工　超精加工是用细粒度油石，在较低的压力和良好的冷却润滑条件下，以快而短促的往复运动，对低速旋转的工件进行振动研磨的一种微量磨削加工方法。

超精加工的工作原理如图 4-22 所示，加工时有三种运动，即工件的低速回转运动、磨头的轴向进给运动和油石的往复振动。三种运动的合成使磨粒在工件表面上形成不重复的轨迹。超精加工的切削过程与磨削、研磨不同，当工件粗糙表面被磨去之后，接触面积大大增加，压强极小，工件与油石之间形成油膜，二者不再直接接触，油石能自动停止切削。

超精加工的加工余量一般为 $3 \sim 10 \mu m$，所以它难以修正工件的尺寸误差及形状误差，也不能提高表面间的相互位置精度，但可以降低表面粗糙度值，能得到表面粗糙度 Ra 为 $0.01 \sim 0.1 \mu m$ 的表面。目前，超精加工能加工各种不同材料，如钢、铸铁、黄铜、铝、陶瓷、玻璃及花岗岩等，能加工外圆、内孔、平面及特殊轮廓表面，广泛用于对曲轴、凸轮轴、刀具、轧辊、轴承、精密量仪及电子仪器等精密零件的加工。

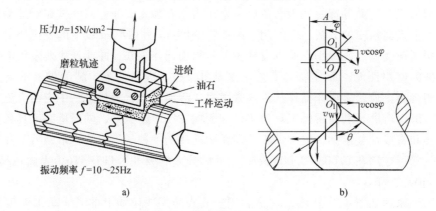

a)　　　　　　　　　　　　b)

图 4-22　超精加工的工作原理

（3）研磨　研磨是利用研磨工具和工件的相对运动，在研磨剂的作用下，对工件表面进行光整加工的一种加工方法。研磨可采用专用的设备进行加工，也可采用简单的工具，如研磨心棒、研磨套、研磨平板等对工件表面进行手工研磨。研磨可提高工件的形状精度及尺寸精度，但不能提高表面位置精度，研磨后工件的尺寸精度可达 0.001mm，表面粗糙度 Ra 可达 $0.006\sim0.025\mu\text{m}$。

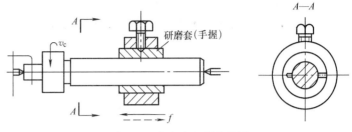

图 4-23　在车床上研磨外圆

现以手工研磨外圆为例说明研磨的工作原理，如图 4-23 所示，工件支承在机床两顶尖之间低速旋转，研具套在工件上，在研具与工件之间加入研磨剂，然后用手推动研具做轴向往复运动实现对工件的研磨。研磨外圆所用的研具如图 4-24 所示，其中图 a 为粗研套，孔内有油槽可存研磨剂；图 b 为精研套，孔内无油槽。

研磨的适用范围广，既可加工金属，又可加工非金属，如光学玻璃、陶瓷、半导体、塑料等；一般说来，刚玉磨料适用于对碳素工具钢、合金工具钢、高速钢及铸铁的研磨，碳化硅磨料和金刚石磨料适用于对硬质合金、硬铬等高硬度材料的研磨。

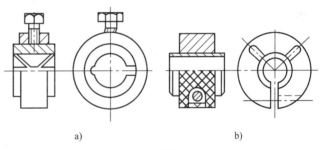

a)　　　　　　　　　b)

图 4-24　外圆研具

（4）抛光　抛光是在布轮、布盘等软性器具涂上抛光膏，利用抛光器具的高速旋转，依靠抛光膏的机械刮擦和化学作用去除工件表面粗糙度的凸峰，使表面光泽的一种加工方法。抛光一般不去除加工余量，因而不能提高工件的精度，有时可能还会损坏已获得的精度；抛光也不可能减小零件的形状和位置误差。工件表面经抛光后，表面层的残余拉应力会有所减少。

二、改善表面物理力学性能的加工方法

如前所述，表面层的物理力学性能对零件的使用性能及寿命影响很大，如果在最终工序中不能保证零件表面获得预期的表面质量要求，则应在工艺过程中增设表面强化工序来保证零件的表面质量。表面强化工艺包括化学处理、电镀和表面机械强化等几种。这里仅讨论机械强化工艺问题。机械强化是指通过对工件表面进行冷挤压加工，使零件表面层金属发生冷态塑性变形，从而提高其表面硬度并在表面层产生残余压应力的无屑光整加工方法。采用表面强化工艺还可以降低零件的表面粗糙度值。这种方法工艺简单、成本低，在生产中应用十分广泛，用得最多的是喷丸强化和滚压加工。

1. 喷丸强化

喷丸强化是利用压缩空气或离心力将大量直径为 $0.4\sim4\text{mm}$ 的珠丸高速打击零件表面，使其产生冷硬层和残余压应力，可显著提高零件的疲劳强度。珠丸可以采用铸铁、砂石以及

钢铁制造。所用设备是压缩空气喷丸装置或机械离心式喷丸装置，这些装置使珠丸能以 35～50mm/s 的速度喷出。喷丸强化工艺可用来加工各种形状的零件，加工后零件表面的硬化层深度可达 0.7mm，表面粗糙度值 Ra 可由 3.2μm 减小到 0.4μm，使用寿命可提高几倍甚至几十倍。

2. 滚压加工

滚压加工是在常温下通过淬硬的滚压工具（滚轮或滚珠）对工件表面施加压力，使其产生塑性变形，将工件表面上原有的波峰填充到相邻的波谷中，从而减小了表面粗糙度值，并在其表面产生了冷硬层和残余压应力，使零件的承载能力和疲劳强度得以提高。滚压加工可使表面粗糙度 Ra 值从 1.25～5μm 减小到 0.63～0.8μm，表面层硬度一般可提高 20%～40%，表面层金属的耐疲劳强度可提高 30%～50%。滚压用的滚轮常用碳素工具钢 T12A 或者合金工具钢 CrWMn、Cr12、CrNiMn 等材料制造，淬火硬度在 62～64HRC；或用硬质合金 YG6、YT15 等制成；其形面在装配前需经过粗磨，装上滚压工具后再进行精磨。图 4-25 所示为典型滚压加工示意图，图 4-26 所示为外圆滚压工具。

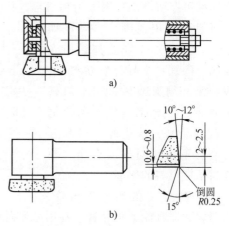

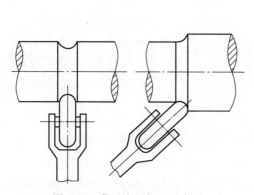

图 4-25　典型滚压加工示意图

图 4-26　外圆滚压工具
a）弹性滚压工具　b）刚性滚压工具

3. 金刚石压光

金刚石压光是一种用金刚石挤压加工表面的新工艺，国外已在精密仪器制造业中得到较广泛的应用。压光后的零件表面粗糙度 Ra 可达 0.02～0.4μm，耐磨性比磨削后的提高 1.5～3 倍，但比研磨后的低 20%～40%，而生产率却比研磨高得多。金刚石压光用的机床必须是高精度机床，它要求机床刚性好、抗振性好，以免损坏金刚石。此外，它还要求机床主轴精度高，径向跳动和轴向窜动在 0.01mm 以内，主轴转速能在 2500～6000r/min 的范围内无级调速。机床主轴运动与进给运动应分离，以保证压光的表面质量。

4. 液体磨料强化

液体磨料强化是利用液体和磨料的混合物高速喷射到已加工表面，以强化工件表面，提高工件的耐磨性、抗蚀性和疲劳强度的一种工艺方法。如图 4-27 所示，液体和磨料在 400～800Pa 压力下，经过喷嘴高速喷出，射向工件表面，借磨粒的冲击作用碾压加工表面，工件表面产生塑性变形，变形层仅为几十微米。加工后的工件表面具有残余压应力，提高了工件的耐磨性、耐蚀性和疲劳强度。

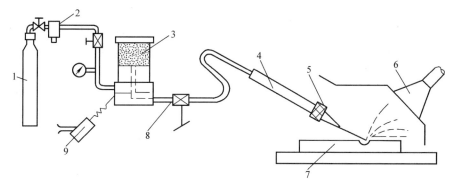

图 4-27　液体磨料喷射加工原理图

1—压气瓶　2—过滤器　3—磨料室　4—导管　5—喷嘴

6—集收器　7—工件　8—控制阀　9—振动器

第九节　机械加工振动对表面质量的影响及其控制

一、机械振动现象及分类

1. 机械振动现象及其对表面质量的影响

在机械加工过程中，工艺系统有时会发生振动（人为地利用振动来进行加工服务的振动车削、振动磨削、振动时效及超声波加工等除外），即在刀具的切削刃与工件上正在切削的表面之间，除了名义上的切削运动之外，还会出现一种周期性的相对运动。这是一种破坏正常切削运动的、极其有害的现象，主要表现在：

1）振动使工艺系统的各种成形运动受到干扰和破坏，使加工表面出现振纹，增大表面粗糙度值，恶化加工表面质量。

2）振动还可能引起切削刃崩裂，引起机床、夹具连接部分松动，缩短刀具及机床、夹具的使用寿命。

3）振动限制了切削用量的进一步提高，降低切削加工的生产效率，严重时甚至还会使切削加工无法继续进行。

4）振动所发出的噪声会污染环境，有害工人的身心健康。

研究机械加工过程中振动产生的机理，探讨如何提高工艺系统的抗振性和消除振动的措施，一直是机械加工工艺学的重要课题之一。

2. 机械振动的基本类型

机械加工过程的振动有三种基本类型：

（1）强迫振动　强迫振动是指在外界周期性变化的干扰力作用下产生的振动。磨削加工中主要会产生强迫振动。

（2）自激振动　自激振动是指切削过程本身引起切削力周期性变化而产生的振动。切削加工中主要会产生自激振动。

（3）自由振动　自由振动是指由于切削力突然变化或其他外界偶然原因引起的振动。自由振动的频率就是系统的固有频率，由于工艺系统的阻尼作用，这类振动会在外界干扰力去除后迅速自行衰减,对加工过程影响较小。

机械加工过程中振动主要是强迫振动和自激振动。据统计,强迫振动约占30%,自激振动约占65%,自由振动所占比重则很小。

二、机械加工中的强迫振动及其控制

1. 机械加工过程中产生强迫振动的原因

机械加工过程中产生的强迫振动,其原因可从机床、刀具和工件三方面去分析。

(1)机床方面 机床中某些传动零件的制造精度不高,会使机床产生不均匀运动而引起振动。例如齿轮的周节误差和周节累积误差,会使齿轮传动的运动不均匀,从而使整个部件产生振动。主轴与轴承之间的间隙过大,主轴轴颈的圆度、轴承制造精度不够,都会引起主轴箱以及整个机床的振动。另外,平带接头太粗而使平带传动的转速不均匀,也会产生振动。机床往复机构中的转向和冲击也会引起振动。至于某些零件的缺陷,使机床产生振动则更是明显。

(2)刀具方面 多刃、多齿刀具如铣刀、拉刀和滚刀等,切削时由于刃口高度的误差或因断续切削引起的冲击,容易产生振动。

(3)工件方面 被切削的工件表面上有断续表面或表面余量不均、硬度不一致,都会在加工中产生振动。如车削或磨削有键槽的外圆表面就会产生强迫振动。

工艺系统外部也有许多原因造成切削加工中的振动,例如一台精密磨床和一台重型机床相邻,这台磨床就有可能受重型机床工作的影响而产生振动,影响其加工表面的粗糙度。

2. 强迫振动的特点

1)强迫振动的稳态过程是谐振,只要干扰力存在,振动就不会被阻尼衰减掉,去除干扰力,振动就停止。

2)强迫振动的频率等于干扰力的频率。

3)阻尼越小,振幅越大,谐波响应轨迹的范围越大;增加阻尼,能有效地减小振幅。

4)在共振区,较小的频率变化会引起较大的振幅和相位角的变化。

3. 消除强迫振动的途径

强迫振动是由于外界干扰力引起的,因此必须对振动系统进行测振试验,找出振源,然后采取适当措施加以控制。消除和抑制强迫振动的主要措施有:

(1)改进机床传动结构,进行消振与隔振 消除强迫振动最有效的办法是找出外界的干扰力(振源)并去除它。如果不能去除,则可以采用隔绝的方法,如机床采用厚橡皮或木材等将机床与地基隔离,就可以隔绝相邻机床的振动影响。精密机械、仪器采用空气垫等也是很有效的隔振措施。

(2)消除回转零件的不平衡 机床和其他机械的振动,大多数是由于回转零件的不平衡所引起,因此对于高速回转的零件要注意其平衡问题,在可能条件下,最好能做动平衡。

(3)提高传动件的制造精度 传动件的制造精度会影响传动的平衡性,引起振动。在齿轮啮合、滚动轴承以及带传动等传动中,减少振动的途径主要是提高制造精度和装配质量。

(4)提高系统刚度,增加阻尼 提高机床、工件、刀具和夹具的刚度都会增加系统的抗振性。增加阻尼是一种减小振动的有效办法,在结构设计上应该考虑到,但也可以采用附加高阻尼板材的方法以达到减小振动的效果。

（5）合理安排固有频率，避开共振区　根据强迫振动的特性，一方面是改变激振力的频率，使它避开系统的固有频率；另一方面是在结构设计时，使工艺系统各部件的固有频率远离共振区。

三、机械加工中的自激振动及其控制

1. 自激振动产生的机理

机械加工过程中，还常常出现一种与强迫振动完全不同形式的强烈振动，这种振动是当系统受到外界或本身某些偶然的瞬时干扰力作用而触发自由振动后，由振动过程本身的某种原因使得切削力产生周期性变化，又由这个周期性变化的动态力反过来加强和维持振动，使振动系统补充了由阻尼作用消耗的能量，这种类型的振动被称为自激振动。切削过程中产生的自激振动是频率较高的强烈振动，通常又称为颤振。自激振动常常是影响加工表面质量和限制机床生产率提高的主要障碍。磨削过程中，砂轮磨钝以后产生的振动也往往是自激振动。

为了解释切削过程中的自激振动现象，现以电铃的工作原理加以说明。图 4-28 所示的电铃系统中，电池 1 为能源。按下按钮 2 时，电流通过触点 3—弹簧片 7—电磁铁 5 与电池构成回路。电磁铁产生磁力吸引衔铁 4，带动小锤 6。而当弹簧片被吸引时，触点 3 处断电，电磁铁失去磁性，小锤靠弹簧片弹回至原处，于是重复刚才所述的过程。这个过程显然不存在外来周期性干扰，而是由系统内部的调节元件产生交变力，由这种交变力产生并维持振动，这就是自激振动。

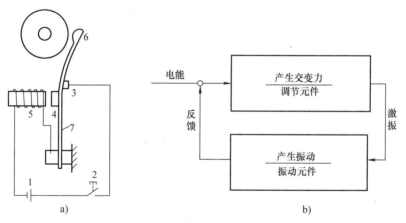

图 4-28　电铃的自激振动原理

a) 电铃的自激振动　b) 电铃的自激振动系统

1—电池　2—按钮　3—触点　4—衔铁　5—电磁铁　6—小锤　7—弹簧片

金属切削过程中自激振动的原理如图 4-29 所示，它也有两个基本部分：切削过程产生的交变力 ΔP 激励工艺系统，工艺系统产生振动位移 ΔY 再反馈给切削过程。维持振动的能量来源于机床的能量。

2. 自激振动的特点

自激振动的特点可简要地归纳如下：

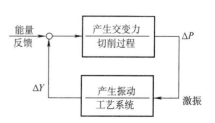

图 4-29　机床自激振动系统

1）自激振动是一种不衰减的振动。振动过程本身能引起某种力周期地变化，振动系统能通过这种力的变化，从不具备交变特性的能源中周期性地获得能量补充，从而维持这个振动。外部的干扰有可能在最初触发振动时起作用，但是它不是产生这种振动的直接原因。

2）自激振动的频率等于或接近于系统的固有频率，也就是说，由振动系统本身的参数所决定，这是与强迫振动的显著差别。

3）自激振动能否产生以及振幅的大小，取决于每一振动周期内系统所获得的能量与所消耗的能量的对比情况。当振幅为某一数值时，如果所获得的能量大于所消耗的能量，则振幅将不断增大；相反，如果所获得的能量小于所消耗的能量，则振幅将不断减小，振幅一直增加或减小到所获得的能量等于所消耗的能量时为止。当振幅在任何数值时获得的能量都小于消耗的能量，则自激振动根本就不可能产生。

4）自激振动的形成和持续，是由于过程本身产生的激振和反馈作用，所以若停止切削或磨削过程，即使机床仍继续空运转，自激振动也就停止了，这也是与强迫振动的区别之处，所以可以通过切削或磨削试验来研究工艺系统或机床的自激振动，同时也可以通过改变对切削或磨削过程有影响的工艺参数，如切削或磨削用量，来控制切削或磨削过程，从而限制自激振动的产生。

3. 消除自激振动的途径

由通过试验研究和生产实践产生的关于自激振动的几种学说可知，自激振动与切削过程本身有关，与工艺系统的结构性能也有关，因此控制自激振动的基本途径是减小和抵抗激振力的问题，具体说来可以采取以下一些有效的措施：

（1）合理选择与切削过程有关的参数　自激振动的形成是与切削过程本身密切相关的，所以可以通过合理地选择切削用量、刀具几何角度和工件材料的可切削性等途径来抑制自激振动。

1）合理选择切削用量。如车削中，切削速度 v_c 在 $20 \sim 60 \text{m/min}$ 范围内，自激振动振幅增加很快，而当 v 超过此范围以后，则振动又逐渐减弱了，通常切削速度 v_c 在 $50 \sim 60 \text{m/min}$ 左右时切削稳定性最低，最容易产生自激振动，所以可以选择高速或低速切削以避免自激振动。关于进给量 f，通常当 f 较小时振幅较大，随着 f 的增大振幅反而会减小，所以可以在表面粗糙度要求许可的前提下选取较大的进给量以避免自激振动。背吃刀量 a_p 越大，切削力越大，越易产生振动。

2）合理选择刀具的几何参数。适当地增大前角 γ_o、主偏角 κ_c，能减小切削力而减小振动。后角 α_o 可尽量取小，但精加工中由于背吃刀量 a_p 较小，切削刃不容易切入工件，而且 α_o 过小时，刀具后面与加工表面间的摩擦可能过大，这样反而容易引起自激振动。通常在刀具的主后面下磨出一段 α_o 角为负值的窄棱面，如图4-30就是一种很好的防振车刀。另外，实际生产中还往往用油石使新刃磨的刃口稍稍钝化，也很有效。关于刀尖圆弧半径，它本来就和加工表面粗糙度有关，对加工中的振动而言，一般不要取得太大，如车削

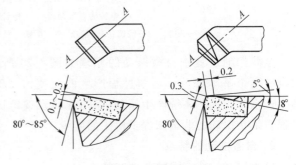

图4-30　防振车刀

中当刀尖圆弧半径与背吃刀量近似相等时，则切削力就很大，容易振动。车削时装刀位置过低或镗孔时装刀位置过高，都易于产生自激振动。

使用"油"性非常高的润滑剂也是加工中经常使用的一种防振办法。

（2）提高工艺系统本身的抗振性

1）提高机床的抗振性。机床的抗振性能往往占主导地位，可以从改善机床的刚性、合理安排各部件的固有频率、增大阻尼以及提高加工和装配的质量等来提高其抗振性。图4-31就是具有显著阻尼特性的薄壁封砂结构床身。

2）提高刀具的抗振性。通过刀杆等的惯性矩、弹性模量和阻尼系数，使刀具具有高的弯曲与扭转刚度、高的阻尼系数，例如，硬质合金虽有高弹性模量，但阻尼性能较差，因此可以和钢组合使用，以发挥钢和硬质合金两者的优点。

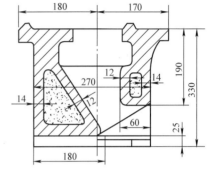

图 4-31 薄壁封砂床身

3）提高工件安装时的刚性。主要是提高工件的弯曲刚度，如细长轴的车削中，可以使用中心架、跟刀架，当用拨盘传动销拨动夹头传动时，要保持切削中传动销和夹头不发生脱离等。

（3）使用消振器装置 图4-32所示是车床上使用的冲击消振器，图中5是消振器座，螺钉1上套有质量块4、弹簧3和套2，当车刀发生强烈振动时，质量块4就在消振器座5和螺钉1的头部之间做往复运动，产生冲击，吸收能量。图4-33所示是镗孔用的冲击消振器，图中4为镗杆，5为镗刀，1为工件，2为冲击块（消振质量），3为塞盖。冲击块安置在镗杆的空腔中，它与空腔间保持0.05～0.10mm的间隙。当镗杆发生振动时，冲击块将不断撞击镗杆吸收振动能量，因此能消除振动。这些消振装置经生产使用证明，都具有相当好的抑振效果，并且可以在一定范围内调整，所以使用上也较方便。

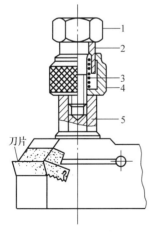

图 4-32 车床上用冲击消振器

1—螺钉 2—套 3—弹簧 4—质量块 5—消振器座

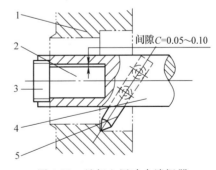

图 4-33 镗杆上用冲击消振器

1—工件 2—冲击块 3—塞盖 4—镗杆 5—镗刀

图4-34所示为一利用多层弹簧片间的相互摩擦来消除振动的干摩擦阻尼装置。图4-35所示为一利用液体流动阻力的阻尼作用消除振动的液体阻尼装置。

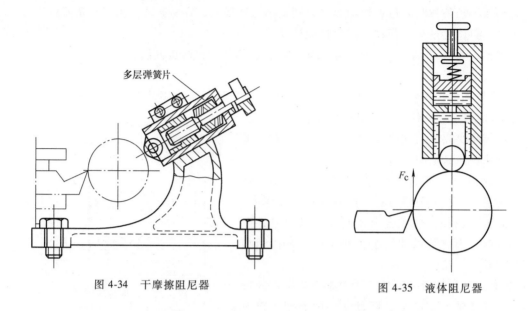

图 4-34　干摩擦阻尼器　　　　　　　　　图 4-35　液体阻尼器

第十节　磨削的表面质量及其分析

一、磨削加工的特点

磨削精度高，通常作为终加工工序，但磨削过程比切削复杂。磨削加工采用的工具是砂轮。磨削时，虽然单位加工面积上磨粒很多，本应表面粗糙度值很小，但在实际加工中，由于磨粒在砂轮上分布不均匀，磨粒切削刃钝圆半径较大，并且大多数磨粒是负前角，很不锋利。加工表面是在大量磨粒的滑擦、耕犁和切削的综合作用下形成的，磨粒将加工表面刻划出无数细微的沟槽，并伴随着塑性变形，形成粗糙表面。同时，磨削速度高，通常 $v_{砂} = 40 \sim 50\text{m/s}$，目前甚至高达 $v_{砂} = 80 \sim 200\text{m/s}$，因而磨削温度很高，磨削时产生的高温会加剧加工表面的塑性变形，从而更加增大了加工表面的表面粗糙度值；有时磨削点附近的瞬时温度可高达 $800 \sim 1000\text{°C}$，这样的高温会使加工表面金相组织发生变化，引起烧伤和裂纹。另外，磨削的径向切削力大，会引起机床发生振动和弹性变形。

二、影响磨削加工表面粗糙度的因素

影响磨削加工表面粗糙度的因素有很多，主要的有：

（1）砂轮的影响　砂轮的粒度越细，单位面积上的磨粒数越多，在磨削表面的刻痕越细，表面粗糙度值越小；但若粒度太细，加工时砂轮易被堵塞反而会使表面粗糙度值增大，还容易产生波纹和引起烧伤。砂轮的硬度应大小合适，其半钝化期越长越好；砂轮的硬度太高，磨削时磨粒不易脱落，使加工表面受到的摩擦、挤压作用加剧，从而增加了塑性变形，使得表面粗糙度值增大，还易引起烧伤；但砂轮太软，磨粒太易脱落，会使磨削作用减弱，导致表面粗糙度值增大，所以要选择合适的砂轮硬度。砂轮的修整质量越高，砂轮表面的切削微刃数越多、各切削微刃的等高性越好，磨削表面的表面粗糙度值越小。

（2）磨削用量的影响　增大砂轮速度，单位时间内通过加工表面的磨粒数增多，每颗磨粒磨去的金属厚度减少，工件表面的残留面积减少；同时提高砂轮速度还能减少工件材料的塑性变形，这些都可使加工表面的表面粗糙度值降低。降低工件速度，单位时间内通过加工表面的磨粒数增多，表面粗糙度值减小；但工件速度太低，工件与砂轮的接触时间长，传到工件上的热量增多，反而会增大表面粗糙度值，还可能造成表面烧伤。增大磨削深度和纵向进给量，工件的塑性变形增大，会导致表面粗糙度值增大。径向进给量增加，磨削过程中磨削力和磨削温度都会增加，磨削表面塑性变形程度增大，从而会增大表面粗糙度值。为在保证加工质量的前提下提高磨削效率，可将表面要求较高的粗磨和精磨分开进行，粗磨时采用较大的径向进给量，精磨时采用较小的径向进给量，最后进行无进给磨削，以获得表面粗糙度值很小的表面。

（3）工件材料　工件材料的硬度、塑性及导热性等对表面粗糙度的影响较大。塑性大的软材料容易堵塞砂轮，导热性差的耐热合金容易使磨料早期崩落，都会导致磨削表面粗糙度值增大。

另外，由于磨削温度高，合理使用切削液既可以降低磨削区的温度、减少烧伤，还可以冲去脱落的磨粒和切屑，避免划伤工件，从而降低表面粗糙度值。

三、磨削表面层的残余应力——磨削裂纹问题

磨削加工比切削加工的表面残余应力更为复杂。一方面，磨粒切削刃为负前角，法向切削力一般为切向切削力的 $2\sim3$ 倍，磨粒对加工表面的作用引起冷塑性变形，产生压应力；另一方面，磨削温度高，磨削热量很大，容易引起热塑性变形，表面出现拉应力。当残余拉应力超过工件材料的强度极限时，工件表面就会出现磨削裂纹。磨削裂纹有的在外表层，有的在内层下；裂纹方向常与磨削方向垂直，或呈网状；裂纹常与烧伤同一出现。

磨削用量是影响磨削裂纹的首要因素，磨削深度和纵向进给量大，则塑性变形大，切削温度高，拉应力过大，可能产生裂纹。此外，工件材料含碳量高者易裂纹。磨削裂纹还与淬火方式、淬火速度及操作方法等热处理工序有关。

为了消除和减少磨削裂纹，必须合理选择工件材料，合理选择砂轮；正确制订热处理工艺；逐渐减小切除量；积极改善散热条件，加强冷却效果，设法降低切削热。

四、磨削表面层金相组织变化——磨削烧伤问题

1. 磨削表面层金相组织变化与磨削烧伤

机械加工过程中产生的切削热会使得工件的加工表面产生剧烈的温升，当温度超过工件材料金相组织变化的临界温度时，将发生金相组织转变。在磨削加工中，由于多数磨粒为负前角切削，磨削温度很高，产生的热量远远高于切削时的热量，而且磨削热有 $60\%\sim80\%$ 传给工件，所以极容易出现金相组织的转变，使得表面层金属的硬度和强度下降，产生残余应力甚至引起显微裂纹，这种现象称为磨削烧伤。产生磨削烧伤时，加工表面常会出现黄、褐、紫、青等烧伤色，这是磨削表面在瞬时高温下的氧化下膜颜色。不同的烧伤色，表明工件表面受到的烧伤程度不同。

磨削淬火钢时，工件表面层由于受到瞬时高温的作用，将可能产生以下三种金相组织变化：

1）如果磨削表面层温度未超过相变温度，但超过了马氏体的转变温度，这时马氏体将转变成为硬度较低的回火屈氏体或索氏体，这叫回火烧伤。

2）如果磨削表面层温度超过相变温度，则马氏体转变为奥氏体，这时若无切削液，则磨削表面硬度急剧下降，表层被退火，这种现象称为退火烧伤。干磨时很容易产生这种现象。

3）如果磨削表面层温度超过相变温度，但有充分的切削液对其进行冷却，则磨削表面层将急冷形成二次淬火马氏体，硬度比回火马氏体高，不过该表面层很薄，只有几微米厚，其下为硬度较低的回火索氏体和屈氏体，使表面层总的硬度仍然降低，称为淬火烧伤。

2. 磨削烧伤的改善措施

影响磨削烧伤的因素主要是磨削用量、砂轮、工件材料和冷却条件。由于磨削热是造成磨削烧伤的根本原因，因此要避免磨削烧伤，就应尽可能减少磨削时产生的热量及尽量减少传入工件的热量。具体可采用下列措施：

1）合理选择磨削用量。不能采用太大的磨削深度，因为当磨削深度增加时，工件的塑性变形会随之增加，工件表面及里层的温度都将升高，烧伤亦会增加；工件速度增加，磨削区表面温度会增高，但由于热作用时间减少，因而可减轻烧伤。

2）工件材料。工件材料对磨削区温度的影响主要取决于它的硬度、强度、韧性和热导率。工件材料硬度、强度越高，韧性越大，磨削时耗功越多，产生的热量越多，越易产生烧伤；导热性较差的材料，在磨削时也容易出现烧伤。

3）砂轮的选择。硬度太高的砂轮，钝化后的磨粒不易脱落，容易产生烧伤，因此用软砂轮较好；选用粗粒度砂轮磨削，砂轮不易被磨削堵塞，可减少烧伤；结合剂对磨削烧伤也有很大影响，树脂结合剂比陶瓷结合剂容易产生烧伤，橡胶结合剂比树脂结合剂更易产生烧伤。

4）冷却条件。为降低磨削区的温度，在磨削时广泛采用切削液冷却。为了使切削液能喷注到工件表面上，通常增加切削液的流量和压力并采用特殊喷嘴，图4-36所示为采用高压大流量切削液，并在砂轮上安装带有空气挡板的切削液喷嘴，这样既可加强冷却作用，又能减轻高速旋转砂轮表面的高压附着作用，使切削液顺利地喷注到磨削区。此外，还可采用多孔砂轮、内冷却砂轮和浸油砂轮，图4-37所示为一内冷却砂轮结构，切削液被引入砂轮

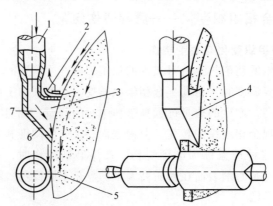

图 4-36　带有空气挡板的切削液喷嘴

1—液流导管　2—可调气流挡板　3—空腔区　4—喷嘴罩　5—磨削区　6—排液区　7—液嘴

的中心腔内，由于离心力的作用，切削液再经过砂轮内部的孔隙从砂轮四周的边缘甩出，这样切削液即可直接进入磨削区，发挥有效的冷却作用。

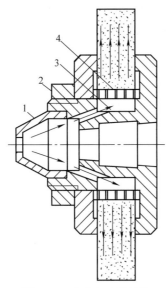

图 4-37 内冷却砂轮结构

1—锥形盖 2—切削液通孔 3—砂轮中心腔 4—有径向小孔的薄壁套

思考题与习题

4-1 试说明加工误差、加工精度的概念以及它们之间的区别。

4-2 主轴回转运动误差取决于什么？它可分为哪几种基本形式？产生的原因是什么？对加工精度的影响如何？

4-3 车床床身导轨在垂直平面内及水平面内的直线度误差对车削轴类零件的加工误差有何影响？程度有何不同？

4-4 在车床上加工一批工件的孔，经测量实际尺寸小于要求的尺寸而需返修的工件占 22.4%，大于要求的尺寸而不能返修的工件占 1.4%。若孔的直径公差 $T = 0.2\text{mm}$，整批工件尺寸服从正态分布，试确定该工序的标准偏差 σ，并判断车刀的调整误差是多少？

4-5 举例说明工艺系统受力变形对加工精度产生的影响。

4-6 试分析在车床上镗圆锥孔或车外圆锥体，由于安装刀具时刀尖高于或低于工件轴线，将会产生什么样的误差？

4-7 在外圆磨床上加工工件，如图 4-38 所示，若 $n_1 = 2n_2$，且只考虑主轴回转误差的影响。试分析在图中给定的两种情况下，磨削出来的工件其外圆应是什么形状？为什么？

4-8 如图 4-39 所示，当龙门刨床床身导轨不直，且（1）当工件刚度很差时；（2）当工件刚度很大时，加工后的工件会各成什么形状？

4-9 机械加工表面质量包括哪些内容？它们对产品的使用性能有何影响？

4-10 为何机器上许多静止连接的接触表面往往要求较小的表面粗糙度值，而相对运动的表面却不能对表面粗糙度值要求过小？

4-11 表面粗糙度与加工公差等级有什么关系？试举例说明机器零件的表面粗糙度对其使用寿命及工作精度的影响。

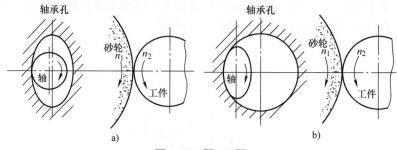

图 4-38　题 4-7 图

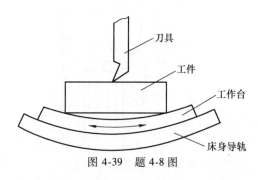

图 4-39　题 4-8 图

4-12　车削一铸铁零件的外圆表面，若进给量 $f = 0.5mm/r$，车刀刀尖圆弧半径 $r = 4mm$，试计算能达到的表面粗糙度值为多少？

4-13　高速精镗内孔时，采用锋利的尖刀，刀具的主偏角 $\kappa_r = 45°$，副偏角 $\kappa'_r = 20°$，要求加工表面的 $Ra = 0.8\mu m$。试求：

（1）当不考虑工件材料塑性变形对表面粗糙度的影响时，计算应采用的进给量为多少？

（2）分析实际加工表面的表面粗糙度值与计算所得的结果是否会相同？为什么？

4-14　工件材料为 15 钢，经磨削加工后要求表面粗糙度 Ra 达 $0.04\mu m$，是否合理？若要满足加工要求，应采取什么措施？

4-15　为什么非铁金属用磨削加工得不到低表面粗糙度值？通常为获得低表面粗糙度值的加工表面应采用哪些加工方法？若需要磨削非铁金属，为提高表面质量应采取什么措施？

4-16　机械加工过程中为什么会造成被加工零件表面层物理力学性能的改变？这些变化对产品质量有何影响？

4-17　什么是加工硬化？影响加工硬化的因素有哪些？

4-18　磨削淬火钢时，加工表面层的硬度可能升高或降低，试分析其原因。

4-19　为何会产生磨削烧伤？减少的磨削烧伤方法有哪些？

4-20　机械加工过程中经常出现的机械振动有哪些？各有何特性？其相互间的区别何在？

4-21　试讨论：在车床上采用弹簧车刀还是采用刚性车刀切削抗振性好？在刨床上采用弯头刨刀还是采用直头刨刀切削抗振性好？为什么？

第五章

机床常用夹具及其设计

教 学 导 航

知识目标

    1. 了解机床夹具的主要功能、组成及分类。

    2. 掌握工件定位的基本原理；熟悉对常用定位元件的基本要求，掌握常用定位元件所能限制的自由度及选用方法。

    3. 掌握定位误差的分析方法及计算，了解组合表面定位的综合分析方法。

    4. 掌握工件夹紧装置的组成及设计原则；熟悉常用夹紧机构的选用及设计。

    5. 熟悉种类机床夹具的结构及其工作原理。

能力目标

    1. 具备确定常用定位元件所能限制的自由度的能力。

    2. 具备分析、计算定位误差的能力。

    3. 初步具备选用、设计简单定位元件和夹紧机构的能力。

学习重点

    1. 常用定位元件及其所能限制的自由度。

    2. 定位误差的分析与计算。

学习难点

    定位误差的分析与计算。

研 习 导 引

    毛泽东认为，"尽信书，则不如无书"。读书时，他提倡"四多"，要在读得多、想得多、写得多、问得多的基础上做到学思结合。

第一节　机床夹具概述

    机床夹具是在机械制造过程中，用来固定加工对象，使之占有正确位置，以接受加工或检测并保证加工要求的机床附加装置，简称为夹具。

一、机床夹具的主要功能

在机床上加工工件时，必须用夹具装好夹牢工件。将工件装好，就是在机床上确定工件相对于刀具的正确位置，这一过程称为定位。将工件夹牢，就是对工件施加作用力，使之在已经定好的位置上将工件可靠地夹紧，这一过程称为夹紧。从定位到夹紧的全过程，称为装夹。机床夹具的主要功能就是完成工件的装夹工作。工件装夹情况的好坏，将直接影响工件的加工精度。

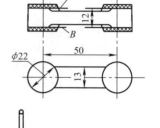

工件的装夹方法有找正装夹法和夹具装夹法两种。

找正装夹方法是以工件的有关表面或专门划出的线痕作为找正依据，用划针或指示表进行找正，将工件正确定位，然后将工件夹紧进行加工。如图 5-1 所示，在铣削连杆状零件的上下两平面时，若批量不大，则可在机用虎钳中，按侧边划出的加工线痕，用划针找正。

这种方法安装简单，不需专门设备，但精度不高，生产率低，因此多用于单件、小批量生产。

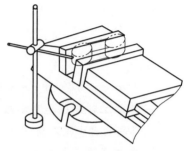

图 5-1 在机用虎钳上找
正和装夹连杆状零件

夹具装夹方法是靠夹具将工件定位、夹紧，以保证工件相对于刀具、机床的正确位置。图 5-2 所示为铣削连杆状零件的上、下两平面所用的铣床夹具。这是一个双位置的专用铣床夹具。毛坯先放在 I 位置上铣出第一端面（A 面），然后

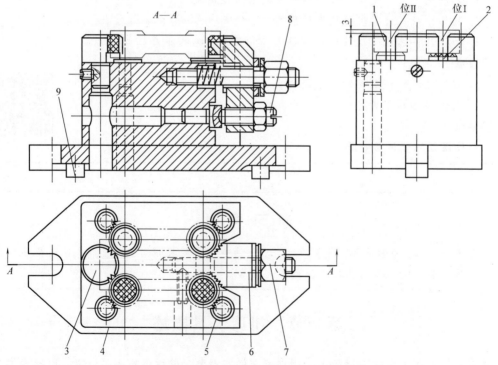

图 5-2 铣削连杆状零件两面的比位置专用铣床夹具

1—对刀块（兼挡销） 2—锯齿头支承钉 3、4、5—挡销 6—压板 7—螺母 8—压板支承钉 9—定位键

将此工件翻过来放入Ⅱ位置铣出第二端面（B面）。夹具中可同时装夹两个工件。

图5-3所示为专供加工轴套零件上 $\phi6H9$ 径向孔的钻床夹具。工件以内孔及其端面作为定位基准，通过拧紧螺母将工件牢固地压在定位元件上。

通过以上实例分析，可知用夹具装夹工件的方法有以下几个特点：

1）工件在夹具中的正确定位，是通过工件上的定位基准面与夹具上的定位元件相接触而实现的。因此，不再需要找正便可将工件夹紧。

2）由于夹具预先在机床上已调整好位置（也有在加工过程中再进行找正的），因此，工件通过夹具对于机床也就占有了正确的位置。

3）通过夹具上的对刀装置，保证了工件加工表面相对于刀具的正确位置。

4）装夹基本上不受工人技术水平的影响，能比较容易和稳定地保证加工精度。

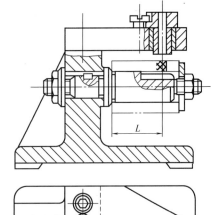
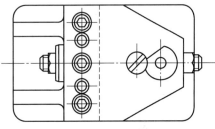

图5-3 钻轴套零件上 $\phi6H9$ 径向孔的专用钻床夹具

5）装夹迅速、方便，能减轻劳动强度，显著地减少辅助时间，提高劳动生产率。

6）能扩大机床的工艺范围。如要镗削图5-4所示机体上的阶梯孔，若没有卧式镗床和专用设备，可设计一夹具在车床上加工。

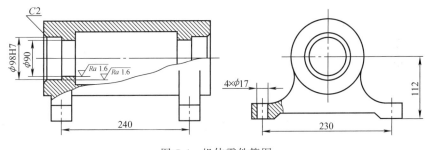

图5-4 机体零件简图

二、机床夹具的分类

机床夹具的种类很多，形状千差万别。为了设计、制造和管理的方便，往往按某一属性进行分类。

1. 按夹具的通用特性分类

按这一分类方法，常用的夹具有通用夹具、专用夹具、可调夹具、组合夹具和自动线夹具等五大类。它反映夹具在不同生产类型中的通用特性，因此是选择夹具的主要依据。

（1）通用夹具 通用夹具是指结构、尺寸已规格化，且具有一定通用性的夹具，如自定心卡盘、单动卡盘、台虎钳、万能分度头、中心架和电磁吸盘等。其特点是适用性强、不需调整或稍加调整即可装夹一定形状范围内的各种工件。这类夹具已商品化，且成为机床附件。采用这类夹具可缩短生产准备周期，减少夹具品种，从而降低生产成本。其缺点是夹具的加工精度不高，生产率也较低，且较难装夹形状复杂的工件，故适用于单件小批量生产中。

（2）专用夹具 专用夹具是针对某一工件的某一工序的加工要求而专门设计和制造的夹具。其特点是针对性极强，没有通用性。在产品相对稳定、批量较大的生产中，常用各种专用夹具，可获得较高的生产率和加工精度。专用夹具的设计制造周期较长，随着现代多品种及中、小批生产的发展，专用夹具在适应性和经济性等方面已产生许多问题。

（3）可调夹具 可调夹具是针对通用夹具和专用夹具的缺陷而发展起来的一类新型夹具。对不同类型和尺寸的工件，只需调整或更换原来夹具上的个别定位元件和夹紧元件便可使用。它一般又分为通用可调夹具和成组夹具两种。通用可调夹具的通用范围大，适用性广，加工对象不太固定。成组夹具是专门为成组工艺中某组零件而设计的，调整范围仅限于本组内的工件。可调夹具在多品种、小批量生产中得到广泛应用。

（4）成组夹具 这是在成组加工技术基础上发展起来的一类夹具。它是根据成组加工工艺的原则，针对一组形状相近的零件专门设计的，也是具有通用基础件和可更换调整元件组成的夹具。这类夹具从外形上看，它和可调夹具不易区别。但它与可调夹具相比，具有使用对象明确、设计科学合理、结构紧凑、调整方便等优点。

（5）组合夹具 组合夹具是一种模块化的夹具，并已商品化。标准的模块元件具有较高精度和耐磨性，可组装成各种夹具，夹具用毕即可拆卸，留待组装新的夹具。由于使用组合夹具可缩短生产准备周期，元件能重复多次使用，并具有可减少专用夹具数量等优点，因此组合夹具在单件、中小批多品种生产和数控加工中，是一种较经济的夹具。

（6）自动线夹具 自动线夹具一般分为两种：一种为固定式夹具，它与专用夹具相似；另一种为随行夹具，使用中夹具随着工件一起运动，并将工件沿着自动线从一个工位移至下一个工位进行加工。

2. 按夹具使用的机床分类

这是专用夹具设计所用的分类方法。按使用的机床分类，可把夹具分为车床夹具、铣床夹具、钻床夹具、镗床夹具、磨床夹具、齿轮机床夹具及数控机床夹具等。

3. 按夹具动力源来分类

按夹具夹紧动力源分类，可将夹具分为手动夹具和机动夹具两大类。为减轻劳动强度和确保安全生产，手动夹具应有扩力机构与自锁性能。常用的机动夹具有气动夹具、液压夹具、气液夹具、电动夹具、电磁夹具、真空夹具和离心力夹具等。

三、机床夹具的组成

虽然机床夹具的种类繁多，但它们的工作原理基本上是相同的。将各类夹具中，作用相同的结构或元件加以概括，可得出夹具一般所共有的以下几个组成部分，这些组成部分既相互独立又相互联系。

（1）定位支承元件 定位支承元件的作用是确定工件在夹具中的正确位置并支承工件，是夹具的主要功能元件之一，如图5-2所示的锯齿头支承钉2和挡销3、4、5。定位支承元件的定位精度直接影响工件加工的精度。

（2）夹紧装置 夹紧元件的作用是将工件压紧夹牢，并保证在加工过程中工件的正确位置不变，如图5-2所示的压板6。

（3）连接定向元件　这种元件用于将夹具与机床连接并确定夹具对机床主轴、工作台或导轨的相互位置，如图 5-2 所示的定位键 9。

（4）对刀元件或导向元件　这些元件的作用是保证工件加工表面与刀具之间的正确位置。用于确定刀具在加工前正确位置的元件称为对刀元件，如图 5-2 所示的对刀块 1。用于确定刀具位置并引导刀具进行加工的元件称为导向元件，如图 5-3 所示的快换钻套。

（5）其他装置或元件　根据加工需要，有些夹具上还设有分度装置、靠模装置、上下料装置、工件顶出机构、电动扳手和平衡块等，以及标准化了的其他连接元件。

（6）夹具体　夹具体是夹具的基体骨架，用来配置、安装各夹具元件使之组成一整体。常用的夹具体为铸件结构、锻造结构、焊接结构和装配结构，形状有回转体形和底座形等形状。

上述各组成部分中，定位元件、夹紧装置及夹具体是夹具的基本组成部分。

四、机床夹具的现状及发展方向

夹具最早出现在 18 世纪后期。随着科学技术的不断进步，夹具已从一种辅助工具发展成为门类齐全的工艺装备。

1. 机床夹具的现状

国际生产研究协会的统计表明，目前中、小批多品种生产的工件品种已占工件种类总数的 85% 左右。现代生产要求企业所制造的产品品种经常更新换代，以适应市场的需求与竞争。然而，一般企业仍习惯于大量采用传统的专用夹具，一般在具有中等生产能力的工厂里，约拥有数千甚至近万套专用夹具；另一方面，在多品种生产的企业中，每隔 3~4 年就要更新 50%~80% 专用夹具，而夹具的实际磨损量仅为 10%~20%。特别是近年来，数控机床、加工中心、成组技术及柔性制造系统（FMS）等新加工技术的应用，对机床夹具提出了如下新的要求：

1）能迅速而方便地装备新产品的投产，以缩短生产准备周期，降低生产成本。

2）能装夹一组具有相似性特征的工件。

3）能适用于精密加工的高精度机床夹具。

4）能适用于各种现代化制造技术的新型机床夹具。

5）采用以液压站等为动力源的高效夹紧装置，以进一步减轻劳动强度和提高劳动生产率。

6）提高机床夹具的标准化程度。

2. 现代机床夹具的发展方向

现代机床夹具的发展方向主要表现为标准化、精密化、高效化和柔性化四个方面。

（1）标准化　机床夹具的标准化与通用化是相互联系的两个方面。目前，我国已有夹具零件及部件的标准：JB/T 8035—1999~JB/T 8044—1999 以及各类通用夹具、组合夹具标准等。机床夹具的标准化，有利于夹具的商品化生产，有利于缩短生产准备周期，降低生产总成本。

（2）精密化　随着机械产品精度的日益提高，势必相应提高了对夹具的精度要求。精密化夹具的结构类型很多，例如，用于精密分度的多齿盘，其分度精度可达 ±0.1″；用于精密车削的高精度自定心卡盘，其定心精度为 5μm。

（3）高效化　高效化夹具主要用来减少工件加工的基本时间和辅助时间，以提高劳动生产率，减轻工人的劳动强度。常见的高效化夹具有自动化夹具、高速化夹具和具有夹紧力装置的夹具等。例如，在铣床上使用电动台虎钳装夹工件，效率可提高5倍左右；在车床上使用高速自定心卡盘，可保证卡爪在试验转速为9000r/min的条件下仍能牢固地夹紧工件，从而使切削速度大幅度提高。目前，除了在生产流水线、自动线配置相应的高效、自动化夹具外，在数控机床上，尤其在加工中心上出现了各种自动装夹工件的夹具以及自动更换夹具的装置，充分发挥了数控机床的效率。

（4）柔性化 机床夹具的柔性化与机床的柔性化相似，它是指机床夹具通过调整、组合等方式，以适应工艺可变因素的能力。工艺的可变因素主要有：工序特征、生产批量、工件的形状和尺寸等。具有柔性化特征的新型夹具种类主要有：组合夹具、通用可调夹具、成组夹具、模块化夹具、数控夹具等。为适应现代机械工业多品种、中小批量生产的需要，扩大夹具的柔性化程度，改变专用夹具的不可拆结构为可拆结构，发展可调夹具结构，将是当前夹具发展的主要方向。

第二节 工件的定位

一、工件定位的基本原理

1. 自由度的概念

由刚体运动学可知，一个自由刚体，在空间有且仅有六个自由度。图5-5所示的工件，它在空间的位置是任意的，即它既能沿Ox、Oy、Oz三个坐标轴移动，称为移动自由度，分别表示为$\vec{x}$、$\vec{y}$、$\vec{z}$；又能绕Ox、Oy、Oz三个坐标轴转动，称为转动自由度，分别表示为$\hat{x}$、$\hat{y}$、$\hat{z}$。

2. 六点定位原则

由上可知，如果要使一个自由刚体在空间有一个确定的位置，就必须设置相应的六个约束，分别限制刚体的六个运动自由度。在讨论工件的定位时，工件就是我们所指的自由刚体。如果工件的六个自由度都加以限制了，工件在空间的位置也就完全被确定下来了。因此，定位实质上就是限制工件的自由度。

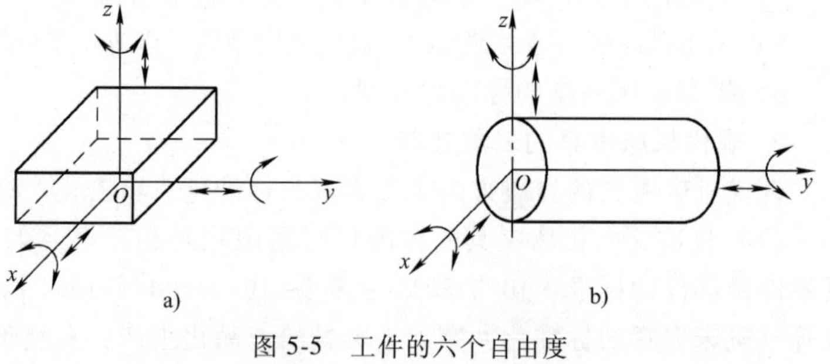

分析工件定位时，通常是用一个支承点限制工件的一个自由度。用合理设置的六个支承点，限制工件的六个自由度，使工件在夹具中的位置完全确定，这就是六点定位原则。

图5-5 工件的六个自由度
a) 矩形工件 b) 圆柱形工件

例如，在图5-6a所示的矩形工件上铣削半封闭式矩形槽时，为保证加工尺寸A，可在其底面设置三个不共线的支承点1、2、3，如图5-6b所示，限制工件的三个自由度：$\vec{x}$、$\hat{y}$、$\vec{z}$；为了保证B尺寸，侧面设置两个支承点4、5，限制$\vec{y}$、$\hat{z}$两个自由度；为了保证C尺寸，端面设置一个支承点6，限制 $\overset{\curvearrowright}{y}$ 自由度。于是工件的六个自由度全部被限制了，实现了六点定位。在具体的夹具中，支承点是由定位元件来体现的。如图5-6c所示，设置了六个支承钉。

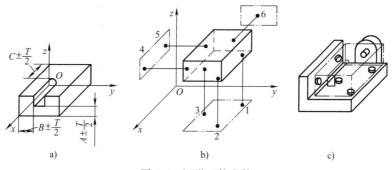

图5-6　矩形工件定件

a) 零件　b) 定位分析　c) 支承点布置

对于圆柱形工件，如图5-7a所示，可在外圆柱表面上，设置四个支承点1、3、4、5限制 $\vec{y}$、$\vec{z}$、$\overset{\curvearrowright}{y}$、$\overset{\curvearrowright}{z}$ 四个自由度；槽侧设置一个支承点2，限制 $\overset{\curvearrowright}{x}$ 一个自由度；端面设置一个支承点6，限制 $\vec{x}$ 一个自由度；工件实现完全定位，为了在外圆柱面上设置四个支承点一般采用V形架，如图5-7b所示。

通过上述分析，说明了六点定位原则的几个主要问题：

1）定位支承点是定位元件抽象而来的。在夹具的实际结构中，定位支承点是通过具体的定位元件体现的，即支承点不一定用点或销的顶端，而常用面或线来代替。根据数学概念可知，两个点决定一条直线，三个点决定一个平面，即一条直线可以代替两个支承点，一个平面可代替三个支承点。在具体应用时，还可用窄长的平面（条形支承）代替直线，用较小的平面来代替点。

2）定位支承点与工件定位基准面始终保持接触，才能起到限制自由度的作用。

3）分析定位支承点的定位作用时，不考虑力的影响。工件的某一自由度被限制，是指工件在某个坐标方向有了确定的位置，并不是指工件在受到使其脱离定位支承点的外力时不能运动。使工件在外力作用下不能运动，要靠夹紧装置来完成。

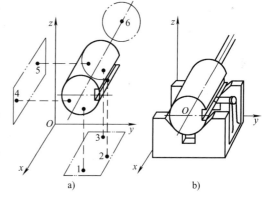

图5-7　圆柱形工件定位

3. 工件定位中的几种情况

（1）完全定位　完全定位是指不重复地限制了工件的六个自由度的定位。当工件在 x、y、z 三个坐标方向均有尺寸要求或位置精度要求时，一般采用这种定位方式，如图5-6所示。

（2）不完全定位　根据工件的加工要求，有时并不需要限制工件的全部自由度，这样的定位方式称为不完全定位。图5-8a所示为在车床上加工通孔，根据加工要求，不需限制 $\vec{x}$ 和 $\overset{\curvearrowright}{y}$ 两个自由度，所以用自定心卡盘夹持限制其余四个自由度，就可以实现四点定位。

图 5-8b 所示为平板工件磨平面，工件只有厚度和平行度要求，只需限制 $\vec{z}$、$\hat{x}$、$\hat{y}$ 三个自由度，在磨床上采用电磁工作台就能实现三点定位。由此可知，工作在定位时应该限制的自由度数目应由工序的加工要求而定，不影响加工精度的自由度可以不加限制。采用不完全定位可简化定位装置，因此不完全定位在实际生产中也广泛应用。

（3）欠定位 根据工件的加工要求，应该限制的自由度没有完全被限制的定位称为欠定位。欠定位无法保证加工要求，因此，在确定工件在夹具中的定位方案时，决不允许有欠定位的现象产生。如在图 5-6 中不设端面支承 6，则在一批工件上半封闭槽的长度就无法保证；若缺少侧面两个支承点 4、5 时，则工件上 B 的尺寸和槽与工件侧面的平行度均无法保证。

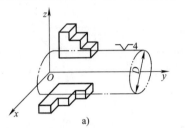 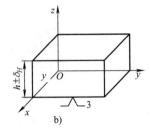

图 5-8 不完全定位示例

（4）过定位 夹具上的两个或两个以上的定位元件重复限制同一个自由度的现象，称为过定位。如图 5-9a 所示，要求加工平面对 A 面的垂直度公差为 0.04mm。若用夹具的两个大平面实现定位，那工件的 A 面被限制 $\vec{y}$、$\hat{x}$、$\hat{z}$ 三个自由度，B 面被限制了 $\hat{x}$、$\vec{y}$、$\vec{z}$ 三个自由度，其中 $\hat{x}$ 自由度被 A、B 面同时重复限制。由图可见，当工件处于加工位置"Ⅰ"时，可保证垂直度要求；而当工件处于加工位置"Ⅱ"时不能保证此要求。这种随机的误差造成了定位的不稳定，严重时会引起定位干涉，因此应该尽量避免和消除过定位现象。消除或减少过定位引起的干涉，一般有两种方法：一是改变定位元件的结构，如缩小定位元件工作面的接触长度；或者减小定位元件的配合尺寸，增大配合间隙等；二是控制或者提高工件定位基准之间以及定位元件工作表面之间的位置精度。若如图 5-9b 所示，把定位的面接触改为线接触，则消除了引起超定位的自由度 $\hat{x}$。

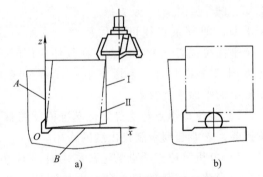

图 5-9 过定位及消除方法示例

a) 过定位 b) 改进定位结构

4. 定位基准的基本概念

在研究和分析工件定位问题时，定位基准的选择是一个关键问题。定位基准就是在加工中用作定位的基准。一般说来，工件的定位基准一旦被选定，则工件的定位方案也基本上被确定。定位方案是否合理，直接关系到工件的加工精度能否保证。如图 5-10 所示，轴承座是用底面 A 和侧面 B 来定位的。因为工件是一个整体，当表面 A 和 B 的位置一确定，$\phi20H7$ 内孔轴线的位置也确定了。表面 A 和 B 就是轴承座的定位基准。

工件定位时，作为定位基准的点和线，往往由某些具体表面体现出来，这种表面称为定位基面。例如，用两顶尖装夹车轴时，轴的两中心孔就是定位基面。但它体现的定位基准则是轴的轴线。

根据定位基准所限制的自由度数，可将其分为：

（1）主要定位基准面　如图5-6中的xOy平面设置三个支承点，限制了工件的三个自由度，这样的平面称为主要定位基面。一般应选择较大的表面作为主要定位基面。

（2）导向定位基准面　如图5-6中的yOz平面设置两个支承点，限制了工件的两个自由度，这样的平面或圆柱面称为主要定位基面。该基准面应选取工件上窄长的表面，而且两支承点间的距离应尽量远些，以保证对$\overrightarrow{z}$的限制精度。由图5-11可知，由于支承销的高度误差Δh，造成工件的转角误差$\Delta \theta$。显然，L越长，转角误差$\Delta \theta$就越小。

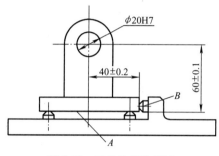

图5-10　工件的定位基准

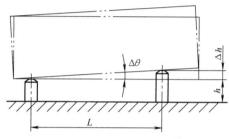

图5-11　导向定位支承与转角误差的关系

（3）双导向定位基准面　限制工件四个自由度的圆柱面，称为双导向定位基准面，如图5-12所示。

（4）双支承定位基准面　限制工件两个移动自由度的圆柱面，称为双支承定位基准面，如图5-13所示。

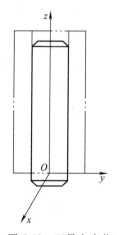

图5-12　双导向定位

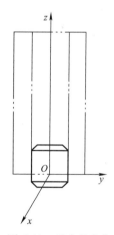

图5-13　双支承定位

（5）止推定位基准面　限制工件一个移动自由度的表面，称为止推定位基准面。如图5-6中的xOz平面上只设置了一个支承点，它只限制了工件沿y轴方向的移动。在加工过程中，工件有时要承受切削力和冲击力等，可以选取工件上窄小且与切削力方向相对的表面作为止推定位基准面。

（6）防转定位基准面　限制工件一个转动自由度的表面，称为防转定位基准面。如图5-7中轴的通槽侧面设置了一个防转销，它限制了工件沿y轴的转动，减小了工件的角度定位误差。防转支承点距离工件安装后的回转轴线应尽量远些。

二、常用定位元件及选用

工件在夹具中要想获得正确定位，首先应正确选择定位基准，其次是选择合适的定位元件。工件定位时，工件定位基准和夹具的定位元件接触形成定位副，以实现工件的六点定位。

1. 对定位元件的基本要求

1）限位基面应有足够的精度。定位元件具有足够的精度，才能保证工件的定位精度。

2）限位基面应有较好的耐磨性。由于定位元件的工作表面经常与工件接触和摩擦，容易磨损，为此要求定位元件限位表面的耐磨性要好，以保持夹具的使用寿命和定位精度。

3）支承元件应有足够的强度和刚度。定位元件在加工过程中，受工件重力、夹紧力和切削力的作用，因此，要求定位元件应有足够的刚度和强度，避免使用中变形和损坏。

4）定位元件应有较好的工艺性。定位元件应力求结构简单、合理，便于制造、装配和更换。

5）定位元件应便于清除切屑。定位元件的结构和工作表面形状应有利于清除切屑，以防切屑嵌入夹具内影响加工和定位精度。

2. 常用定位元件所能限制的自由度

常用定位元件可按工件典型定位基准面分为以下几类：

1）用于平面定位的定位元件　包括固定支承（钉支承和板支承）、自位支承、可调支承和辅助支承。

2）用于外圆柱面定位的定位元件　包括 V 形架、定位套和半圆定位座等。

3）用于孔定位的定位元件　包括定位销（圆柱定位销和圆锥定位销）、圆柱心轴和小锥度心轴。

常用定位元件所能限制的自由度见表 5-1。

表 5-1　常用定位元件所能限制的自由度

定位名称	定位方式	限制的自由度
支承钉	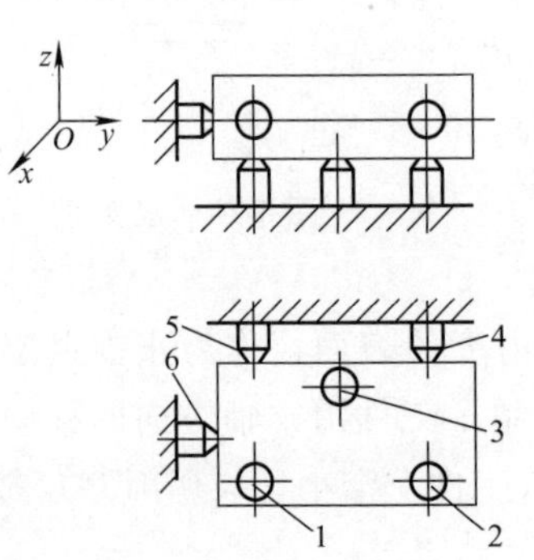	每个支承钉限制一个自由度。其中： （1）支承钉 1、2、3 与底面接触，限制三个自由度 $(\vec{z}、\hat{x}、\hat{y})$ （2）支承钉 4、5 与侧面接触，限制两个自由度 $(\vec{x}、\hat{z})$ （3）支承钉 6 与端面接触，限制一个自由度 $(\vec{y})$

（续）

定位名称	定位方式	限制的自由度
支承板		（1）两条窄支承板 1、2 组成同一平面，与底接触，限制三个自由度（$\vec{z}$、$\widehat{x}$、$\widehat{y}$） （2）一个窄支承板 3 与侧面接触，限制两个自由度（$\vec{x}$、$\widehat{z}$）
		支承板与圆柱素线接触，限制两个自由度（$\vec{z}$、$\widehat{x}$）
		支承板与球面接触，限制一个自由度（$\vec{z}$）
定位销	 短销　　　　　长销	（1）短销与圆孔配合，限制两个自由度（$\vec{x}$、$\vec{y}$） （2）长销与圆孔配合，限制四个自由度（$\vec{x}$、$\vec{y}$、$\widehat{x}$、$\widehat{y}$）

（续）

定位名称	定位方式	限制的自由度
削边销	 短削边销　长削边销	(1)短削边销与圆孔配合,限制一个自由度($\vec{y}$) (2)长削边销与圆孔配合,限制两个自由度($\widehat{x}$、$\vec{y}$)
锥销	 固定锥销　活动锥销	(1)固定锥销与圆孔端面圆周接触,限制三个自由度($\vec{x}$、$\vec{y}$、$\vec{z}$) (2)活动锥销与圆孔端圆周接触,限制两个自由度($\vec{x}$、$\vec{y}$)
定位套	 短套　长套	(1)短套与轴配合,限制两自由度($\vec{x}$、$\vec{y}$) (2)长套与轴配合,限制四个自由度($\vec{x}$、$\vec{y}$、$\widehat{x}$、$\widehat{y}$)
锥套	 固定锥套　活动锥套	(1)固定锥套与轴端面圆周接触,限制三个自由度($\vec{x}$、$\vec{y}$、$\vec{z}$) (2)活动锥套与轴端面圆周接触,限制两个自由度($\vec{x}$、$\vec{y}$)

（续）

定位名称	定位方式	限制的自由度
V 形架	短 V 形架 长 V 形架	（1）短 V 形架与圆柱面接触,限制两个自由度($\vec{y}$、$\vec{z}$) （2）长 V 形架与圆柱面接触,限制四个自由度($\vec{y}$、$\vec{z}$、$\widehat{y}$、$\widehat{z}$)
半圆孔	短半圆孔 长半圆孔	（1）短半圆孔与圆柱面接触,限制两个自由度($\vec{x}$、$\vec{z}$) （2）长半圆孔与圆柱面接触,限制四个自由度($\vec{x}$、$\vec{z}$、$\widehat{x}$、$\widehat{z}$)
自定心卡盘	夹持较短 夹持较长	（1）夹持工件较短,限制两个自由度($\vec{x}$、$\vec{z}$) （2）夹持工件较长,限制四个自由度($\vec{x}$、$\vec{z}$、$\widehat{x}$、$\widehat{y}$)
两顶尖		一个端固定、一端活动、共消除五个自由度($\vec{x}$、$\vec{y}$、$\vec{z}$、$\widehat{x}$、$\widehat{z}$)

（续）

定位名称	定位方式	限制的自由度
短外圆与中心孔		(1)三爪自定心卡盘限制两个自由度($\vec{x}$、$\vec{z}$) (2)活动顶尖限制三个自由度($\vec{y}$、$\widehat{x}$、$\widehat{z}$)
大平面与两圆柱孔		(1)支承板限制三个自由度($\widehat{y}$、$\vec{x}$、$\widehat{z}$) (2)短圆柱定位销限制两个自由度($\vec{y}$、$\vec{z}$) (3)短菱形销(防转)限制一个自由度($\widehat{x}$)
大平面与两外圆弧面		(1)支承板限制三个自由度($\vec{x}$、$\widehat{y}$、$\widehat{z}$) (2)短固定式V形块限制两个自由度($\vec{y}$、$\vec{z}$) (3)短活动式V形块(防转)限制一个自由度($\vec{x}$)
大平面与短锥孔		(1)支承板限制三个自由度($\widehat{x}$、$\widehat{y}$、$\vec{z}$) (2)活动锥销限制两个自由度($\vec{x}$、$\vec{y}$)
长圆柱孔与其他		(1)固定式心轴限制两个自由度($\vec{y}$、$\vec{z}$、$\widehat{y}$、$\widehat{z}$) (2)挡销(防转)限制一个自由度($\widehat{x}$)

3. 常用定位元件的选用

选用常用定位元件时，应按工件定位基准面和定位元件的结构特点进行选择。

（1）工件以平面定位

1）以面积较小的已经加工的基准平面定位时，选用平头支承钉，如图5-14a所示；以基准面粗糙不平或毛坯面定位时，选用圆头支承钉，如图5-14b所示；以侧面定位时，可选用网状支承钉，如图5-14c所示。

2）以面积较大、平面度精度较高的基准平面定位时，选用支承板定位元件，如图5-15所示。

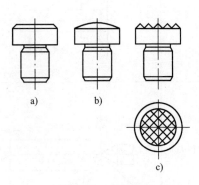

图 5-14 支承钉
a) 平头支承钉　b) 圆头支承钉　c) 网状支承钉

用于侧面定位时，可选用不带斜槽的支承板，如图 5-15a 所示；通常尽可能选用带斜槽的支承板，以利清除切屑，如图 5-15b 所示。

3）以毛坯面、阶梯平面和环形平面作基准平面定位时，选用自位支承作定位元件，如图 5-16 所示。但应注意，自位支承虽有两个或三个支承点，由于自位和浮动作用只能作为一个支承点。

4）以毛坯面作为基准平面，调节时可按定位面质量和面积大小分别选用如图 5-17a、b、c 所示的可调支承作定位元件。

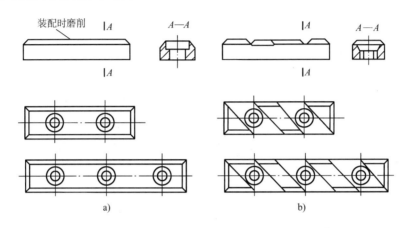

图 5-15 支承板

a) 不带斜槽的支承板 b) 带斜槽的支承板

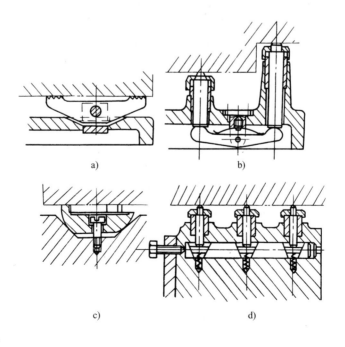

图 5-16 自位支承

5）当工件定位基准面需要提高定位刚度、稳定性和可靠性时，可选用辅助支承作辅助定位元件，如图5-18、图5-19、图5-20所示。但应注意，辅助支承不起限制工件自由度的作用，且每次加工均需重新调整支承点高度，支承位置应选在有利工件承受夹紧力和切削力的地方。

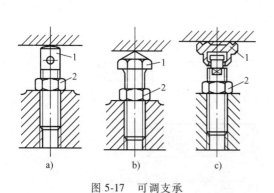

图 5-17　可调支承

a）圆头可调支承　b）锥顶可调支承

c）网状平头可调支承

1—调整螺钉　2—紧固螺母

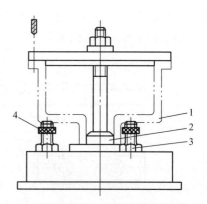

图 5-18　辅助支承提高工件的刚度和稳定性

1—工件　2—短定位销　3—支承环　4—辅助支承

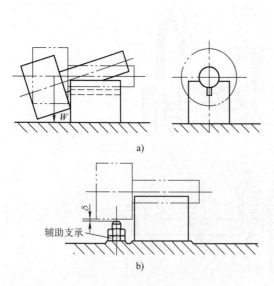

图 5-19　辅助支承起预定位作用

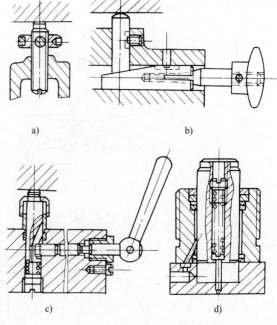

图 5-20　辅助支承的类型

a）螺旋式辅助支承　b）推引式辅助支承

c）自位式辅助支承　d）液压锁定辅助支承

（2）工件以外圆柱定位

1）当工件的对称度公差要求较高时，可选用 V 形块定位。V 形块工作面间的夹角 α 常取 60°、90°、120°三种，其中应用最多的是 90°V 形块。90°V 形块的典型结构和尺寸已标准化，使用时可根据定位圆柱面的长度和直径进行选择。V 形块结构有多种形式，如图 5-21a 所示 V 形块适用于较长的加工过的圆柱面定位；如图 5-21b 所示 V 形块适于较长的粗糙的圆柱面定位；如图 5-21c 所示 V 形块适用于尺寸较大的圆柱面定位，这种 V 形块底座采用铸件，V 形面采用淬火钢件，V 形块是由两者镶合而成。

2）当工件定位圆柱面精度较高时（一般不低于 IT8），可选用定位套或半圆形定位座定位。大型轴类和曲轴等不宜以整个圆孔定位的工件，可选用半圆定位座，如图 5-22 所示。

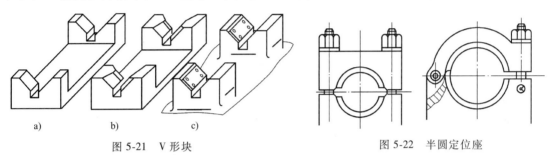

图 5-21　V 形块

a）长圆柱面定位　b）较粗糙圆柱面定位

c）大尺寸圆柱面定位

图 5-22　半圆定位座

（3）工件以内孔定位

1）工件上定位内孔较小时，常选用定位销作定位元件。圆柱定位销的结构和尺寸已标准化，不同直径的定位销有其相应的结构形式，可根据工件定位内孔的直径选用。当工件圆柱孔用孔端边缘定位时，需选用圆锥定位销，如图 5-23 所示。当工件圆孔端边缘形状精度较差时，可选用如图 5-23a 所示形式的圆锥定位销；当工件圆孔端边缘形状较高精度时，可选用如图 5-23b 所示形式的圆锥定位销；当工件需平面和圆孔端边缘同时定位时，可选用如图 5-23c 所示形式的浮动锥销。

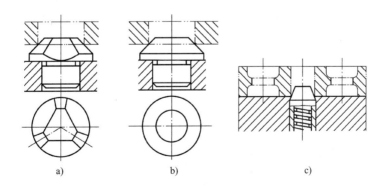

图 5-23　圆锥定位销

a）圆孔端边缘形状精度较差时定位　b）圆孔端边缘形状精度较好时定位

c）平面和圆孔端边缘同时定位

2）在套类、盘类零件的车削、磨削和齿轮加工中，大都选用心轴定位，为了便于夹紧和减小工件因间隙造成的倾斜，当工件定位内孔与基准端面垂直精度较高时，常以孔和端面联合定位。因此，这类心轴通常是带台阶定位面的心轴，如图5-24a所示；当工件以内花键为定位基准时，可选用外花键轴，如图5-24b所示；当内孔带有花键槽时，可在圆柱心轴上设置键槽配装键块；当工件内孔精度很高，而加工时工件力矩很小时，可选用小锥度心轴定位。

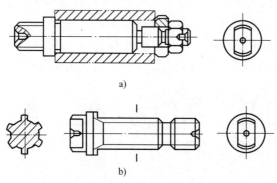

图 5-24　圆柱心轴

a）带台阶定位面的心轴　b）带外花键定位面的心轴

第三节　定位误差分析

六点定位原则解决了消除工件自由度的问题，即解决了工件在夹具中位置"定与不定"的问题。但是，由于一批工件逐个在夹具中定位时，各个工件所占据的位置不完全一致，即出现工件位置定得"准与不准"的问题。如果工件在夹具中所占据的位置不准确，加工后各工件的加工尺寸必然大小不一，形成误差。这种只与工件定位有关的误差称为定位误差，用 Δ_D 表示。

在工件的加工过程中，产生误差的因素很多，定位误差仅是加工误差的一部分，为了保证加工精度，一般限定定位误差不超过工件加工公差 T 的 1/5～1/3，即

$$\Delta_D \leqslant (1/5 \sim 1/3)T \tag{5-1}$$

式中　Δ_D——定位误差（mm）；

T——工件的加工误差（mm）。

一、定位误差产生的原因

工件逐个在夹具中定位时，各个工件的位置不一致的原因主要是基准不重合，而基准不重合又分为两种情况：一是定位基准与限位基准不重合，产生的基准位移误差；二是定位基准与工序基准不重合，产生的基准不重合误差。

1. 基准位移误差 Δ_Y

由于定位副的制造误差或定位副配合间所导致的定位基准在加工尺寸方向上最大位置变动量，称为基准位移误差，用 Δ_Y 表示。不同的定位方式，基准位移误差的计算方式也

不同。

如图 5-25 所示，工件以圆柱孔在心轴上定位铣键槽，要求保证尺寸内 $b^{+\delta b}_0$ 和 $a^0_{-\delta a}$。其中尺寸 $b^{+\delta b}_0$ 由铣刀保证，而尺寸 $a^0_{-\delta a}$ 按心轴中心调整的铣刀位置保证。如果工件内孔直径与心轴外圆直径做成完全一致，作无间隙配合，即孔的轴线与轴的轴线位置重合，则不存在因定位引起的误差。但实际上，如图 5-25 所示，心轴和工件内孔都有制造误差。于是工件套在心轴上必然会有间隙，孔的轴线与轴的轴线位置不重合，导致这批工件的加工尺寸 a 中附加了工件定位基准变动误差，其变动量即为最大配合间隙。可按下式计算：

$$\Delta_Y = a_{max} - a_{min} = 1/2(D_{max} - d_{min}) = 1/2(\delta_D + \delta_d) \tag{5-2}$$

式中　Δ_Y——基准位移误差（mm）；

$\quad D_{max}$——孔的最大直径，（mm）；

$\quad d_{min}$——轴的最小直径，（mm）；

$\quad \delta_D$——工件孔的最大直径公差，（mm）；

$\quad \delta_d$——圆柱心轴和圆柱定位销的直径公差，（mm）。

基准位移误差的方向是任意的。减小定位配合间隙，即可减小基准位移误差 Δ_Y 值，以提高定位精度。

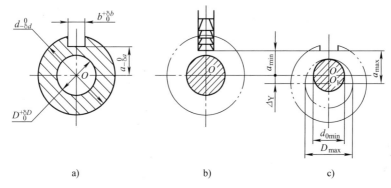

图 5-25　基准位移产生定位误差

2. 基准不重合误差 Δ_B

如图 5-26 所示，加工尺寸 h 的基准在外圆柱面的母线上，但定位基准是工件圆柱孔中心线。这种由于工序基准与定位基准不重合所导致的工序基准在加工尺寸方向上的最大位置变动量，称为基准不重合误差，用 Δ_B 表示。此时除定位基准位移误差外，还有基准不重合误差。在图 5-26 中，基准位移误差应为 $\Delta_Y = 1/2(\delta_D + \delta_{d0})$，基准不重合误差则为

$$\Delta_B = 1/2\delta_d \tag{5-3}$$

式中　Δ_B——基准不重合误差（mm）；

$\quad \delta_d$——工件的最大外圆面积直径公差，（mm）。

因此，尺寸 h 的定位误差为

$$\Delta_D = \Delta_Y + \Delta_B = 1/2(\delta_D + \delta_{d0}) + 1/2\delta_d$$

计算基准不重合误差时，应注意判别定位基准和工序基准。当基准不重合误差由多个尺寸影响时，应将其在工序尺寸方向上合成。

基准不重合误差的一般计算式为

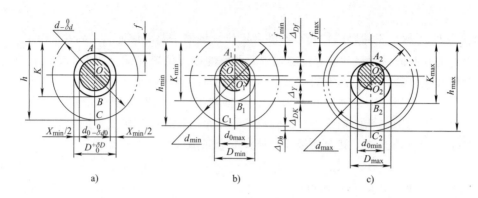

图 5-26　基准不重合产生定位误差

$$\Delta_B = \Sigma \delta_i \cos\beta \qquad (5-4)$$

式中　δ_i——定位基准与工序基准间的尺寸链组成环的公差，（mm）；

　　　β——δ_i 的方向与加工尺寸方向间的夹角（°）。

二、定位误差的计算

计算定位误差时，可以分别求出基准位移误差和基准不重合误差，再求出它们在加工尺寸方向上的矢量和；也可以按最不利情况，确定工序基准的两个极限位置，根据几何关系求出这两个位置的距离，将其投影到加工方向上，求出定位误差。

（1）$\Delta_B = 0$、$\Delta_Y \neq 0$ 时　产生定位误差的原因是基准位移误差，故只要计算出 Δ_Y 即可，即

$$\Delta_D = \Delta_Y \qquad (5-5)$$

例 4-1　如图 5-27 所示，用单角度铣刀铣削斜面，求加工尺寸为（39±0.04）mm 的定位误差。

解　由图 5-27 可知，工序基准与定位基准重合，$\Delta_B = 0$。

根据 V 形槽定位的计算公式，得到沿 z 方向的基准位移误差为

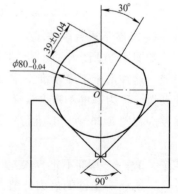

图 5-27　定位误差计算示例之一

$$\Delta_Y = (\delta_d/2)\sin(\alpha/2) = 0.707\delta_d/2$$
$$= 0.707 \times 0.04 \text{mm}/2$$
$$= 0.014 \text{mm}$$

将 Δ_Y 值投影到加工尺寸方向，则

$$\Delta_D = \Delta_Y \cos 30° = 0.014 \times 0.866 \text{mm} = 0.012 \text{mm}$$

（2）$\Delta_B \neq 0$、$\Delta_Y = 0$ 时　产生定位误差的原因是基准不重合误差 Δ_B，故只要计算出 Δ_B 即可，即

$$\Delta_D = \Delta_B \qquad (5-6)$$

例 4-2　如图 5-28 所示以 B 面定位，铣工件上的台阶面 C，保证尺寸（20±0.15）mm，求加工尺寸为（20±0.15）mm 的定位误差。

解 由图可知，以 B 面定位加工 C 面时，平面 B 与支承接触好，$\Delta_Y = 0$。

由图 5-28a 可知，工序基准是 A 面，定位基准是 B 面，故基准不重合。

按式（5-4）得
$$\Delta_B = \Sigma \delta_i \cos\beta$$
$$= 0.28\cos 0° \text{mm} = 0.28\text{mm}$$

因此
$$\Delta_D = \Delta_B = 0.28\text{mm}$$

而加工尺寸（20±0.15）mm 的公差为 0.30mm，留给其他的加工误差仅为 0.02mm，在实际加工中难以保证。为保证加工要求，可在前工序加工 A 面时，提高加工精度，减小工序基准与定位基准之间的联系尺寸的公差值。也可以改为如图 5-28b 所示的定位方案，使工序基准与定位基准重合，则定位误差为零。但改为新的定位方案后，工件需从下向上夹紧，夹紧方案不够理想，且使夹具结构复杂。

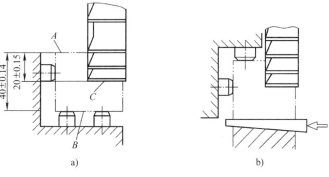

a) b)

图 5-28　定位误差计算示例之二

（3）$\Delta_B \neq 0$、$\Delta_Y \neq 0$ 时　造成定位误差的原因是相互独立的因素时（δ_d、δ_D、δ_i 等），应将两项误差相加，即

$$\Delta_D = \Delta_B + \Delta_Y \tag{5-7}$$

图 5-26 所示即属此类情况。

综上所述，工件在夹具上定位时，因定位基准发生位移、定位基准与工序基准不重合产生定位误差。基准位移误差和基准不重合误差分别独立、互不相干，它们都使工序基准位置产生变动。定位误差包括基准位移误差和基准不重合误差。当无基准位移误差时，$\Delta_Y = 0$；当定位基准与工序基准重合时，$\Delta_B = 0$；若两项误差都没有，则 $\Delta_D = 0$。分析和计算定位误差的目的，是为了对定位方案能否保证加工要求，有一个明确的定量概念，以便对不同定位方案进行分析比较，同时也是在决定定位方案时的一个重要依据。

三、组合表面定位及其误差分析

以上所述的常见定位方式，多为以单一表面作为定位基准，但在实际生产中，通常都以工件上的两个或两个以上的几何表面作为定位基准，即采用组合定位方式。

组合定位方式很多,常见的组合方式有:一个孔及其端面定位;一根轴及其端面定位;一个平面及其上的两个圆孔定位。生产中最常用的就是"一面两孔"定位,如加工箱体、杠杆、盖板支架类零件。采用"一面两孔"定位,容易做到工艺过程中的基准统一,保证工件的相对位置精度。

工件采用"一面两孔"定位时，两孔可以是工件结构上原有的，也可以是定位需要专门设计的工艺孔。相应的定位元件是支承板和两定位销。当两孔的定位方式都选用短圆柱销时，支承板限制工件三个自由度；两短圆柱销分别限制工件的两个自由度；有一个自由度被两短圆柱销重复限制，产生过定位现象，严重时会发生工件不能安装的现象。因此，必须正确处理过定位，并控制各定位元件对定位误差的综合影响。为使工件能方便地安装到两短圆柱销上，可把一个短圆柱销改为菱形销，采用一圆柱销、一菱形销和一支承板的定位方式，如表 5-1 所示。这样可以消除过定位现象，提高定位精度，有利于保证加工质量。

1. 两圆柱销一支承板的定位方式

如图 5-29 所示，要在连杆盖上钻四个定位销孔。按照加工要求，用平面 A 及直径为 $\phi 12^{+0.027}_{0}$ 的两个螺栓孔定位。工件是以支承板平面作主要定位基准，限制工件的三个自由度；采用两个短圆柱销与两定位孔配合时，将使沿连心线方向的自由度被重复限制，出现过定位。

当工件的孔间距 $\left(L \pm \dfrac{\delta_{LD}}{2}\right)$ 与夹具的

销间距 $\left(L \pm \dfrac{\delta_{Ld}}{2}\right)$ 的公差之和大于工件两定

位孔（D_1、D_2）与夹具两定位销（d_1、d_2）之间的间隙之和时，将妨碍部分工件的装入。要使同一工序中的所有工件

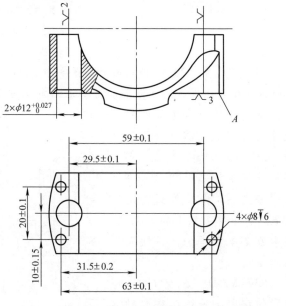

图 5-29 连杆盖工序图

都能顺利地装卸，必须满足下列条件：当工件两孔径为最小（D_{1min}、D_{2min}）、夹具两销径为最大（d_{1max}、d_{2max}）、孔间距为最大 $\left(L + \dfrac{\delta_{LD}}{2}\right)$、销间距为最小 $\left(L - \dfrac{\delta_{Ld}}{2}\right)$，或者孔间距为最小

$\left(L - \dfrac{\delta_{LD}}{2}\right)$、销间距为最大 $\left(L + \dfrac{\delta_{Ld}}{2}\right)$ 时，D_1 与 d_1、D_2 与 d_2 之间仍有最小间隙 X_{1min}、X_{2min} 存

在，如图 5-30 所示。

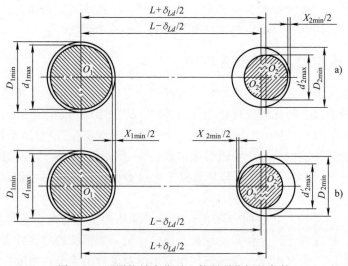

图 5-30 两圆柱销定位时工件顺利装卸的条件

由图 5-30a 可以看出，为了满足上述条件，第二销与第二孔不能采用标准配合，第二销

的直径应缩小（d_2'），连心线方向的间隙应增大。缩小后的第二销的最大直径为

$$\frac{d_{2\max}'}{2}=\frac{D_{2\min}}{2}-\frac{X_{2\min}}{2}-O_2O_2'$$

式中 $X_{2\min}$——第二销与第二孔采用标准配合时的最小间隙。

从图 5-30a 可得

$$O_2O_2'=\left(L+\frac{\delta_{Ld}}{2}\right)-\left(L-\frac{\delta_{LD}}{2}\right)=\frac{\delta_{Ld}}{2}+\frac{\delta_{LD}}{2}$$

因此得出

$$\frac{d_{2\max}'}{2}=\frac{D_{2\min}}{2}-\frac{X_{2\min}}{2}-\frac{\delta_{Ld}}{2}-\frac{\delta_{LD}}{2}$$

从图 5-30b 也可得到同样的结果。

所以

$$d_{2\max}'=D_{2\min}-X_{2\min}-\delta_{Ld}-\delta_{LD}$$

这就是说，要满足工件顺利装卸的条件，直径缩小后的第二销与第二孔之间的最小间隙应达到

$$X_{2\min}'=D_{2\min}-d_{2\max}'=\delta_{LD}+\delta_{Ld}+X_{2\min} \tag{5-8}$$

这种缩小一个定位销的方法，虽然能实现工件的顺利装卸，但增大了工件的转动误差，因此只能在加工要求不高的情况下使用。

2. 一圆柱销—削边销—支承板的定位方式

采用如图 5-31 所示的方法，不缩小定位销的直径，而是将定位销"削边"，也能增大连心线方向的间隙。削边量越大，连心线方向的间

隙也越大。当间隙达到 $a=\dfrac{X_{2\min}'}{2}$（单位为 mm）

时，便可满足工件顺利装卸的条件。由于这种方法只增大连心线方向的间隙，不增大工件的转动误差，因而定位精度较高。

根据式（5-8）得

$$a=\frac{X_{2\min}'}{2}=\frac{\delta_{LD}+\delta_{Ld}+X_{2\min}}{2}$$

实际应用时，可取

$$a=\frac{X_{2\min}'}{2}=\frac{\delta_{LD}+\delta_{Ld}}{2} \tag{5-9}$$

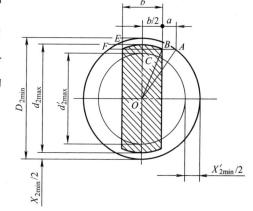

图 5-31 削边销的厚度

由图 5-31 得

$$OA^2-AC^2=OB^2-BC^2 \tag{5-10}$$

而 $OA=\dfrac{D_{2\min}}{2}$，$AC=a+\dfrac{b}{2}$，$BC=\dfrac{b}{2}$，$OB=\dfrac{d_{2\max}}{2}=\dfrac{D_{2\min}-X_{2\min}}{2}$

代入式（4-10）

$$\left(\frac{D_{2\min}}{2}\right)^2-\left(a+\frac{b}{2}\right)^2=\left(\frac{D_{2\min}-X_{2\min}}{2}\right)^2-\left(\frac{b}{2}\right)^2$$

于是求得

$$b=\frac{2D_{2\min}X_{2\min}-X_{2\min}^2-4a^2}{4a}$$

由于 $X_{2\min}^2$ 和 $4a^2$ 的数值都很小，可忽略不计，所以

$$b = \frac{D_{2\min} X_{2\min}}{2a} \qquad (5\text{-}11)$$

或

$$X_{2\min} = \frac{2ab}{D_{2\min}} \qquad (5\text{-}12)$$

削边销已经标准化，其结构如图 5-32 所示。B 型结构简单，容易制造，但刚性较差。A 型又名菱形销，应用较广，其尺寸见表 5-2。削边销的有关参数可查夹具标准。

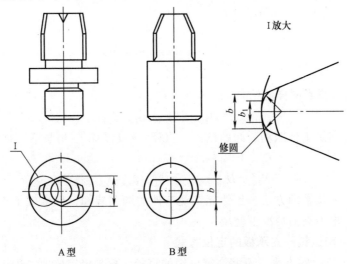

图 5-32 削边销的结构

表 5-2 菱形销的尺寸 （单位：mm）

d	>3~6	>6~8	>8~20	>20~24	>24~30	>30~40	>40~50
B	$d-0.5$	$d-1$	$d-2$	$d-3$	$d-4$	$d-5$	$d-6$
b_1	1	2	3	3	3	4	5
b	2	3	4	5	5	6	8

工件以一面两孔定位、夹具以一面两销限位时，基准位移误差由直线位移误差和角度位移误差组成。其角度位移误差的计算为：

1）设两定位孔同方向移动时，定位基准（两孔中心连线）的转角（见图 5-33a）为 $\Delta\beta$，则

$$\Delta\beta = \arctan \frac{O_2 O_2' - O_1 O_1'}{L} \arctan \frac{X_{2\max} - X_{1\max}}{2L} \qquad (5\text{-}13)$$

2）设两定位孔反方向移动时，定位基准的转角（图 5-33b）为 $\Delta\alpha$，则

$$\Delta\alpha = \arctan \frac{O_2 O_2' + O_1 O_1'}{L} \arctan \frac{X_{2\max} + X_{1\max}}{2L} \qquad (5\text{-}14)$$

3. 设计示例

图 5-29 所示的连杆盖上要钻四个定位销孔，其定位方式如图 5-34a 所示。设计步骤如下：

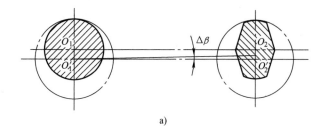

a)

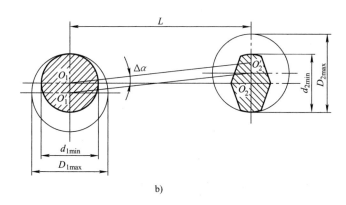

b)

图 5-33　一面两孔定位时定位基准的转动

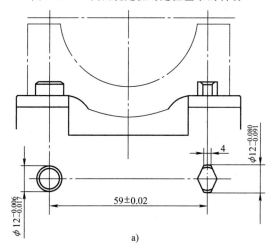

a)

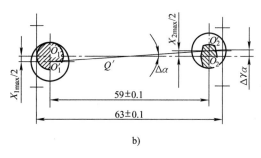

b)

图 5-34　连杆盖的定位方式与定位误差

（1）确定两定位销的中心距 两定位销中心距的基本尺寸应等于工件两定位孔中心距的平均尺寸，其公差一般为

$$\delta_{Ld} = \left(\frac{1}{3} \sim \frac{1}{5} \right) \delta_{LD}$$

因 $L_D = (59 \pm 0.1) \mathrm{mm}$

故取 $L_d = (59 \pm 0.02) \mathrm{mm}$

（2）确定圆柱销直径 圆柱销直径的基本尺寸应等于与之配合的工件孔的最小极限尺寸，其公差一般取 g6 或 h7。

因连杆盖定位孔的直径为 $\phi 12^{+0.027}_{0} \mathrm{mm}$，故取圆柱销的直径 $d_1 = \phi 12 \mathrm{g} 6 = \phi 12^{-0.006}_{-0.017} \mathrm{mm}$。

（3）确定菱形销的尺寸 b 查表 5-2，$b = 4 \mathrm{mm}$。

（4）确定菱形销的直径

1）按式（5-12）计算 $X_{2\min}$

因

$$a = \frac{\delta_{LD} + \delta_{Ld}}{2} = (0.1 + 0.02) \mathrm{mm} = 0.12 \mathrm{mm}$$

$$b = 4 \mathrm{mm}; \quad D_2 = \phi 12^{+0.027}_{0} \mathrm{mm}$$

所以

$$X_{2\min} = \frac{2ab}{D_{2\min}} = \frac{2 \times 0.12 \times 4}{12} \mathrm{mm} = 0.08 \mathrm{mm}$$

采用修圆菱形销时，应以 b_1 代替 b 进行计算。

2）按公式 $d_{2\max} = D_{2\min} - X_{2\min}$ 计算出菱形销的最大直径

$$d_{2\max} = (12 - 0.08) \mathrm{mm} = 11.92 \mathrm{mm}$$

3）确定菱形销的公差等级。菱形销直径的公差等级一般取 IT6 或 IT7，因 IT6 = 0.011mm，所以 $d_2 = \phi 12^{-0.080}_{-0.091} \mathrm{mm}$。

（5）计算定位误差 连杆盖本工序的加工尺寸较多，除了四孔的直径和深度外，还有 $(63 \pm 0.1) \mathrm{mm}$、$(20 \pm 0.1) \mathrm{mm}$、$(31.5 \pm 0.2) \mathrm{mm}$ 和 $(10 \pm 0.15) \mathrm{mm}$。其中，$(63 \pm 0.1) \mathrm{mm}$ 和 $(20 \pm 0.1) \mathrm{mm}$ 的大小主要取决于钻套间的距离，与本工序无关，没有定位误差；$(31.5 \pm 0.2) \mathrm{mm}$ 和 $(10 \pm 0.15) \mathrm{mm}$ 均受工件定位的影响，有定位误差。

1）加工尺寸 $(31.5 \pm 0.2) \mathrm{mm}$ 的定位误差。由于定位基准与工序基准不重合，定位尺寸 $S = (29.5 \pm 0.1) \mathrm{mm}$，所以 $\Delta_B = \delta_S = 0.2 \mathrm{mm}$。

又由于 $31.5 \pm 0.2 \mathrm{mm}$ 的方向与两定位孔连心线平行，因而

$$\Delta_Y = X_{1\max} = (0.027 + 0.017) \mathrm{mm} = 0.044 \mathrm{mm}$$

因为工序基准不在定位基面上，所以

$$\Delta_D = \Delta_Y + \Delta_B = (0.2 + 0.044) \mathrm{mm} = 0.244 \mathrm{mm}$$

2）加工尺寸 $10 \pm 0.15 \mathrm{mm}$ 的定位误差。由于定位基准与工序基准重合，所以 $\Delta_B = 0$。

由于定位基准与限位基准不重合，既有基准直线位移误差 Δ_{Y1}，又有基准角位移误差 Δ_{Y2}。

根据式（5-14），

$$\tan \Delta \alpha = \frac{X_{1\max} + X_{2\max}}{2L} = \frac{0.044 + 0.118}{2 \times 59} = 0.00138$$

于是得到，左边两小孔的基准位移误差为

$$\Delta_{Y左} = X_{1max} + 2L_1 \tan\Delta\alpha = (0.044 + 2\times2\times0.00138)\,mm = 0.05mm$$

右边两小孔的基准位移误差为

$$\Delta_{Y右} = X_{2max} + 2L_2 \tan\Delta\alpha = (0.118 + 2\times2\times0.00138)\,mm = 0.124mm$$

因为 $10 \pm 0.15mm$ 是对四小孔的统一要求，因此其定位误差为 $\Delta_D = \Delta_Y = 0.124mm$。

第四节　工件的夹紧

在机械加工过程中，工件会受到切削力、离心力、惯性力等的作用。为了保证在这些外力作用下，工件仍能在夹具中保持已由定位元件所确定的加工位置，而不致发生振动和位移，在夹具结构中必须设置一定的夹紧装置将工件可靠地夹牢。

一、夹紧装置的组成及其设计原则

工件定位后，将工件固定并使其在加工过程中保持定位位置不变的装置，称为夹紧装置。

1. 夹紧装置的组成

夹紧装置的组成如图 5-35 所示，由以下三部分组成。

（1）动力源装置。它是产生夹紧作用力的装置，分为手动夹紧和机动夹紧两种。手动夹紧的力源来自人力，用时比较费时费力。为了改善劳动条件和提高生产率，目前在大批量生产中均采用机动夹紧。机动夹紧的力源来自气动、液压、气液联动、电磁、真空等动力夹紧装置。图 5-35 所示的气缸就是一种动力源装置。

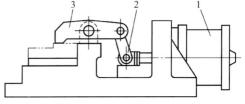

图 5-35　夹紧装置的组成
1—气缸　2—杠杆　3—压板

（2）传力机构。它是介于动力源和夹紧元件之间传递动力的机构。传力机构的作用是：改变作用力的方向；改变作用力的大小；具有一定的自锁性能，以便在夹紧力一旦消失后，仍能保证整个夹紧系统处于可靠的夹紧状态，这一点在手动夹紧时尤为重要。图 5-35 所示的杠杆就是传力机构。

（3）夹紧元件。它是直接与工件接触完成夹紧作用的最终执行元件。图 5-35 所示的压板就是夹紧元件。

2. 夹紧装置的设计原则

在夹紧工件的过程中，夹紧作用的效果会直接影响工件的加工精度、表面粗糙度及生产效率。因此，设计夹紧装置应遵循以下原则：

（1）工件不移动原则　夹紧过程中，应不改变工件定位后所占据的正确位置。

（2）工件不变形原则　夹紧力的大小要适当，既要保证夹紧可靠，又应使工件在夹紧力的作用下不致产生加工精度所不允许的变形。

（3）工件不振动原则　对刚性较差的工件，或者进行断续切削以及不宜采用气缸直接压紧的情况，应提高支承元件和夹紧元件的刚性，并使夹紧部位靠近加工表面，以避免工件和夹紧系统的振动。

（4）安全可靠原则 夹紧传力机构应有足够的夹紧行程，手动夹紧要有自锁性能，以保证夹紧可靠。

（5）经济实用原则 夹紧装置的自动化和复杂程度应与生产纲领相适应，在保证生产效率的前提下，其结构应力求简单，便于制造、维修，工艺性能好；操作方便、省力，使用性能好。

二、确定夹紧力的基本原则

设计夹紧装置时，夹紧力的确定包括夹紧力的方向、作用点和大小三个要素。

1. 夹紧力的方向

夹紧力的方向与工件定位的基本配置情况，以及工件所受外力的作用方向等有关。选择时必须遵守以下准则：

1）夹紧力的方向应有助于定位稳定，且主夹紧力应朝向主要定位基面。如图 5-36a 所示直角支座镗孔，要求孔与 A 面垂直，所以应以 A 面为主要定位基面，且夹紧力 F_w 方向与之垂直，则较容易保证质量。如图 5-36b、c 所示的 F_w 都不利于保证镗孔轴线与 A 的垂直度，如图 5-36d 所示的 F_w 朝向了主要定位基面，则有利于保证加工孔轴线与 A 面的垂直度。

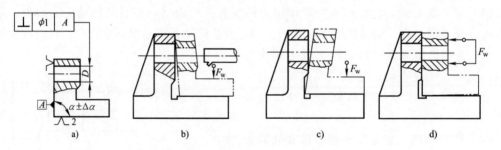

图 5-36　夹紧力应指向主要定位基面
a）工序简图　b）、c）错误　d）正确

2）夹紧力的方向应有利于减小夹紧力，以减小工件的变形，减轻劳动强度。为此，夹紧力 F_w 的方向最好与切削力 F、工件的重力 G 的方向重合。图 5-37 所示为工件在夹具中加工时常见的几种受力情况，显然，图 5-37a 为最合理，图 5-37f 情况为最差。

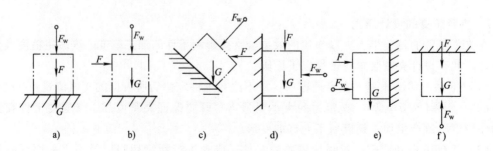

图 5-37　夹紧力方向与夹紧力大小的关系

3）夹紧力的方向应是工件刚性较好的方向。由于工件在不同方向上刚度是不同的。不同的受力表面也因其接触面积大小而变形各异。尤其在夹压薄壁零件时，更需注意使夹紧力的方向指向工件刚性最好的方向。

2. 夹紧力的作用点

夹紧力作用点是指夹紧件与工件接触的一小块面积。选择作用点的问题是指在夹紧方向已定的情况下确定夹紧力作用点的位置和数目。夹紧力作用点的选择是达到最佳夹紧状态的首要因素。合理选择夹紧力作用点必须遵守以下准则：

1）夹紧力的作用点应落在定位元件的支承范围内，应尽可能使夹紧点与支承点对应，使夹紧力作用在支承上。如图 5-38a 所示，夹紧力作用在支承面范围之外，会使工件倾斜或移动，夹紧时将破坏工件的定位；而如图 5-38b 所示则是合理的。

2）夹紧力的作用点应选在工件刚性较好的部位。这对刚度较差的工件尤其重要，如图 5-39 所示，将作用点由中间的单点改成两旁的两点夹紧，可使变形大为减小，并且夹紧更加可靠。

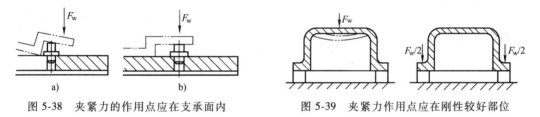

图 5-38　夹紧力的作用点应在支承面内
a）不合理　b）合理

图 5-39　夹紧力作用点应在刚性较好部位

3）夹紧力的作用点应尽量靠近加工表面，以防止工件产生振动和变形，提高定位的稳定性和可靠性。图 5-40 所示工件的加工部位为孔，图 5-40a 的夹紧点离加工部位较远，易引起加工振动，使表面粗糙度增大；图 5-40b 的夹紧点会引起较大的夹紧变形，造成加工误差；图 5-40c 是比较好的一种夹紧点选择。

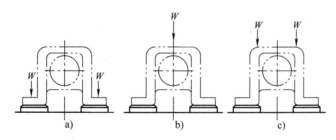

图 5-40　夹紧力作用点应靠近加工表面

3. 夹紧力的大小

夹紧力的大小，对于保证定位稳定、夹紧可靠，确定夹紧装置的结构尺寸，都有着密切的关系。夹紧力的大小要适当。夹紧力过小则夹紧不牢靠，在加工过程中工件可能发生位移而破坏定位，其结果轻则影响加工质量，重则造成工件报废甚至发生安全事故。夹紧力过大会使工件变形，也会对加工质量不利。

理论上，夹紧力的大小应与作用在工件上的其他力（力矩）相平衡；而实际上，夹紧力的大小还与工艺系统的刚度、夹紧机构的传递效率等因素有关，计算是很复杂的。因此，实际设计中常采用估算法、类比法和试验法确定所需的夹紧力。

当采用估算法确定夹紧力的大小时，为简化计算，通常将夹具和工件看成一个刚性系统。根据工件所受切削力、夹紧力（大型工件应考虑重力、惯性力等）的作用情况，找出加工过程中对夹紧最不利的状态，按静力平衡原理计算出理论夹紧力，最后再乘以安全系数作为实际所需夹紧力，即

$$F_{wk} = KF_w \tag{5-15}$$

式中　　F_{wk}——实际所需夹紧力，（N）；

　　　　F_w——在一定条件下，由静力平衡算出的理论夹紧力，（N）；

　　　　K——安全系数，粗略计算时，粗加工取 $K = 2.5 \sim 3$，精加工取 $K = 1.5 \sim 2$。

夹紧力三要素的确定，实际是一个综合性问题。必须全面考虑工件结构特点、工艺方法、定位元件的结构和布置等多种因素，才能最后确定并具体设计出较为理想的夹紧装置。

4. 减小夹紧变形的措施

有时，一个工件很难找出合适的夹紧点。如图 5-41 所示的较长的套筒在车床上镗内孔和图 5-42 所示的高支座在镗床上镗孔，以及一些薄壁零件的夹持等，均不易找到合适的夹紧点。这时可以采取以下措施减少夹紧变形。

（1）增加辅助支承和辅助夹紧点　如图 5-42 所示的高支座可采用图 5-43 所示的方法，增加一个辅助支承点及辅助夹紧力 W_1，就可以使工件获得满意的夹紧状态。

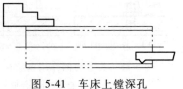

图 5-41　车床上镗深孔

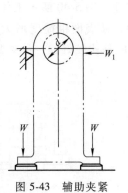

图 5-42　高支座镗孔　　　　图 5-43　辅助夹紧

（2）分散着力点　如图 5-44 所示，用一块活动压板将夹紧力的着力点分散成两个或四个，从而改变着力点的位置，减少着力点的压力，获得减少夹紧变形的效果。

（3）增加压紧件接触面积　图 5-45 所示为自定心卡盘夹紧薄壁工件的情形。将图 5-45a 所示形式改为图 5-45b 所示形式，改用宽卡爪增大和工件的接触面积，减小了接触点的比压，从而减小了夹紧变形。图 5-46 列举了另外两种减少夹紧变形的装置。图 5-46a 所示为常见的浮动压块，图 5-46b 所示为在压板下增加垫环，使夹紧力通过刚性好的垫环均匀地作用在薄壁工件上，避免工件局部压陷。

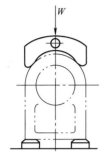

图 5-44　分散着力点

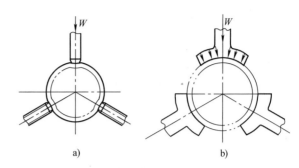

图 5-45　薄壁套的夹紧变形及改善

（4）利用对称变形　加工薄壁套筒时，采用图 5-45 所示的方法加宽卡爪，如果夹紧力较大，仍有可能发生较大的变形。因此，在精加工时，除减小夹紧力外，夹具的夹紧设计，应保证工件能产生均匀的对称变形，以便获得变形量的统计平均值，通过调整刀具适当消除部分变形量，也可以达到所要求的加工精度。

（5）其他措施　对于一些极薄的特形工件，靠精密冲压加工仍达不到所要求的精度而需要进行机械加工时，上述各种措施通常难以满足需要，可以采用一种冻结式夹具。这类

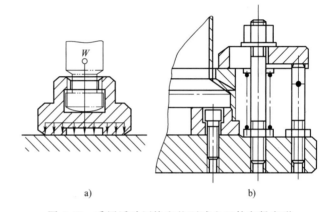

图 5-46　采用浮动压块和垫环减少工件夹紧变形

夹具是将极薄的特形工件定位于一个随行的型腔里，然后浇灌低熔点金属，待其固结后一起加工，加工完成后，再加热熔解取出工件。低熔点金属的浇灌及熔解分离，都是在生产线上进行的。

三、常用的夹紧机构及选用

机床夹具中所使用的夹紧机构绝大多数都是利用斜面将楔块的推力转变为夹紧力来夹紧工件的。其中最基本的形式就是直接利用有斜面的楔块，偏心轮、凸轮、螺钉等不过是楔块的变种。

1. 斜楔夹紧机构

斜楔是夹紧机构中最基本的增力和锁紧元件。斜楔夹紧机构是利用楔块上的斜面直接或间接（如用杠杆等）将工件夹紧的机构，如图 5-47 所示。

选用斜楔夹紧机构时，应根据需要确定斜角 α。凡有自锁要求的楔块夹紧，其斜角 α 必须小于 2φ（φ 为摩擦角），为可靠起见，通常取 $\alpha = 6° \sim 8°$。在现代夹具中，斜楔夹紧机构常与气压、液压传动装置联合使用，由于气压和液压可保持一定压力，楔块斜角 α 不受此限，可取更大些，一般在 $15° \sim 30°$ 内选择。斜楔夹紧机构结构简单，操作方便，但传力系数小，夹紧行程短，自锁能力差。

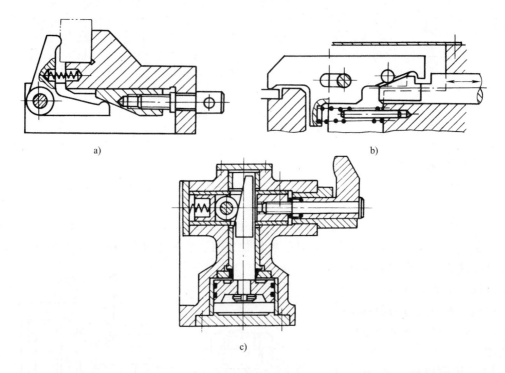

图 5-47 斜楔夹紧机构

2. 螺旋夹紧机构

由螺钉、螺母、垫圈、压板等元件组成，采用螺旋直接夹紧或与其他元件组合实现夹紧工件的机构，统称为螺旋夹紧机构。螺旋夹紧机构不仅结构简单、容易制造，而且自锁性能好、夹紧可靠，夹紧力和夹紧行程都较大，是夹具中用得最多的一种夹紧机构。

（1）简单螺旋夹紧机构　这种装置有两种形式。图 5-48a 所示的机构，螺杆直接与工件接触，容易使工件受损害或移动，一般只用于毛坯和粗加工零件的夹紧。图 5-48b 所示的是常用的螺旋夹紧机构，其螺钉头部常装有摆动压块，可防止螺杆夹紧时带动工件转动和损伤工件表面，螺杆上部装有手柄，夹紧时不需要扳手，操作方便、迅速。当工件夹紧部分不宜使用扳手，且夹紧力要求不大的部位，可选用这种机构。简单螺旋夹紧机构的缺点是夹紧动作慢，工件装卸费时。为了克服这一缺点，可以采用如图 5-49 所示的快速螺旋夹紧机构。

（2）螺旋压板夹紧机构　在夹紧机构中，结构形式变化最多的是螺旋压板机构，常用的螺旋压板夹紧机构如图 5-50 所示。选用时，可根据夹紧力大小的要求、工作高度尺寸的变化范围、夹具上夹紧机构允许占有的部位和面积进行选择。例如，当夹具中只允许夹紧机构占很小面积，而夹紧力又要求不很大时，可选用如图 5-50a 所示的螺旋钩形压板夹紧机构。又如工件

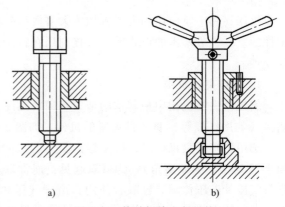

图 5-48 简单螺旋夹紧机构
a）螺杆与工件直接接触　b）螺杆与工件不直接接触

夹紧高度变化较大的小批、单件生产，可选用如图 5-50e、f 所示的通用压板夹紧机构。

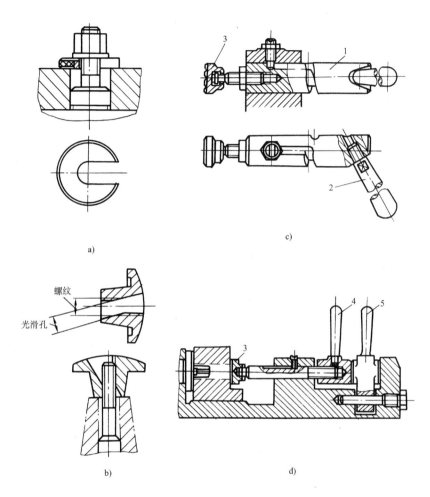

图 5-49　快速螺旋夹紧机构
1—夹紧轴　2、4、5—手柄　3—摆动压块

3. 偏心夹紧机构

偏心夹紧机构是由偏心元件直接夹紧或与其他元件组合而实现对工件夹紧的机构，它是利用转动中心与几何中心偏移的圆盘或轴作为夹紧元件。它的工作原理也是基于斜楔的工作原理，近似于把一个斜楔弯成圆盘形，如图 5-51a 所示。偏心元件一般有圆偏心和曲线偏心两种类型，圆偏心因结构简单、容易制造而得到广泛应用。

偏心夹紧机构结构简单、制造方便，与螺旋夹紧机构相比，还具有夹紧迅速、操作方便等优点；其缺点是夹紧力和夹紧行程均不大，自锁能力差，结构不抗振，故一般适用于夹紧行程及切削负荷较小且平稳的场合。在实际使用中，偏心轮直接作用在工件上的偏心夹紧机构不多见。偏心夹紧机构一般多和其他夹紧元件联合使用。图 5-51b 所示是偏心压板夹紧机构。

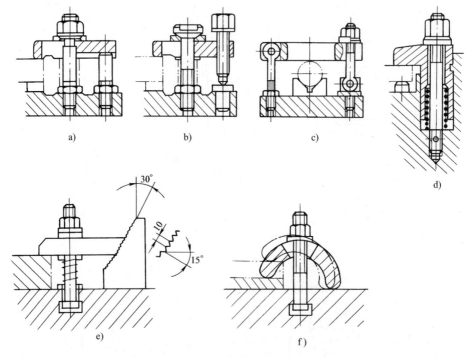

图 5-50 螺旋压板夹紧机构

a)、b) 移动压板式 c) 铰链压板式 d) 固定压板式
e)、f) 通用压板式

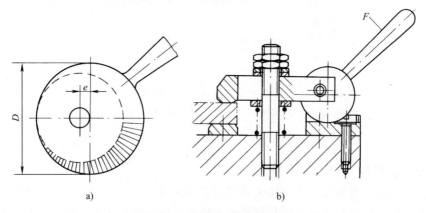

图 5-51 偏心压板夹紧机构

a) 工作原理 b) 偏心压板结构

4. 铰链夹紧机构

铰链夹紧机构是一种增力夹紧机构。由于其机构简单、增力倍数大，在气压夹具中获得较广泛的运用，以弥补气缸或气室力量的不足。图 5-52 所示是铰链夹紧机构的三种基本结构。图 5-52a 所示为单臂铰链夹紧机构，臂的两头是铰链的连线，一头带滚子。图 5-52b 所示为双臂单作用铰链夹紧机构。图 5-52c 所示为双臂双作用铰链夹紧机构。

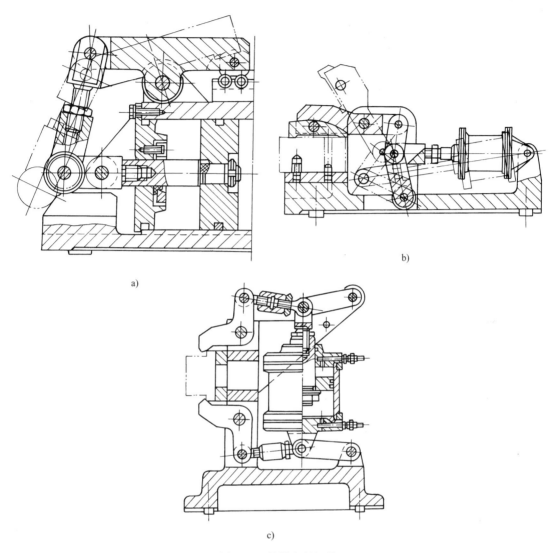

图 5-52 铰链夹紧机构

5. 定心夹紧机构

在工件定位时，常常将工件的定心、定位和夹紧结合在一起，这种机构称为定心夹紧机构。定心夹紧机构的特点如下：

1）定位和夹紧是同一元件。

2）元件之间有精确的联系。

3）能同时等距离地移向或退离工件。

4）能将工件定位基准的误差对称地分布开来。

常见的定心夹紧机构有：利用斜面作用的定心夹紧机构、利用杠杆作用的定心夹紧机构以及利用薄壁弹性元件的定心夹紧机构等。

（1）斜面作用的定心夹紧机构 属于此类夹紧机构的有：螺旋式、偏心式、斜楔式以及弹簧夹头等。图 5-53 所示为部分这类定心夹紧机构。图 5-53a 所示为螺旋式定心夹紧机构；图 5-53b 所示为偏心式定心夹紧机构；图 5-53c 所示为斜面（锥面）定心夹紧机构。

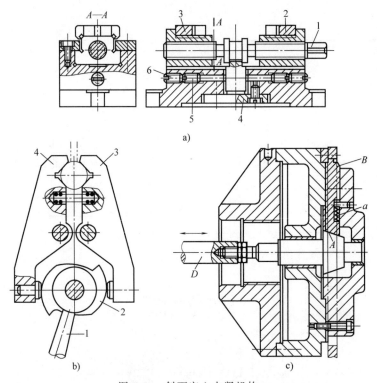

图 5-53　斜面定心夹紧机构

a)

1—螺杆　2、3—V形块　4—叉形零件　5、6—螺钉

b)

1—手柄　2—双面凸轮　3、4—夹爪

弹簧夹头亦属于利用斜面作用的定心夹紧机构。图 5-54 所示为弹簧夹头的结构简图。图中 1 为夹紧元件——弹簧套筒，2 为操纵件——拉杆。弹簧夹头可用于车削滚动轴承的内圆等。

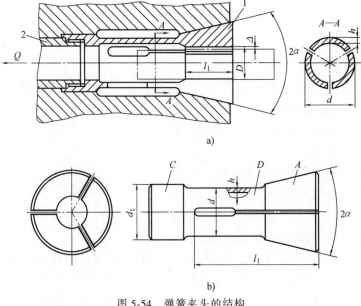

图 5-54　弹簧夹头的结构

（2）杠杆作用的定心夹紧机构　图 5-55 所示的车床卡盘即属此类夹紧机构。气缸力作用于拉杆 1，拉杆 1 带动滑块 2 左移，通过三个钩形杠杆 3 同时收拢三个夹爪 4，对工件进行定心夹紧。夹爪的张开是靠滑块上的三个斜面推动的。

图 5-56 所示为齿轮齿条传动的定心夹紧机构。气缸（或其他动力）通过拉杆推动右端钳口时，通过齿轮齿条传动，使左面钳口同步向心移动夹紧工件，使工件在 V 形块中自动定心。

（3）弹性定心夹紧机构　弹性定心夹紧机构是利用弹性元件受力后的均匀变形实现对工件的自动定心的。根据弹性元件的不同，有鼓膜式夹具、碟形弹簧夹具、液性塑料薄壁套筒夹具及折纹管夹具等。图 5-57 所示为鼓膜式夹具。图 5-58 所示为液性塑料定心夹具。弹性定心夹紧机构可用于磨削圆柱形工件（如滚动轴承内圈）的内圆等。

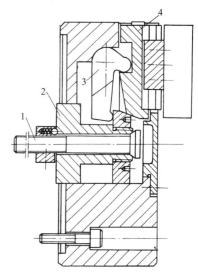

图 5-55　自动定心卡盘
1—拉杆　2—滑块　3—钩形杠杆　4—夹爪

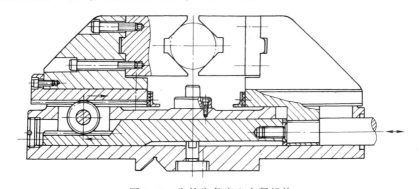

图 5-56　齿轮齿条定心夹紧机构

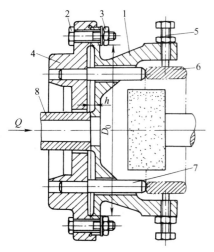

图 5-57　鼓膜式夹具
1—弹性盘　2—螺钉　3—螺母　4—夹具体
5—可调螺钉　6—工件　7—顶杆　8—推杆

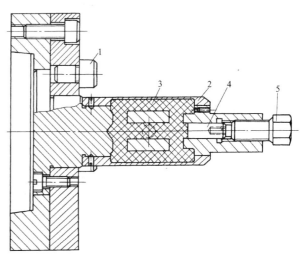

图 5-58　液性塑料定心夹具
1—支钉　2—薄壁套筒　3—液性塑料　4—柱塞　5—螺钉

6. 联动夹紧机构

在工件的装夹过程中，有时需要夹具同时有几个点对工件进行夹紧；有时则需要同时夹紧几个工件；而有些夹具除了夹紧动作外，还需要松开或固紧辅助支承等，这时为了提高生产率，减少工件装夹时间，可以采用各种联动机构。下面介绍一些常见的联动夹紧机构。

（1）多点夹紧　多点夹紧是用一个原始作用力，通过一定的机构分散到数个点上对工件进行夹紧。图 5-59 所示为两种常见的浮动压头。图 5-60 所示为几种浮动夹紧机构的例子。

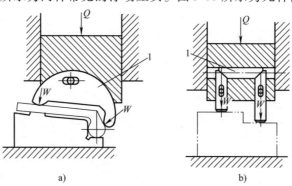

图 5-59　浮动压头

1—浮动零件

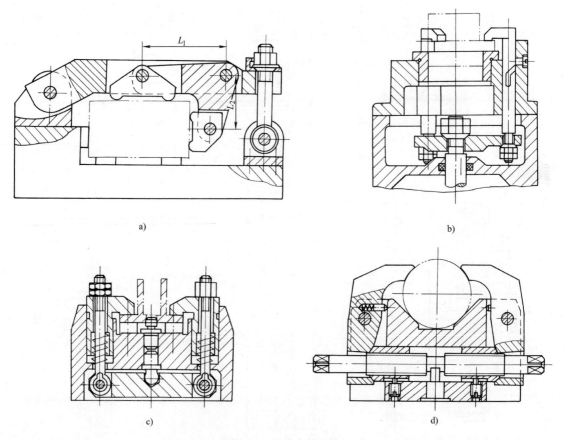

图 5-60　浮动夹紧机构

a）四点双向浮动　b）、c）平行式多点夹紧　d）多点浮动夹紧

（2）多件夹紧 多件夹紧是用一个原始作用力，通过一定的机构实现对数个相同或不同的工件进行夹紧。图 5-61 所示为部分常见的多件夹紧机构。

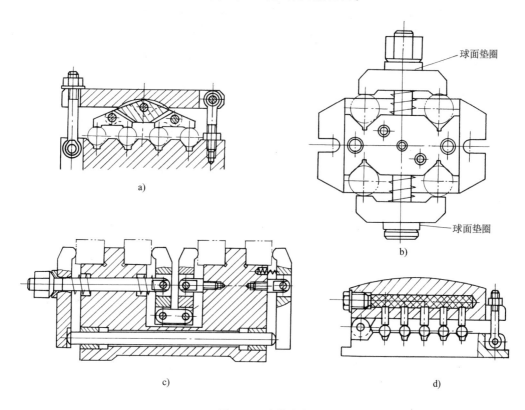

图 5-61 多件夹紧

（3）夹紧与其他动作联动 图 5-62 所示为夹紧与移动压板联动的机构；图 5-63 所示为夹紧与锁紧辅助支承联动的机构；图 5-64 所示为先定位后夹紧的联动机构。上述几种夹紧机构常用于加工连杆的大头一端。

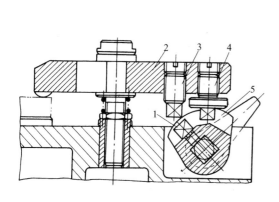

图 5-62 夹紧与移动压板联动

1—拨销 2—压板 3、4—螺钉 5—偏心轮

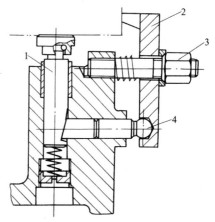

图 5-63 夹紧与锁紧辅助支承联动

1—辅助支承 2—压板 3—螺母 4—锁销

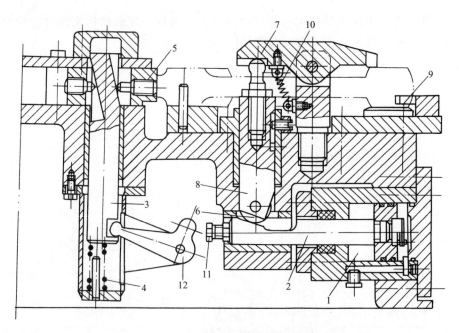

图 5-64　先定位后夹紧联动机构

1—油缸　2—活塞杆　3—推杆　4、10—弹簧　5—活块　6—滚子　7—压板
8—推杆　9—定位块　11—螺钉　12—拨杆

四、夹紧机构的设计要求

夹紧机构是指能实现以一定的夹紧力夹紧工件选定夹紧点功能的完整结构。它主要包括与工件接触的压板、支承件和施力机构。对夹紧机构通常有如下要求。

（1）可浮动　由于工件上各夹紧点之间总是存在位置误差，为了使压板可靠地夹紧工件或使用一块压板实现多点夹紧，一般要求夹紧机构和支承件等要有浮动自位的功能。要使压板及支承件等产生浮动，可用球面垫圈、球面支承及间隙联接销来实现，如图5-65所示。

（2）可联动　为了实现几个方向的夹紧力同时作用或顺序作用，并使操作简便，设计中广泛采用各种联动机构，如图5-66、图5-67、图5-68所示。

（3）可增力　为了减小动力源的作用力，在夹紧机构中常采用增力机构。最常用的增力机构有：螺旋、杠杆、斜面、铰链及其组合。

杠杆增力机构的增力比其行程的适应范围较大，结构简单，如图5-69所示。

斜面增力机构的增力比较大，但行程较小，且结构复杂，多用于要求有稳定夹紧力的精加工夹具中，如图5-70所示。

螺旋的增力原理和斜面一样。另外，还有气动液压增力机构等。

铰链增力机构常和杠杆机构组合使用，称为铰链杠杆机构。它是气动夹具中常用的一种增力机构。其优点是增力比较大，而摩擦损失较小。图5-71所示为常用铰链杠杆增力机构的示意图。此外，还有气动液压增力机构等。

（4）可自锁　当去掉动力源的作用力之后，仍能保持对工件的夹紧状态，称为夹紧机构的自锁。自锁是夹紧机构的一种十分重要并且十分必要的特性。常用的自锁机构有螺旋、斜面及偏心机构等。

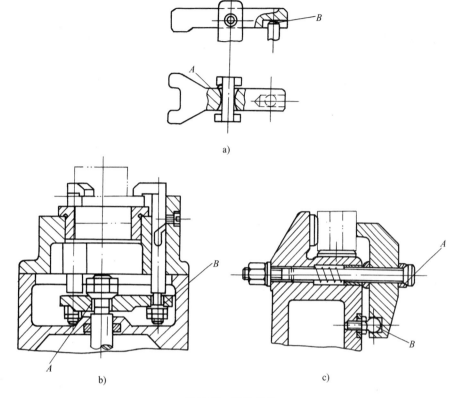

a)

b)   c)

图 5-65 浮动机构

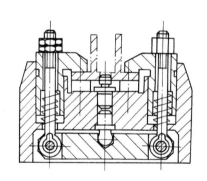

图 5-66 双件联动机构

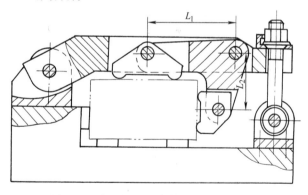

图 5-67 实现相互垂直作用力的联动机构

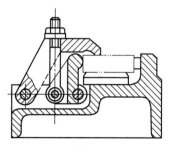

图 5-68 顺序作用的联动机构

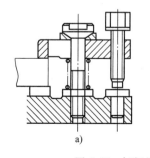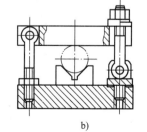

a)   b)

图 5-69 杠杆机构的常见情况

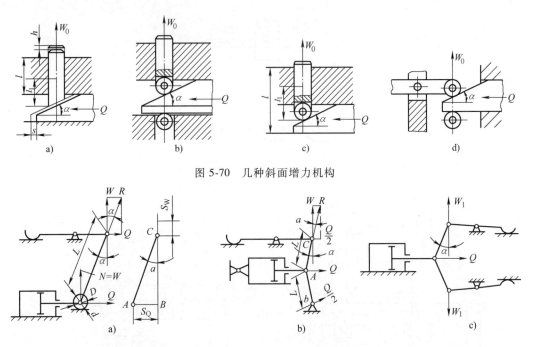

图 5-70 几种斜面增力机构

图 5-71 铰链杠杆增力机构

五、夹紧动力源装置

夹具的动力源有手动、气压、液压、电动、电磁、弹力、离心力及真空吸力等。随着机械制造工业的迅速发展，自动化和半自动化设备的推广，以及在大批量生产中要求尽量减轻操作人员的劳动强度，现在大多采用气动、液压等夹紧来代替人力夹紧，这类夹紧机构还能进行远距离控制，其夹紧力可保持稳定，机构也不必考虑自锁，夹紧质量也比较高。

设计夹紧机构时，应同时考虑所采用的动力源。选择动力源时通常应遵循两条原则：

（1）经济合理 采用某一种动力源时，首先应考虑使用的经济效益，不仅应使动力源设施的投资减少，而且应使夹具结构简化，降低夹具的成本。

（2）与夹紧机构相适应 动力源的确定很大程度上决定了所采用的夹紧机构，因此动力源必须与夹紧机构结构特性、技术特性以及经济价值相适应。

1. 手动动力源

选用手动动力源的夹紧系统一定要具有可靠的自锁性能以及较小的原始作用力，故手动动力源多用于螺栓、螺母施力机构和偏心施力机构的夹紧系统。设计这种夹紧装置时，应考虑操作者体力和情绪的波动对夹紧力的大小波动的影响，应选用较大的裕度系数。

2. 气压动力源

气压动力源夹紧系统如图 5-72 所示。它包括三个组成部分：第一部分为气源，包括空气压缩机 2、冷却器 3、储气罐 4 等，这一部分一般集中在压缩空气站内；第二部分为控制部分，包括分水滤气器 6（降低湿度）、调压阀 7（调整与稳定工作压力）、油雾器 9（将油雾化润滑元件）、单向阀 10、配气阀 11（控制气缸进气与排气方向）、调速阀 12（调节压缩空气的流速和流量）等，这些气压元件一般安装在机床附近或机床上；第三部分为执行部分，如气缸 13 等，它们通常直接装在机床夹具上与夹紧机构相连。

气缸是将压缩空气的工作压力转换为活塞的移动，以此驱动夹紧机构实现对工件夹紧的执行元件。它的种类很多，按活塞的结构可分为活塞式和膜片式两大类，按安装方式可分固定式、摆动式和回转式等；按工作方式还可分为单向作用气缸和双向作用气缸。

气动动力源的介质是空气，故不会变质，不会产生污染，且在管道中的压力损失小，但气压较低，一般为 0.4~0.6MPa，当需要较大的夹紧力时，气缸就要很大，致使夹具结构不紧凑。另外，由于空气的压缩性大，所以夹具的刚度和稳定性较差。此外，还有较大的排气噪声。

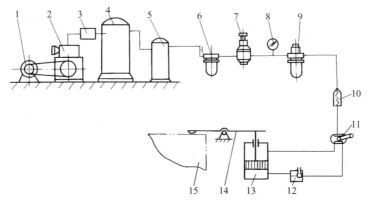

图 5-72　气压夹紧装置传动的组成

1—电动机　2—空气压缩机　3—冷却器　4—储气罐　5—过滤器　6—分水滤气器　7—调压阀　8—压力表
9—油雾器　10—单向阀　11—配气阀　12—调速阀　13—气缸　14—夹具示意图　15—工件

3. 液压动力源

液压动力源夹紧系统是以液压油为工作介质来传递力的一种装置。它与气动夹紧比较，液压夹紧机构具有压力大、体积小、结构紧凑、夹紧力稳定、吸振能力强、不受外力变化的影响等优点。但结构比较复杂，制造成本较高，因此仅适用于大量生产。液压夹紧的传动系统与普通液压系统类似，但系统中常设有蓄能器，用以储蓄压力油，以提高液压泵电动机的使用效率。在工件夹紧后，液压泵电动机可停止工作，靠蓄能器补偿漏油，保持夹紧状态。

4. 气-液组合动力源

气-液组合动力源夹紧系统的动力源为压缩空气，但要使用特殊的增压器，比气动夹紧装置复杂。它的工作原理如图 5-73 所示，压缩空气进入气缸 1 的右腔，推动增压器气缸活塞 2 左移，活塞杆 3 随之在增压缸 4 内左移。因活塞杆 3 的作用面积小，使增压缸 4 和工作缸 6 内的油压得到增加，并推动工作缸中的活塞 5 上抬，将工件夹紧。

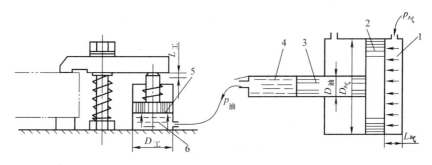

图 5-73　气-液组合夹紧工作原理

1—气缸　2—气缸活塞　3—活塞杆　4—增压缸　5—工作缸活塞　6—工作缸

5. 电动电磁动力源

电动扳手和电磁吸盘都属于硬特性动力源，在流水作业线常采用电动扳手代替手动，不仅提高了生产效率，而且克服了手动时施力的波动，并减轻了工人的劳动强度，是获得稳定夹紧力的方法之一。电磁吸盘动力源主要用于要求夹紧力稳定的精加工夹具中。

第五节　各类机床夹具

一、车床夹具

1. 车床夹具的分类

车床主要用于加工零件的内、外圆柱面、圆锥面、回转成形面、螺纹及端平面等。上述各种表面都是围绕机床主轴的旋转轴线而形成的，根据这一加工特点和夹具在机床上安装的位置，将车床夹具分为两种基本类型。

（1）安装在车床主轴上的夹具　这类夹具中，除了各种卡盘、顶尖等通用夹具或其他机床附件外，往往根据加工的需要设计各种心轴或其他专用夹具，加工时夹具随机床主轴一起旋转，切削刀具做进给运动。

（2）安装在滑板或床身上的夹具　对于某些形状不规则和尺寸较大的工件，常常把夹具安装在车床滑板上，刀具则安装在车床主轴上做旋转运动，夹具做进给运动。加工回转成形面的靠模属于此类夹具。

车床夹具按使用范围，可分为通用车夹具、专用车夹具和组合夹具三类。

生产中需要设计且用得较多的是安装在车床主轴上的各种夹具，故下面只介绍该类夹具的结构特点。

2. 车床常用通用夹具的结构

（1）自定心卡盘　自定心卡盘的卡爪是同步运动的，能自动定心，工件装夹后一般不需找正，装夹工件方便、省时，但夹紧力不太大，所以仅适用于装夹外形规则的中、小型工件，其结构如图 5-74 所示。

为了扩大自定心卡盘的使用范围，可将卡盘上的卡爪换下来，装上专用卡爪，变为专用的自定心卡盘。

（2）单动卡盘　由于单动卡盘的四个卡爪各自独立运动，因此工件装夹时必须将加工部分的旋转中心找正到与车床主轴旋转中心重合后才可车削。单动卡盘找正比较费时，但夹紧力较大，所以适用于装夹大型或形状不规则的工件。单动卡盘可装成正爪或反爪两种形式，反爪用来装夹直径较大的工件。

图 5-75 所示为单动卡盘上用 V 形架固定圆件的方法，调好中心后，用三爪固定一个 V 形架，只用第四个卡爪夹紧和松开元件。

（3）拨动顶尖　为了缩短装夹时间，可采用内、外拨动顶尖，如图 5-76 所示。这种顶尖锥面上的齿能嵌入工件，拨动工件旋转。圆锥角一般采用 60°，硬度为 58 ~ 60HRC。图 5-76a 所示为外拨动顶尖，用于装夹套类工件，它能在一次装夹中加工外圆。图 5-76b 所示为内拨动顶尖，用于装夹轴类工件。

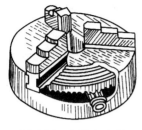

图 5-74 自定心卡盘

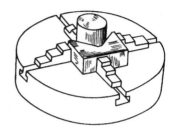

图 5-75 单动卡盘

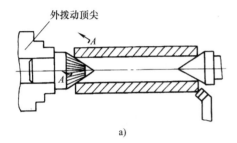

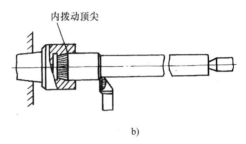

a)
b)

图 5-76 内、外拨动顶尖

a) 外拨动顶尖 b) 内拨动顶尖

端面拨动顶尖：这种前顶尖装夹工件时，利用端面拨动爪带动工件旋转，工件仍以中心孔定位。这种顶尖的优点是能快速装夹工件，并在一次安装中能加工出全部外表面。适用于装夹外径为 $\phi50\sim\phi150mm$ 的工件，其结构如图 5-77 所示。

3. 车床专用夹具的典型结构

（1）心轴类车床夹具 心轴宜用于以孔作定位基准的工件，由于结构简单而常采用。按照与机床主轴的连接方式，心轴可分为顶尖式心轴和锥柄式心轴。

图 5-78 所示为顶尖式心轴，工件以孔口 60°角定位车削外圆表面。旋转螺母 6，活动顶尖套 4 左移，从而使工件定心夹紧。顶尖式心轴结构简单、夹紧可靠、操作方便，适用于加工内、外圆无同轴度要求，或只需加工外圆的套筒类零件。被加工工件的内径 d_s 一般在 $32\sim100mm$ 范围内，长度 L_s 在 $120\sim780mm$ 范围内。

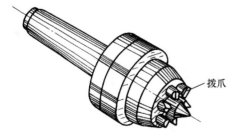

图 5-77 端面拨动顶尖

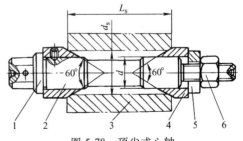

图 5-78 顶尖式心轴

1—轴肩 2—心轴 3—工件
4—顶尖 5—垫圈 6—螺母

图 5-79 为锥柄式心轴，仅能加工短的套筒或盘状工件。锥柄式心轴应和机床主轴锥孔的锥度一致。锥柄尾部的螺纹孔是当承受力较大时用拉杆拉紧心轴用的。

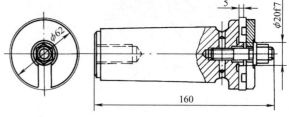

（2）角铁式车床夹具　角铁式车床夹具的结构特点是具有类似角铁的夹具体。它常用于加工壳体、支座、接头等类零件上的圆柱面及端面。

图 5-79　锥柄式心轴

如图 5-80 所示的夹具，工件以一平面和两孔为基准在夹具倾斜的定位面和两个销子上定位，用两只钩形压板夹紧，被加工表面是孔和端面。为了便于在加工过程中检验所切端面的尺寸，靠近加工面处设计有测量基准面。此外，夹具上还装有配重和防护罩。

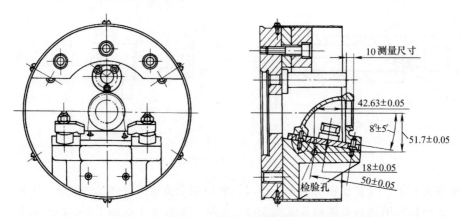

图 5-80　角铁式车床夹具

图 5-81 所示的夹具是用来加工气门杆的端面，由于该工件是以细的外圆柱面为基准，这就很难采用自动定心装置，于是夹具就采用半圆孔定位，所以夹具体必然成角铁状。为了使夹具平衡，该夹具采用了在较重的一侧钻平衡孔的办法。

由此可见，角铁式车床夹具主要应用于两种情况：第一是形状较特殊，被加工表面的轴

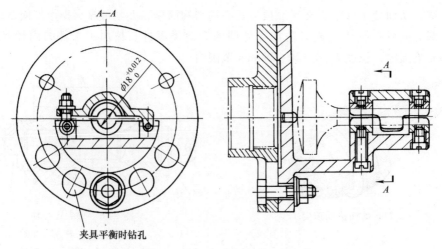

图 5-81　车气门杆的角铁式夹具

线要求与定位基准面平行或成一定角度；第二是工件的形状虽不特殊，但却不宜设计成对称式夹具时，也可采用角铁式结构。

4. 车床夹具的设计特点

1）因为整个车床夹具随机床主轴一起回转，所以要求它结构紧凑，轮廓尺寸尽可能小，重量要尽量轻，重心尽可能靠近回转轴线，以减小惯性力和回转力矩。

2）应有消除回转中的不平衡现象的平衡措施，以减小振动等不利影响。一般设置配置块或减重孔消除不平衡。

3）与主轴连接部分是夹具的定位基准，应有较准确的圆柱孔（或圆锥孔），其结构形式和尺寸依照具体使用的机床而定。

4）为使夹具使用安全，应尽可能避免有尖角或凸起部分，必要时回转部分外面可加防护罩。夹紧力要足够大，自锁可靠。

二、铣床夹具

1. 铣床夹具的分类

铣床夹具按使用范围，可分为通用铣夹具、专用铣夹具和组合铣夹具三类。按工件在铣床上加工的运动特点，可分为直线进给夹具、圆周进给夹具及沿曲线进给夹具（如仿形装置）三类。还可按自动化程度和夹紧动力源的不同（如气动、电动、液压）以及装夹工件数量的多少（如单件、双件、多件）等进行分类。其中，最常用的分类方法是按通用、专用和组合进行分类。

2. 铣床常用通用夹具的结构

铣床常用的通用夹具主要有平口台虎钳，它主要用于装夹长方形工件，也可用于装夹圆柱形工件。

机用平口台虎钳的结构组成如图 5-82 所示。机用平口台虎钳是通过台虎钳体 1 固定在机床上。固定钳口 2 和钳口铁 3 起垂直定位作用，台虎钳体 1 上的导轨平面起水平定位作用。活动座 8、螺母 7、丝杠 6（及方头 9）和紧固螺钉 11 可作为夹紧元件。回转底座 12 和定位键 14 分别起角度分度和夹具定位作用。固定钳口 2 上的钳口铁 3 上平面和侧平面也可作为对刀部位，但需用对刀规和塞尺配合使用。

3. 典型铣床专用夹具结构

（1）铣削键槽用的简易专用夹具 如图 5-83 所示，该夹具用于铣削工件 4 上的半封闭键槽。夹具中，V 形块 1 是夹具体兼定位件，它使工件在装夹时轴线位置必在 V 形面的角平分线上，从而起到定位作用。对刀块 6 同时也起到端面定位作用。压板 2 和螺栓 3 及螺母是夹紧元件，它们用以阻止工件在加工过程中因受切削力而产生的移动和振动。对刀块 6 除对工件起轴向定位外，主要用以调整铣刀和工件的相对位置。对刀面 a 通过铣刀周刃对刀，调整铣刀与工件的中心对称位置；对刀面 b 通过铣刀端面刃对刀，调整铣刀端面与工件外圆（或水平中心线）的相对位置。定位键 5 在夹具与机床间起定位作用，使夹具体即 V 形块 1 的 V 形槽槽向与工作台纵向进给方向平行。

（2）加工壳体的铣床夹具 图 5-84 所示为加工壳体侧面棱边所用的铣床夹具。工件以端面、大孔和小孔作定位基准，定位元件为支承板 2 和安装在其上的大圆柱销 6 和菱形销 10。夹紧装置是采用螺旋压板的联动夹紧机构。操作时，只需拧紧螺母 4，就可使左右两个压板同时夹紧工件。夹具上还有对刀块 5，用来确定铣刀的位置。两个定向键 11 用来确定夹具在机床工作台上的位置。

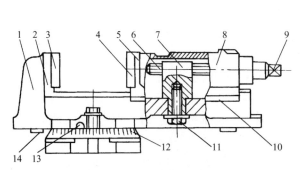

图 5-82　机用平口虎钳的结构

1—台虎钳体　2—固定钳口　3、4—钳口铁　5—活动钳口
6—丝杠　7—螺母　8—活动座　9—方头　10—压板
11—紧固螺钉　12—回转底座　13—钳座零线　14—定位键

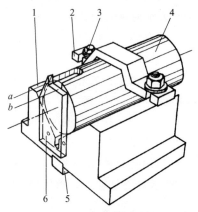

图 5-83　铣削键槽用的简易专用夹具

1—V 形块　2—压板　3—螺栓
4—工件　5—定位键　6—对刀块

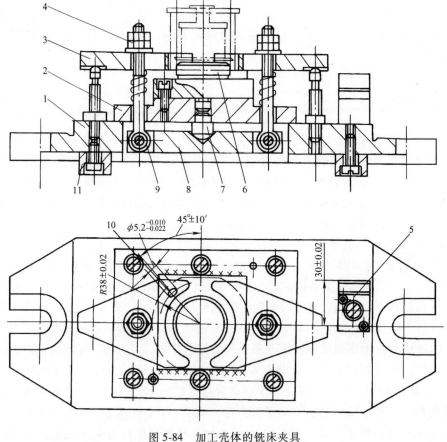

图 5-84　加工壳体的铣床夹具

1—夹具体　2—支承板　3—压板　4—螺母　5—对刀块　6—大圆柱销
7—球头钉　8—铰接板　9—螺杆　10—菱形销　11—定向键

4. 铣床夹具的设计特点

铣床夹具与其他机床夹具的不同之处在于：它是通过定位键在机床上定位，用对刀装置决定铣刀相对于夹具的位置。

（1）铣床夹具的安装　铣床夹具在铣床工作台上的安装位置，直接影响被加工表面的位置精度，因而在设计时必须考虑其安装方法，一般是在夹具底座下面装两个定位键。定位键的结构尺寸已标准化，应按铣床工作台的 T 形槽尺寸选定，它和夹具底座以及工作台 T 形槽的配合为 H7/h6、H8/h8。两定位键的距离应力求最大，以利提高安装精度。

图 5-85 所示为定位键的安装情况。夹具通过两个定位键嵌入到铣床工作台的同一条 T 形槽中，再用 T 形螺栓和垫圈、螺母将夹具体紧固在工作台上，所以在夹具体上还需要提供两个穿 T 形螺栓的耳座。如果夹具宽度较大时，可在同侧设置两个耳座，两耳座的距离要和铣床工作台两个 T 形槽间的距离一致。

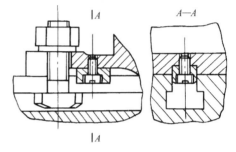

图 5-85　定位键及其连接

（2）铣床夹具的对刀装置　铣床夹具在工作台上安装好了以后，还要调整铣刀对夹具的相对位置，以便于进行定距加工。为了使刀具与工件被加工表面的相对位置能迅速而正确地对准，在夹具上可以采用对刀装置。对刀装置是由对刀块和塞尺等组成，其结构尺寸已标准化。各种对刀块的结构，可以根据工件的具体加工要求进行选择。图 5-86 所示是对刀装置的使用简图。常用的塞尺有平塞尺和圆柱塞尺两种，其形状如图 5-87 所示。

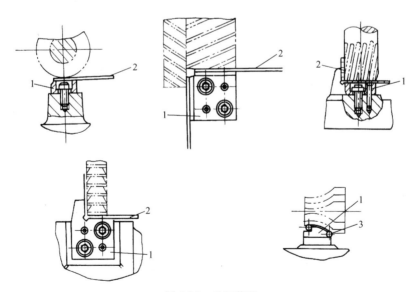

图 5-86　对刀装置

1—对刀块　2—对刀平塞尺　3—对刀圆柱塞尺

由于铣削时切削力较大、振动也大，夹具体应有足够的强度和刚度，还应尽可能降低夹具的重心，工件待加工表面应尽可能靠近工作台，以提高夹具的稳定性，通常夹具体的高宽

比 $H/B \leqslant 1 \sim 1.25$ 为宜。

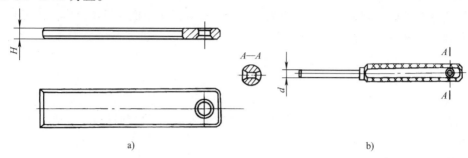

图 5-87　标准对刀塞尺
a）平塞尺　b）圆柱塞尺

三、钻镗夹具

1. 钻床夹具

在钻床上进行孔的钻、扩、铰、锪、攻螺纹加工所用的夹具，称为钻床夹具。钻床夹具是用钻套引导刀具进行加工的，所以简称为钻模。钻模有利于保证被加工孔对其定位基准和各孔之间的尺寸精度和位置精度，并可显著提高劳动生产率。

（1）钻床夹具的分类　钻床夹具的种类繁多，根据被加工孔的分布情况和钻模板的特点，一般分为固定式、回转式、移动式、翻转式、盖板式和滑柱式等几种类型。

1）固定式钻模。在使用过程中，夹具和工件在机床上的位置固定不变。常用于在立式钻床上加工较大的单孔或在摇臂钻床上加工平行孔系。

在立式钻床上安装钻模时，一般先将装在主轴上的定尺寸刀具（精度要求高时用心轴）伸入钻套中，以确定钻模的位置，然后将其紧固。这种加工方式的钻孔精度较高。

2）回转式钻模。在钻削加工中，回转式钻模使用较多，它用于加工同一圆周上的平行孔系，或分布在圆周上的径向孔。它包括立轴、卧轴和斜轴回转三种基本形式。由于回转台已经标准化，故回转式夹具的设计，在一般情况下是设计专用的工作夹具和标准回转台联合使用，必要时才设计专用的回转式钻模。图 5-88 所示为一套专用回转式钻模，用其加工工件上均布的径向孔。

3）移动式钻模。这类钻模用于钻削中、小型工件同一表面上的多个孔。图 5-89 所示为移动式钻模，用于加工连杆大、小头上的孔。工件以端面及大、小头圆弧面作为定位基面，在定位套 12、13，固定 V 形块 2 及活动 V 形块 7 上定位。先通过手轮 8 推动活动 V 形块 7 压紧工件。然后转动手轮 8 带动螺钉 11 转动，压迫钢球 10，使两片半月键 9 向外胀开而锁紧。V 形块带有斜面，使工件在夹紧分力作用下与定式钻位套贴紧。通过移动钻模，使钻头分别在两个钻套 4、5 中导入，从而加工工件上的两个孔。

4）翻转式钻模。这类钻模主要用于加工中、小型工件分布在不同表面上的孔，图 5-90 所示为加工套筒上四个径向孔的翻转式钻模。工件以内孔及端面在台肩销 1 上定位，用快换垫圈 2 和螺母 3 夹紧。钻完一组孔后，翻转 60° 钻另一组孔。该夹具的结构比较简单，但每次钻孔都需找正钻套相对钻头的位置，所以辅助时间较长，而且翻转费力。因此，夹具连同工件的总重量不能太重，其加工批量也不宜过大。

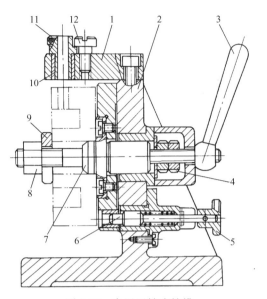

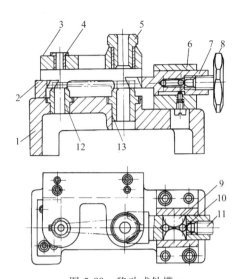

图 5-88　专用回转式钻模

1—钻模板　2—夹具体　3—手柄　4、8—螺母

5—手柄　6—对定销　7—圆柱销　9—快换垫圈

10—衬套　11—钻套　12—螺钉

图 5-89　移动式钻模

1—夹具体　2—固定 V 形块　3—钻模板　4、5—钻套

6—支座　7—活动 V 形块　8—手轮　9—半月键

10—钢球　11—螺钉　12、13—定位套

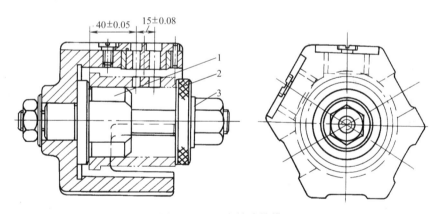

图 5-90　60°翻转式钻模

1—台肩销　2—快换垫圈　3—螺母

　　5）盖板式钻模。这类钻模没有夹具体，钻模板上除钻套外，一般还装有定位元件和夹紧装置，只要将它覆盖在工件上即可进行加工。

　　图 5-91 所示为加工车床溜板箱上多个小孔的盖板式钻模。在钻模盖板 1 上不仅装有钻套，还装有定位用的圆柱销 2、削边销 3 和支承钉 4。因钻小孔，钻削力矩小，故未设置夹紧装置。

　　盖板式钻模结构简单，一般多用于加工大型工件上的小孔。因夹具在使用时经常搬动，故盖板式钻模所产生的重力不宜超过 100N。为了减轻重量，可在盖板上设置加强肋而减小其厚度，设置减轻窗孔或用铸铝件。

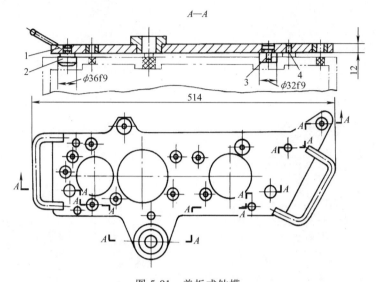

图 5-91 盖板式钻模

1—钻模盖板 2—圆柱销 3—削边销 4—支承钉

6）滑柱式钻模。滑柱式钻模是一种带有升降钻模板的通用可调夹具。图 5-92 所示为手动滑柱式钻模的通用结构，由夹具体 1、三根滑柱 2、钻模板 4 和传动、锁紧机构所组成。使用时，只要根据工件的形状、尺寸和加工要求等具体情况，专门设计制造相应的定位、夹紧装置和钻套等，装在夹具体的平台和钻模板上的适当位置，就可用于加工。转动手柄 6，经过齿轮齿条的传动和左右滑柱的导向，便能顺利地带动钻模板升降，将工件夹紧或松开。

这种手动滑柱钻模的机械效率较低，夹紧力不大，此外，由于滑柱和导孔为间隙配合（一般为 H7/f7），因此被加工孔的垂直度和孔的位置尺寸难以达到较高的精度。但是其自锁性能可靠，结构简单，操作迅速，具有通用可调的优点，所以不仅广泛用于大批大量生产，而且也已推广到小批生产中。它适用于一般中、小件的加工。

（2）钻床夹具的设计特点 钻床夹具的主要特点是都有一个安装钻套的钻模板。钻套和钻模板是钻床夹具的特殊元件。钻套装配在钻模板或夹具体上，其作用是确定被加工孔的位置和引导刀具加工。

1）钻套的类型。钻套按其结构和使用特点可分为以下四种类型。

① 固定钻套。如图 5-93a、b 所示，它分为 A、B 型两种。钻套安装在钻模板或夹具体中，其配合为 H7/n6 或 H7/r6。固定钻套的结构简单，钻孔精度高，适用于单一钻孔工序和小批生产。

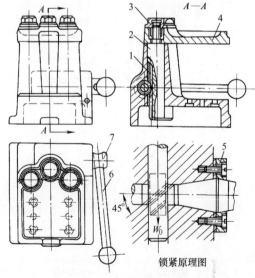

锁紧原理图

图 5-92 滑柱式钻模的通用结构

1—夹具体 2—滑柱 3—锁紧螺母 4—钻模板
5—套环 6—手柄 7—螺旋齿轮轴

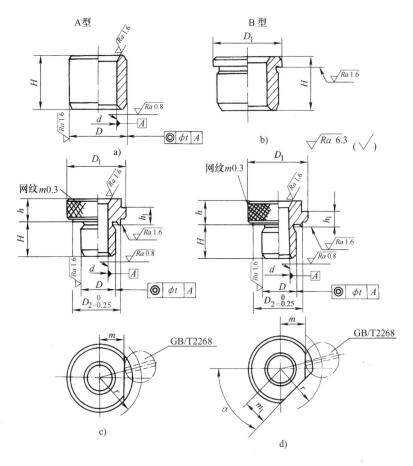

图 5-93 标准钻套

a)、b) 固定钻套 c) 可换钻套 d) 快换钻套

② 可换钻套。如图 5-93c 所示，当工件为单一钻孔工序的大批大量生产时，为便于更换磨损的钻套，选用可换钻套。钻套与衬套之间采用 F7/m6 或 F7/k6 配合，衬套与钻模板之间采用 H7/n6 配合。当钻套磨损后，可卸下螺钉，更换新的钻套。螺钉能防止加工时钻套的转动，或退刀时随刀具自行拔出。

③ 快换钻套。如图 5-93d 所示，当工件需钻、扩、铰多工序加工时，为能快速更换不同孔径的钻套，应选用快换钻套。快换钻套的有关配合同可换钻套。更换钻套时，将钻套削边转至螺钉处，即可取钻套。削边的方向应考虑刀具的旋向，以免钻套随刀具自行拔出。

以上三类钻套已标准化，其结构参数、材料、热处理方法等，可查阅有关手册。

④ 特殊钻套。由于工件形状或被加工孔位置的特殊性，需要设计特殊结构的钻套。图 5-94 所示是几种特殊钻套的结构。

图 5-94a 所示为加长钻套，在加工凹面上的孔时使用，为减少刀具与钻套的摩擦，可将钻套引导高度 H 以上的孔径放大。图 5-94b 所示为斜面钻套，用于在斜面或圆弧面上钻孔，排屑空间的高 $h<0.5$mm，可增加钻头刚度，避免钻头引偏或折断。图 5-94c 所示为小孔距钻套，用圆销确定钻套位置。图 5-94d 所示为兼有定位与夹紧功能的钻套，在钻套与衬套之间，一段为圆柱间隙配合，一段为螺纹联接，钻套下端为内锥面，可使工件定位。

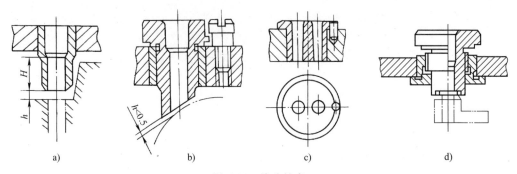

图 5-94 特殊钻套

a) 加长钻套 b) 斜面钻套 c) 小孔距钻套 d) 可定位、夹紧钻套

2) 钻模板是供安装钻套用的，应有一定的强度和刚度，以防止变形而影响钻套的位置和引导精度。

3) 为减少夹具底面与机床工作台的接触面积，使夹具放置平稳，一般都在相对钻头送进方向的夹具体上设置四个支脚。

2. 镗床夹具

镗床夹具通常称为镗模。镗模是一种精密夹具，它主要用来加工箱体类零件上的精密孔系。镗模和钻模相同，是依靠专门的导引元件——镗套来导引镗杆，从而保证所镗的孔具有很高的位置精度。采用镗模后，镗孔的精度可不受机床精度的影响。

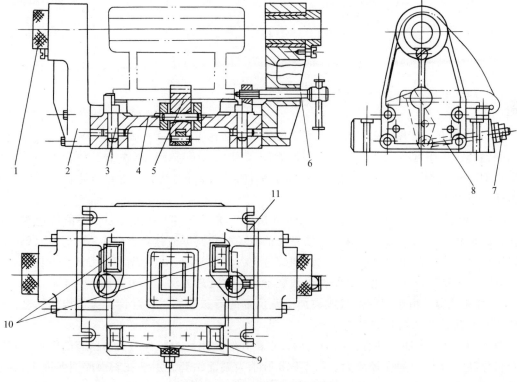

图 5-95 加工磨床尾架的镗模

1—镗套 2—镗模支架 3—支承钉 4—夹具底座 5—铰链压板 6—压紧螺钉

7—螺母 8—活节螺栓 9—定位斜块 10—支承板 11—固定耳座

（1）镗模的组成　一般镗模由定位元件、夹紧装置、导引元件（镗套）及夹具体（镗模支架和镗模底座）四个部分组成。

图 5-95 所示为加工磨床尾架孔用的镗模。工件以夹具体的底座上的定位斜块 9 和支承板 10 作主要定位。转动压紧螺钉 6，便可将工件推向支承钉 3，并保证两者接触，以实现工件的轴向定位。工件的夹紧则是依靠铰链压板 5。压板通过活节螺栓 8 和螺母 7 来操纵。镗杆是由装在镗模支架 2 上的镗套 1 来导向的。镗模支架则用销钉和螺钉准确地固定在夹具体底座上。

（2）镗套　镗套结构对于被镗孔的几何形状、尺寸精度以及表面粗糙度有很大影响，因为镗套结构决定了镗套位置的准确度和稳定性。

常用的镗套结构形式有以下两类：

1）固定式镗套。固定式镗套的结构和前面介绍的钻套基本相似，它固定在镗模支架上而不能随镗杆一起转动，因此，镗杆和镗套之间有相对运动，存在摩擦。固定式镗套外形尺寸小、结构紧凑、制造简单、容易保证镗套中心位置的准确度，但固定式镗套只适用于低速加工。

2）回转式镗套。回转式镗套在镗孔过程中是随镗杆一起转动的，所以镗杆与镗套之间无相对转动，只有相对移动。当高速镗孔时，可以避免镗杆与镗套发热而咬死，而且改善了镗杆的磨损状况。由于回转式镗套要随镗杆一起转动，所以镗套必须另用轴承支承。按所用轴承形式的不同，回转式镗套可分为滑动镗套（图 5-96a）和滚动镗套（图 5-96b）。

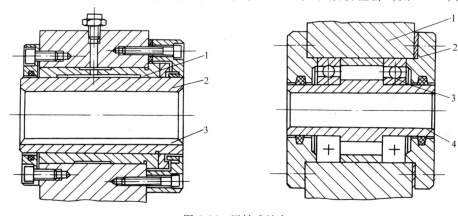

图 5-96　回转式镗套

a）滑动镗套

1—轴承套　2—镗套　3—键槽

b）滚动镗套

1—镗模支架　2—镗套　3—滚动轴承　4—轴承盖世

第六节　现代机床夹具

一、典型数控机床夹具

数控机床夹具有高效化、柔性化和高精度等特点，设计时，除了应遵循一般夹具设计的原则外，还应注意以下几点：

1）数控机床夹具应有较高的精度，以满足数控加工的精度要求。

2）数控机床夹具应有利于实现加工工序的集中，即可使工件在一次装夹后能进行多个表面的加工，以减少工件装夹次数。

3）数控机床夹具的夹紧应牢固可靠、操作方便；夹紧元件的位置应固定不变，防止在自动加工过程中元件与刀具相碰。

图 5-97 所示为用于数控车床的液动自定心卡盘，在高速车削时平衡块 1 所产生的离心力经杠杆 2 给卡爪 3 一个附加的力，以补偿卡爪夹紧力的损失。卡爪由活塞 5 经拉杆和楔槽轴 4 的作用将工件夹紧。图 5-98 所示为数控铣镗床夹具的局部结构，要防止刀具（主轴端）进入夹紧装置所处的区域，通常应对该区域确定一个极限值。

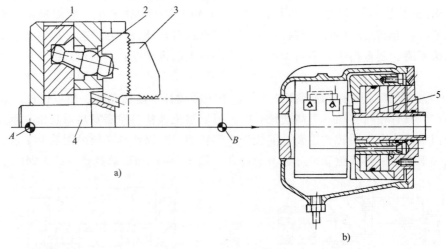

图 5-97 液动自定心卡盘

a）卡盘 b）工作液压缸

1—平衡块 2—杠杆 3—卡爪 4—楔槽轴 5—活塞

4）每种数控机床都有自己的坐标系和坐标原点，它们是编制程序的重要依据之一。设计数控机床夹具时，应按坐标图上规定的定位和夹紧表面以及机床坐标的起始点，确定夹具坐标原点的位置。图 5-97 所示的 A 为机床原点，B 为工件在夹具上的原点。

1. 数控铣床夹具

（1）对数控铣床夹具的基本要求 实际上，数控铣削加工时一般不要求很复杂的夹具，只要求有简单的定位、夹紧机构就可以了。其设计原理也和通用铣床夹具相同，结合数控铣削加工的特点，这里只提出几点基本要求：

1）为保持零件安装方位与机床坐标系及程编坐标系方向的一致性，夹具应能保证在机床上实现定向安装，还要求能协调零件定位面与机床之间保持一定的坐标尺寸联系。

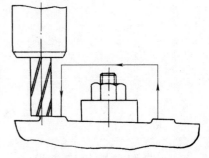

图 5-98 防止刀具与夹具元件相碰

2）为保持工件在本工序中所有需要完成的待加工面充分暴露在外，夹具要做得尽可能开敞，因此夹紧机构元件与加工面之间应保持一定的安全距离，同时要求夹紧机构元件能低则低，从防止夹具与铣床主轴套筒或刀套、刀具在加工过程中发生碰撞。

3）夹具的刚性与稳定性要好。尽量不采用在加工过程中更换夹紧点的设计，当必须在加工过程中更换夹紧点时，要特别注意不能因更换夹紧点而破坏夹具或工件定位精度。

（2）常用数控铣床夹具种类 数控铣削加工常用的夹具大致有如下几种：

1）组合夹具。适用于小批量生产或研制时的中、小型工件在数控铣床上进行铣加工。

2）专用铣削夹具。是特别为某一项或类似的几项工件设计制造的夹具，一般在批量生产或研制时非要不可时采用。

3）多工位夹具。可以同时装夹多个工件，可减少换刀次数，也便于一面加工，一面装卸工件，有利于缩短准备时间，提高生产率，较适宜于中批量生产。

4）气动或液压夹具。适用于生产批量较大，采用其他夹具又特别费工、费力的工件。这类夹具能减轻工人的劳动强度和提高生产率，但其结构较复杂，造价往往较高，而且制造周期长。

5）真空夹具。适用于有较大定位平面或具有较大可密封面积的工件。有的数控铣床（如壁板铣床）自身带有通用真空夹具，如图5-99所示，工件利用定位销定位，通过夹具体上的环形密封槽中的密封条与夹具密封。起动真空泵，使夹具定位面上的沟槽成为真空，工件在大气压力的作用下被夹紧在夹具体中。

除上述几种夹具外，数控铣削加工中也经常采用机用平口台虎钳、分度头和自定心卡盘等通用夹具。

2. 数控钻床夹具

数控钻床是数字控制的以钻削为主的孔加工机床。在数控机床的发展过程中，数控钻床的出现是较早的，其夹具设计原理与通用钻床相同，结合数控钻削加工的特点，在夹具的选用上应注意以下几个问题：

1）优先选用组合夹具。对中、小批量又经常变换品种的加工，使用组合夹具可节省夹具费用和准备时间，应首选。

2）在保证零件的加工精度及夹具刚性的情况下，尽量减少夹压变形，选择合理的定位点及夹紧点。

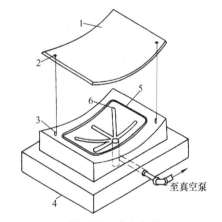

图5-99 真空夹具

1—待加工零件 2—定位孔 3—定位销
4—夹具体 5—密封槽 6—空气槽

3）对于单件加工工时较短的中、小零件，应尽量减少装卸夹压时间，采用各种气压、液压夹具和快速联动夹紧方法以提高生产效率。

4）为了充分利用工作台的有效面积，对中、小型零件可考虑在工作台面上同时装夹几个零件进行加工。

5）避免干涉。在切削加工时，绝对不允许刀具或刀柄与夹具发生碰撞。

6）如有必要时，可在夹具上设置对刀点。对刀点实际是用来确定工件坐标与机床坐标系之间的关系。对刀点可在零件上，也可以在夹具或机床上，但必须与零件定位基准有一定的坐标关系。

3. 加工中心夹具

加工中心是一种功能较全的数控加工机床。在加工中心上，夹具的任务不仅是夹具工件，而且还要以各个方向的定位面为参考基准，确定工件编程的零点。在加工中心上加工的零件一般都比较复杂。零件在一次装夹中，既要粗铣、粗镗，又要精铣、精镗，需要多种多样的刀具，这就要求夹具既能承受大切削力，又要满足定位精度要求。加工中心的自动换刀（ATC）功能又决定了在加工中不能使用支架、位置检测及对刀等夹具元件。加工中心的高柔性要求其夹具比普通机床结构紧凑、简单，夹紧动作迅速、准确，尽量减少辅助时间，操作方便、省力、安全，而且要保证足够的刚性，还要灵活多变。根据加工中心的特点和加工需要，目前常用的夹具结构类型有专用夹具、组合夹具、可调整夹具和成组夹具。

加工中心上零件夹具的选择要根据零件精度等级，零件结构特点，产品批量及机床精度等情况综合考虑。在此，推荐一选择顺序：优先考虑组合夹具，其次考虑可调整夹具，最后考虑专用夹具、成组夹具。当然，还可使用自定心卡盘、机用平口台虎钳等大家熟悉的通用夹具。

二、组合夹具

组合夹具早在20世纪50年代便已出现，现在已是一种标准化、系列化、柔性化程度很高的夹具。它由一套预先制造好的具有不同几何形状、不同尺寸的高精度元件与合件组成，包括基础件、支承件、定位件、导向件、压紧件、紧固件、其他件、合件等。使用时按照工件的加工要求，采用组合的方式组装成所需的夹具。根据组合夹具组装连接基面的形状，可将其分为槽系和孔系两大类。槽系组合夹具的连接基面为T形槽，元件由键和螺栓等元件定位紧固联接。孔系组合夹具的连接基面为圆柱孔组成的坐标孔系。

1. T形槽系组合夹具

T形槽系组合夹具按其尺寸系列有小型、中型和大型三种，其区别主要在于元件的外形尺寸、T形槽宽度和螺栓及螺孔的直径规格不同。

小型系列组合夹具，主要适用于仪器、仪表和电信、电子工业，也可用于较小工件的加工。这种系列元件的螺栓直径为 M8×1.25mm，定位键与键槽宽的配合尺寸为 8H7/h6，T形槽之间的距离为 30mm。

中型系列组合夹具，主要适用于机械制造工业，这种系列元件的螺栓直径为 M12×1.5mm，定位键与键槽宽的配合尺寸为 12H7/h6，T形槽之间的距离为 60mm。这是目前应用最广泛的一个系列。

大型系列组合夹具，主要适用于重型机械制造工业，这种系列元件的螺栓直径为 M16×2mm，定位键与键槽宽的配合尺寸为 16H7/h6，T形槽之间的距离为 60mm。

图5-100所示为T形槽系组合夹具的元件。图5-101所示为盘形零件钻径向分度孔的T形槽系组合夹具的实例。

2. 孔系组合夹具

孔系组合夹具元件的连接用两个圆柱销定位，一个螺钉紧固。孔系组合夹具较槽系组合夹具具有更高的刚度，且结构紧凑。图 5-102 所示为我国近年制造的 KD 型孔系组合夹具。其定位孔径为 ϕ16.01H6，孔距为（50-0.01）mm，定位销直径为 ϕ16k5，用 M16 的螺钉联接。孔系组合夹具用于装夹小型精密工件。由于它便于计算机编程，所以特别适用于加工中心、数控机床等。

3. 组合夹具的特点

组合夹具具有以下特点：

1）组合夹具元件可以多次使用，在变换加工对象后，可以全部拆装，重新组装成新的夹具结构，以满足新工件的加工要求，但一旦组装成某个夹具，则该夹具便成为专用夹具。

2）和专用夹具一样，组合夹具的最终精度是靠组成元件的精度直接保证的，不允许进行任何补充加工，否则将无法保证元件的互换性，因此，组合夹具元件本身的尺寸、形状和位置精度以及表面质量要求高。因为组合夹具需要多次装拆、重复使用，故要求有较高的耐磨性。

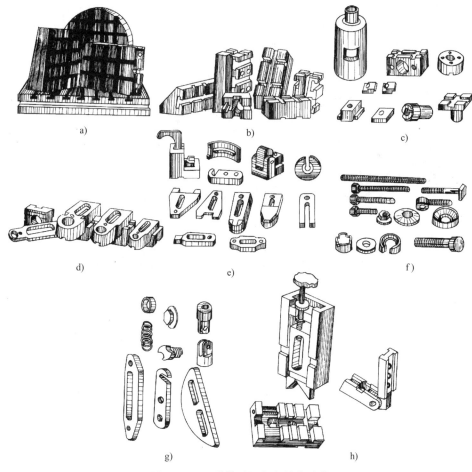

图 5-100　T 形槽系组合夹具的元件

a）基础件　b）支承件　c）定位件　d）导向件

e）夹紧件　f）紧固件　g）其他件　h）合件

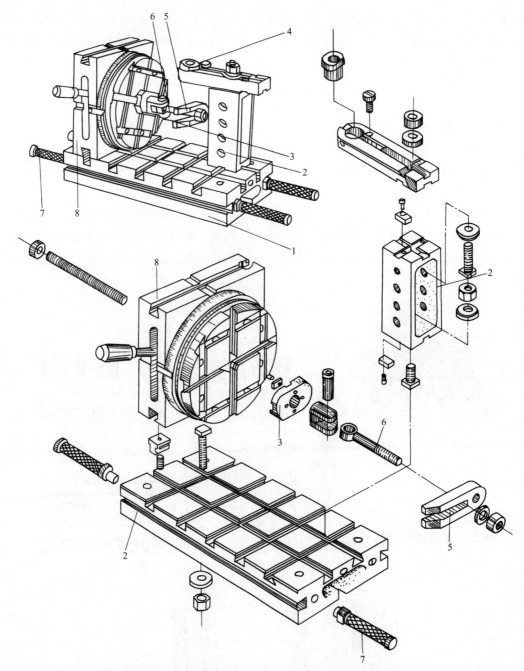

图 5-101 盘形零件钻径向分度孔的 T 形槽系组合夹具

1—基础件 2—支承件 3—定位件 4—导向件 5—夹紧件 6—紧固件 7—其他件 8—合件

3）这种夹具不受生产类型的限制，可以随时组装，以应生产之急，可以适应新产品试制中改型的变化等。

4）由于组合夹具是由各标准件组合的，因此刚性差，尤其是元件连接的结合面接触刚度对加工精度影响较大。

5）一般组合夹具的外形尺寸较大，不及专用夹具那样紧凑。

三、模块化夹具

模块化夹具是一种柔性化的夹具，通常由基础件和其他模块元件组成。

所谓模块化是指将同一功能的单元，设计成具有不同用途或性能的，且可以相互交换使用的模块，以满足加工需要的一种方法。同一功能单元中的模块，是一组具有同一功能和相同连接要素的元件，也包括能增加夹具功能的小单元。这种夹具加工对象十分明确，调整范围只限于本组内的工件。

模块化夹具与组合夹具之间有许多共同点。它们都具有方形、矩形和圆形基础件。在基础件表面有坐标孔系。两种夹具的不同点是组合夹具的万能性好，标准化程度高；而模块化夹具则为非标准的，一般是为本企业产

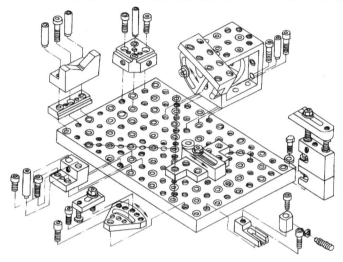

图 5-102　KD 型孔系组合夹具

品工件的加工需要而设计的。产品品种不同或加工方式不同的企业，所使用的模块结构会有较大差别。

图 5-103 所示为一种模块化钻模，主要由基础板 7、滑柱式钻模板 1 和模块 4、5、6 等组成。基础板 7 上有坐标系孔 c 和螺孔 d，在其平面 e 和侧面 a、b 上可拼装模块元件。图中所配置的 V 形模块 6 和板形模块 4 的作用是使工件定位。按照被加工孔的位置要求用方形模块 5 可调整模块 4 的轴向位置。可换钻套 3 和可换钻模板 2 按工件的加工需要加以更换调整。

模块化夹具适用于成批生产的企业。使用模块化夹具可大大减少专用夹具的数量，缩短生产周期，提高企业的经济效益。模块化夹具的设计依赖于对本企业产品结构和加工工艺的深入分析研究，如对产品加工工艺进行典型化分析等。在此基础上，合理确定模块的基本单元，以建立完整的模块功能系统。模块化元件应有较高的强度、刚度和耐用性，常用 20CrMnTi、40Cr 等材料制造。

四、自动线夹具

自动线是由多台自动化单机，借助工件自动传输系统、自动线夹具、控制系统等组成的一种加工系统。常见的自动线夹具有随行夹具和固定自动线夹具两种。

现以随行夹具为例介绍自动线夹具的结构。随行夹具常用于形状复杂且无良好输送基面，或虽有良好的输送基面，但材质较软的工件。工件安装在随行夹具上，随行夹具除了完成对工件的定位和夹紧外，还带着工件按照自动线的工艺流程由自动线运输机构运送到各台机床的机床夹具上。工件在随行夹具上通过自动线上的各台机床完成全部工序的加工。

图 5-104 所示为随行夹具在自动线机床上工作的结构简图。随行夹具 1 由带棘爪的步伐

式输送带 2 运送到机床上。固定夹具 4 除了在输送支承 3 上用一面两销定位以及夹紧装置使随行夹具定位并夹紧外，它还提供输送支承面 A_1。图中件 7 为定位机构，液压缸 6、杠杆 5、钩形压板 8 为夹紧装置。

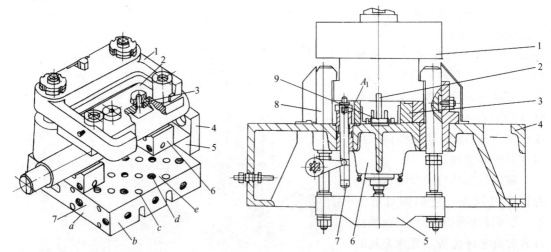

图 5-103　模块化钻模

1—滑柱式钻模板　2—可换钻模板

3—可换钻套　4—板形模块　5—方模块

6—V 形模块　7—基础板

图 5-104　随行夹具在自动线机床的固定夹具上的工作简图

1—随行夹具　2—输送带　3—输送支承　4—固定夹具

5、9—杠杆　6—液压缸　7—定位机构　8—钩形压板

第七节　专用夹具设计的基本要求及规范化程序

一、专用夹具设计的基本要求

夹具设计一般是在零件的机械加工工艺过程制订之后按照某一工序的具体要求进行的。制订工艺过程应充分考虑夹具实现的可能性，而设计夹具时，如确有必要也可以对工艺过程提出修改意见。夹具设计质量的高低，应以能否稳定地保证工件的加工质量，生产效率是否高，成本是否低，排屑是否方便，操作是否安全、省力和制造、维护是否容易等为其衡量指标。一个优良的机床夹具必须满足下列基本要求：

（1）保证工件的加工精度　保证加工精度的关键，首先在于正确地选择定位基准、定位方法和定位元件，必要时还需进行定位误差分析，还要注意夹具中其他零部件的结构对加工精度的影响，确保夹具能够满足工件的加工精度要求。

（2）提高生产效率　专用夹具的复杂程度应与生产纲领相适应，应尽量采用各种快速高效的装夹机构，保证操作方便，缩短辅助时间，提高生产效率。

（3）工艺性能好　专用夹具的结构应力求简单、合理，便于制造、装配、调整、检验、维修等。

专用夹具的制造属于单件生产，当最终精度由调整或修配保证时，夹具上应设置调整和修配结构。

（4）使用性能好　专用夹具的操作应简便、省力、安全可靠。在客观条件允许且又经济适用的前提下，应尽可能采用气动、液压等机械化夹紧装置，以减轻操作者的劳动强度。专用夹具还应排屑方便。必要时可设置排屑结构，防止切屑破坏工件的定位和损坏刀具，防止切屑的积聚带来大量的热量而引起工艺系统变形。

（5）经济性好　专用夹具应尽可能采用标准元件和标准结构，力求结构简单、制造容易，以降低夹具的制造成本。因此，设计时应根据生产纲领对夹具方案进行必要的技术经济分析，以提高夹具在生产中的经济效益。

二、专用夹具设计的规范化程序

（一）夹具设计规范化概述

1. 夹具设计规范化的意义

研究夹具设计规范化程序的主要目的在于：

（1）保证设计质量，提高设计效率　夹具设计质量主要表现在：

1）设计方案与生产纲领的适应性。

2）高位设计与定位副设置的相容性。

3）夹紧设计技术经济指标的先进性。

4）精度控制项目的完备性以及各控制项目公差数值规定的合理性。

5）夹具结构设计的工艺性。

6）夹具制造成本的经济性。

有了规范的设计程序，可以指导设计人员有步骤、有计划、有条理地进行工作，提高设计效率，缩短设计周期。

（2）有利于计算机辅助设计　有了规范化的设计程序，就可以利用计算机进行辅助设计，实现优化设计，减轻设计人员的负担。利用计算机进行辅助设计，除了进行精度设计之外，还可以寻找最佳夹紧状态，利用有限元法对零件的强度、刚度进行设计计算，实现全部设计过程的计算机控制。

（3）有利于初学者尽快掌握夹具设计的方法　近年来，关于夹具设计的理论研究和实践经验总结已日见完备，在此基础上总结出来的夹具规范化设计程序，使初级夹具设计人员的设计工作提高到了一个新的科学化水平。

2. 夹具设计精度的设计原则

要保证设计的夹具制造成本低，规定零件的精度要求时应遵循以下原则：

（1）对一般精度的夹具

1）应使主要组成零件具有相应终加工方法的平均经济精度。

2）应按获得夹具精度的工艺方法所达到的平均经济精度，规定基础件夹具体加工孔的几何公差。

对一般精度或精度要求低的夹具，组成零件的加工精度按此规定，既达到了制造成本低，又使夹具具有较大精度裕度，能使设计的夹具获得最佳的经济效果。

（2）对精密夹具　除应遵循一般精度夹具的两项原则外，对某个关键零件，还应规定与偶件配作或配研等，以达到无间隙滑动等。

（二）夹具设计的规范程序

工艺人员在编制零件的工艺规程时，便会提出相应的夹具设计任务书，经有关负责人批准后下达给夹具设计人员。夹具设计人员根据任务书提出的任务进行夹具结构设计。现将夹具结构设计的规范化程序具体分述如下。

1. 明确设计要求，认真调查研究，收集设计资料

1）仔细研究零件工作图、毛坯图及其技术条件。

2）了解零件的生产纲领、投产批量以及生产组织等有关信息。

3）了解工件的工艺规程和本工序的具体技术要求，了解工件的定位、夹紧方案，了解本工序的加工余量和切削用量的选择。

4）了解所使用量具的精度等级、刀具和辅助工具等的型号、规格。

5）了解本企业制造和使用夹具的生产条件和技术现状。

6）了解所使用机床的主要技术参数、性能、规格、精度以及与夹具连接部分结构的联系尺寸等。

7）准备好设计夹具用的各种标准、工艺规定、典型夹具图册和有关夹具的设计指导资料等。

8）收集国内外有关设计、制造同类型夹具的资料，吸取其中先进而又能结合本企业实际情况的合理部分。

2. 确定夹具的结构方案

在广泛收集和研究有关资料的基础上，着手拟订夹具的结构方案，主要包括：

1）根据工艺的定位原理，确定工件的定位方式，选择定位元件。

2）确定工件的夹紧方案和设计夹紧机构。

3）确定夹具的其他组成部分，如分度装置、对刀块或引导元件、微调机构等。

4）协调各元件、装置的布局，确定夹具体的总体结构和尺寸。

在确定方案的过程中，会有各种方案供选择，但应从保证精度和降低成本的角度出发，选择一个与生产纲领相适应的最佳方案。

3. 绘制夹具总图

绘制夹具总图通常按以下步骤进行：

1）遵循国家制图标准，绘图比例应尽可能选取 1∶1，根据工件的大小时，也可用较大或较小的比例；通常选取操作位置为主视图，以便使所绘制的夹具总图具有良好的直观性；视图剖面应尽可能少，但必须能够清楚地表达夹具各部分的结构。

2）用双点画线绘出工件轮廓外形、定位基准和加工表面。将工件轮廓线视为"透明体"，并用网纹线表示出加工余量。

3）根据工件定位基准的类型和主次，选择合适的定位元件，合理布置定位点，以满足定位设计的相容性。

4）根据定位对夹紧的要求，按照夹紧五原则选择最佳夹紧状态及技术经济合理的夹紧系统，画出夹紧工件的状态。对空行和较大的夹紧机构，还应用双点画线画出放松位置，以表示出和其他部分的关系。

5）围绕工件的几个视图依次绘出对刀、导向元件以及定向键等。

6）最后绘制出夹具体及连接元件，把夹具的各组成元件和装置连成一体。

7）确定并标注有关尺寸。夹具总图上应标注的有以下五类尺寸：

① 夹具的轮廓尺寸：夹具的长、宽、高尺寸。若夹具上有可动部分，应包括可动部分极限位置所占的空间尺寸。

② 工件与定位元件的联系尺寸：常指工件以孔在心轴或定位销上（或工件以外圆在内孔中）定位时，工件定位表面与夹具上定位元件间的配合尺寸。

③ 夹具与刀具的联系尺寸：用来确定夹具上对刀、导引元件位置的尺寸。对于铣、刨床夹具，是指对刀元件与定位元件的位置尺寸；对于钻、镗床夹具，则是指钻（镗）套与定位元件间的位置尺寸，钻（镗）套之间的位置尺寸，以及钻（镗）套与刀具导向部分的配合尺寸等。

④ 夹具内部的配合尺寸：它们与工件、机床、刀具无关，主要是为了保证夹具装置后能满足规定的使用要求。

⑤ 夹具与机床的联系尺寸：用于确定夹具在机床上正确位置的尺寸。对于车、磨床夹具，主要是指夹具与主轴端的配合尺寸；对于铣、刨床夹具，则是指夹具上的定向键与机床工作台上的 T 形槽的配合尺寸。标注尺寸时，常以夹具上的定位元件作为相互位置尺寸的基准。

上述尺寸公差的确定可分为两种情况处理：一是夹具上定位元件之间，对刀、导引元件之间的尺寸公差，直接对工件上相应的加工尺寸发生影响，因此，可根据工件的加工尺寸公差确定，一般可取工件加工尺寸公差的 $1/5 \sim 1/3$；二是定位元件与夹具体的配合尺寸公差，夹紧装置各组成零件间的配合尺寸公差等，则应根据其功用和装配要求，按一般公差与配合原则决定。

8）规定总图上应控制的精度项目，标注相关的技术条件。夹具的安装基面、定向键侧面以及与其相垂直的平面（称为三基面体系）是夹具的安装基准，也是夹具的测量基准，因而应该以此作为夹具的精度控制基准来标注技术条件。在夹具总图上应标注的技术条件（位置精度要求）有如下几个方面：

① 定位元件之间或定位元件与夹具体底面间的位置要求，其作用是保证工件加工面与工件定位基准面间的位置精度。

② 定位元件与连接元件（或找正基面）间的位置要求。

③ 对刀元件与连接元件（或找正基面）间的位置要求。

④ 定位元件与导引元件的位置要求。

⑤ 夹具在机床上安装时位置精度要求。

上述技术条件是保证工件相应的加工要求所必需的，其数量应取工件相应技术要求所规定数值的 $1/5 \sim 1/3$。当工件没注明要求时，夹具上的那些主要元件间的位置公差，可以按经验取为 $(100 : 0.05) \sim (100 : 0.02)\mathrm{mm}$，或在全长上不大于 $0.03 \sim 0.05\mathrm{mm}$。

9）编制零件明细表。夹具总图上还应画出零件明细表和标题栏，写明夹具名称及零件明细表上所规定的内容。

4. 夹具精度校核

在夹具设计中，当结构方案拟订之后，应该对夹具的方案进行精度分析和估算；在夹具总图设计完成后，还应该根据夹具有关元件的配合性质及技术要求，再进行一次复核。这是确保产品加工质量而必须进行的误差分析。

5. 绘制夹具零件工作图

夹具总图绘制完毕后，对夹具上的非标准件要绘制零件工作图，并规定相应的技术要求。零件工作图应严格遵照所规定的比例绘制。视图、投影应完整，尺寸要标注齐全，所标注的公差及技术条件应符合总图要求，加工精度及表面粗糙度应选择合理。

在夹具设计图样全部完毕后，还有待于精心制造，经实践和使用来验证设计的科学性。经试用后，有时还可能要对原设计作必要的修改。因此，要获得一项完善的优秀的夹具设计，设计人员通常应参与夹具的制造、装配，鉴定和使用的全过程。

6. 设计质量评估

夹具设计质量评估，就是对夹具的磨损公差的大小和过程误差的留量这两项指标进行考核，以确保夹具的加工质量稳定和使用寿命。

第八节　专用夹具设计过程举例

图 5-105 所示为壳体零件简图，该零件为中批生产。现要求设计该零件在车床上加工 ϕ145H10 孔和两端面工序时所使用的夹具。

一、工件明确设计要求

要求设计一车床夹具，加工壳体零件。该零件的技术要求为：ϕ145H10 孔的中心与壳体底面的距离尺寸为（116±0.3）mm，ϕ145H10 孔的两端面距离尺寸为 90h3，ϕ145H10 孔的左端面距对称中心的尺寸为（45±0.2）mm。

二、工件装夹方案的确定

工件定位方案的确定，首先应考虑满足加工要求。按基准重合原则，选用底平面和两个 ϕ11H8 孔为定位基准，定位方案如图 5-106 所示。支承板限制工件的 $\overrightarrow{x}$、$\overrightarrow{y}$、$\overrightarrow{z}$ 三个自由度，圆柱销限制工件的 $\overrightarrow{x}$、$\overrightarrow{y}$ 两个自由度，菱形销限制工件的 $\overrightarrow{z}$ 自由度。

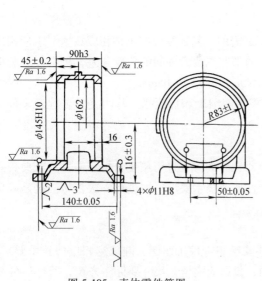

图 5-105　壳体零件简图

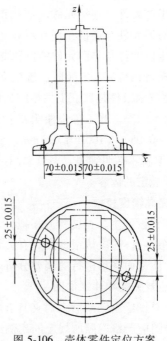

图 5-106　壳体零件定位方案

工件夹紧方案的确定，可取四个夹紧点夹紧工件，采用钩形压板联动夹紧机构，如图 5-107所示。采用两对钩形压板通过杠杆将工件在两处夹紧，其结构紧凑，操作方便。钩形压板选用：B M8×10 GB/T 2197。固定式定位销分别选用：A 11f7×10 GB/T 2203，B 10.942h6×10 GB/T 2203。

由于两端面需经过两次装夹进行加工，为控制尺寸 90h13 和（45±0.2）mm，故设置测量板如图 5-107 所示，取 L=（90±0.03）mm，用以控制工件两端面的对称度。另设置的 $\phi16H7$ 工艺孔用以保证测量板及其定位销的位置。

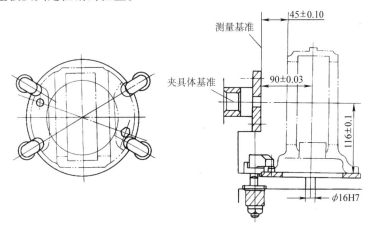

图 5-107　壳件零件装夹方案

三、其他元件的选择和设计

夹具的设计除了考虑工件的定位和夹紧之外，还要考虑夹具如何在机床上定位，以及夹具体的设计等问题。

夹具体采用焊接结构，并用两个肋板提高夹具体的刚度，其结构紧凑、制造周期短。夹具体主要由盘、板和套等组成。

夹具体上设置一个校正套，以便心轴使夹具与机床主轴对定。夹具采用不带止口的过渡盘，所以通用性好。

四、夹具总图的绘制

夹具总图通常可按定位元件、夹紧装置以及夹具体等结构顺序绘制。特别应注意表达清楚定位元件、夹紧装置等与夹具体的装配关系。

图 5-108 所示为所设计的夹具装配图。圆形支承板 6 装配在角铁面上，两个固定式定位销成对角线布置，销距尺寸计算为（148.7±0.02）mm。工艺孔位置取对称中心位置尺寸（70±0.015）mm。测量板位置取（90±0.03）mm；定位面尺寸取（116±0.1）mm。这些尺寸公差对夹具的精度都有不同程度的影响。

夹具总图绘制完毕，还应在夹具设计说明书中就夹具的使用、维护和注意事项等给予简要的说明。

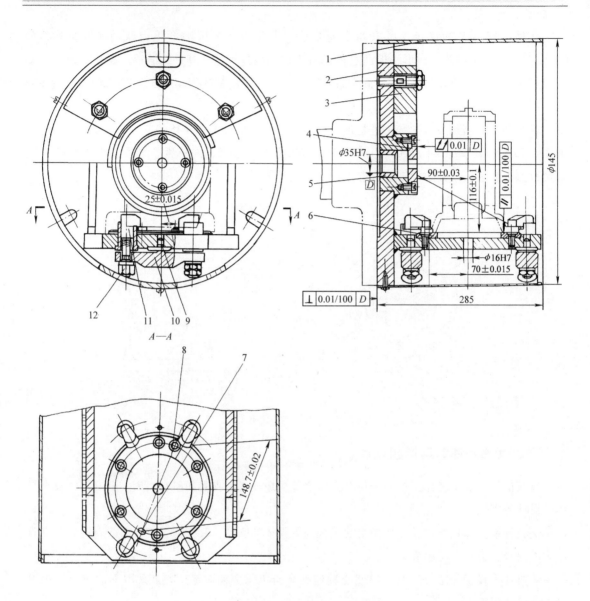

图 5-108　车壳体零件夹具总体设计

1—防屑板　2—夹具体　3—平衡块　4—测量板　5—基准套　6—支承板

7—菱形销　8—定位销　9—支承销　10—杠杆　11—钩形压板　12—螺母

第九节　机床夹具设计范例精选

一、定位装置设计范例

1. 定位件

定位件可使工件精确地或只是近似地定位。当工件粗定位后，可由顶尖或卡爪进一步定位。定位件可以按孔、键槽、轮齿、工件的外表面等进行定位。如图 5-109～图 5-164 所示。

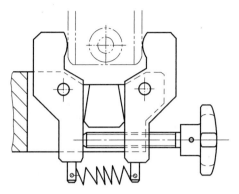

图 5-109　定位件 1

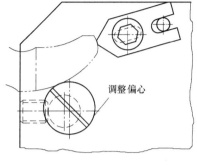

图 5-110　定位件 2

调整偏心

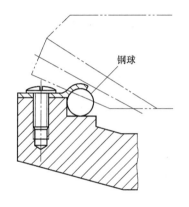

图 5-111　定位件 3

钢球

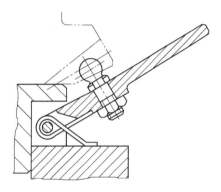

图 5-112　定位件 4

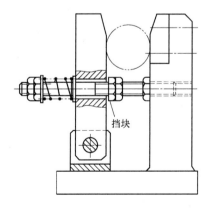

图 5-113　定位件 5

说明： 这种弹簧加载定位器有一挡块。

挡块

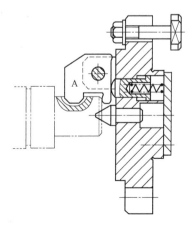

图 5-114　定位件 6

说明： 当工件碰撞 A 的退回块时，
A 的键槽定位端落入键槽中。

A

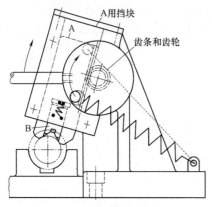

图 5-115 定位件 7

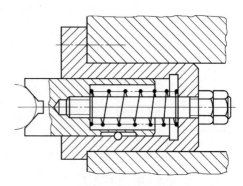

图 5-116 定位件 8

说明：定位件 A 由拉簧加载。当 A 经由齿轮和齿条退出时，拉簧摆到齿轮中心的上面，使 A 保持在它的退出位置。注意：具有弹簧加载的小定位件 B。

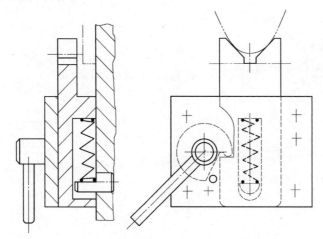

图 5-117 定位件 9

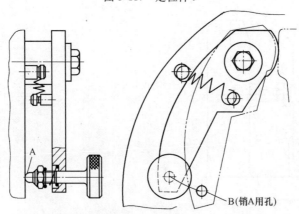

图 5-118 定位件 10

2. V 形块

V 形块可以是固定的或活动的。当它们被弹簧加载时，它们将会自动退出。在其他一些实例中，也可用夹紧螺钉使它们退出。

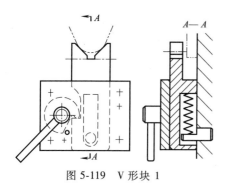

图 5-119　V 形块 1

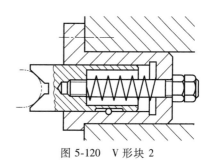

图 5-120　V 形块 2

3. 心轴

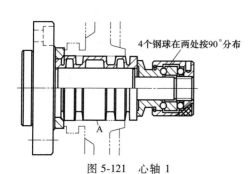

图 5-121　心轴 1

说明：蛇腹套 A 受到纵向压缩时就扩张。蛇腹套可设计成适用于双直径孔的结构。

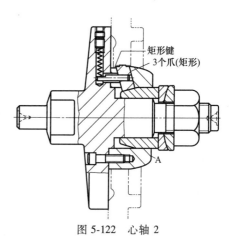

图 5-122　心轴 2

说明：当三爪装入在 A 的基体上加工中后，在槽的其余部分塞进矩形键。加工装爪的槽并把键塞入不用的部分。比加工方孔容易。

4. 车床顶尖

车床顶尖常用于夹具中。需要时，采用内装的退回装置来退回顶尖。

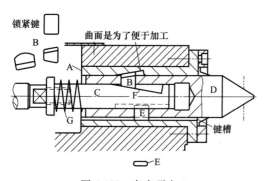

图 5-123　车床顶尖 1

说明：弹簧 G 使锁紧键 B 处于楔形凸轮 F 的前部，直至顶尖 D 牢固地把工件夹紧。随后 C 被移到右边，迫使键 B 向上顶住套 A，而把 D 锁紧在工作位置上。键 E 防止 C 和 D 转动。

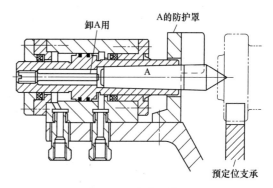

图 5-124　车床顶尖 2

二、夹紧装置设计范例

1. 外部夹紧

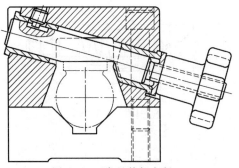

图 5-125 常见外部夹紧 1

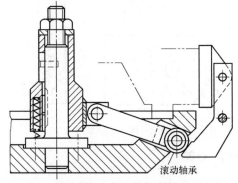

图 5-126 常见外部夹紧 2

说明：夹紧轴的小斜角可牢固夹紧工件，带圆柱端的紧定螺钉防止夹紧轴转动。

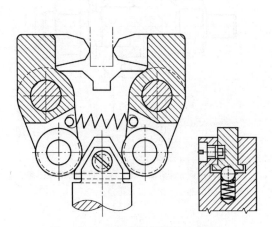

图 5-127 不自锁的外部浮动夹紧 1

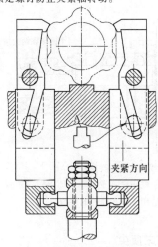

图 5-128 不自锁的外部浮动夹紧 2

说明：轴 A 末端铣扁作键用。

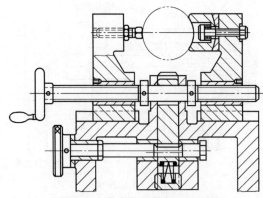

图 5-129 带自锁的外部浮动夹紧

说明：偏心可锁紧夹爪。

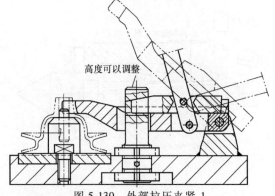

图 5-130 外部拉压夹紧 1

说明：用手柄向后拉出来夹紧楔后，压板即可如图所示那样转动。

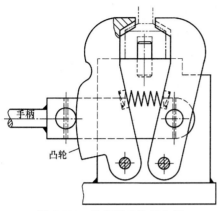

图 5-131　外部浮动拉压夹紧

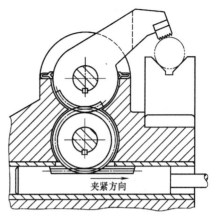

图 5-132　外部摆动夹紧

2. 内部夹紧

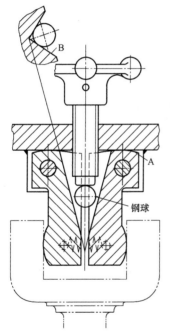

图 5-133　常见内部夹紧 1

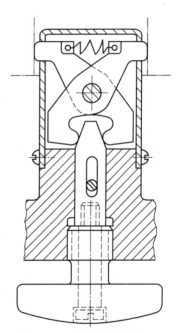

图 5-134　常见内部夹紧 2

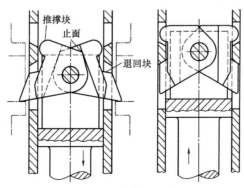

图 5-135　内部拉压夹紧 1

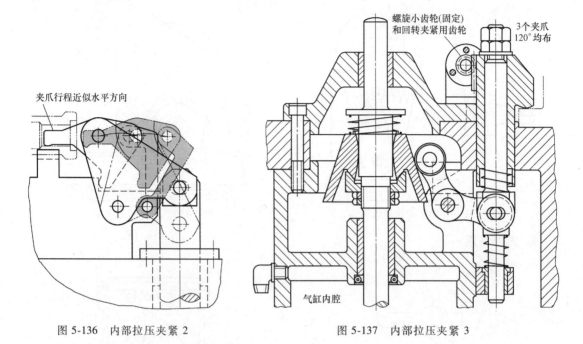

图 5-136　内部拉压夹紧 2

图 5-137　内部拉压夹紧 3

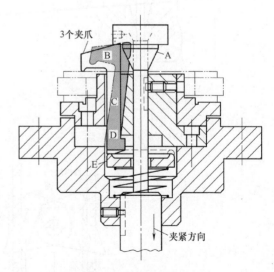

图 5-138　内部浮动拉压夹紧 1

图 5-139　内部浮动拉压夹紧 2

　　说明：在松开操作时，弹簧顶起托架 A，夹爪内摆。B 是弹簧的基座并可防止 C 转动。

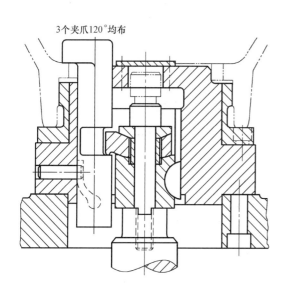

图 5-140　内部浮动拉压夹紧 3

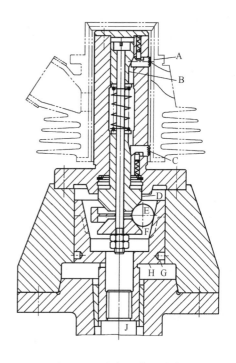

图 5-141　内部二位置夹紧

说明：若 J 提升 H，则三个钢球 E 推 D 向上并拉 F 向下。胀块 D 撑开三个夹爪 C，同时 F 拉下螺栓和胀块 B，B 撑开三个夹爪 A。装配此部件时，用销插入 G 孔内而把 H 与 J 紧固在一起。

3. 定心夹紧

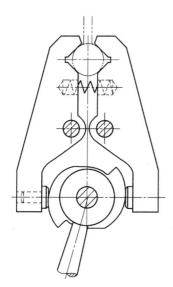

图 5-142　定心夹紧 1

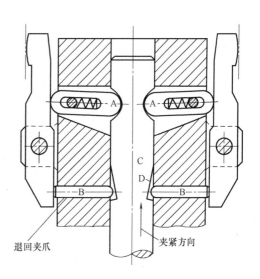

图 5-143　定心夹紧 2

说明：顶起支柱 C，连杆 A 推动夹爪。在松开过程中，D 迫使 B 退回夹爪。

4. 推力夹紧

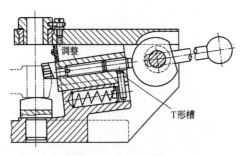

图 5-144 推力夹紧 1

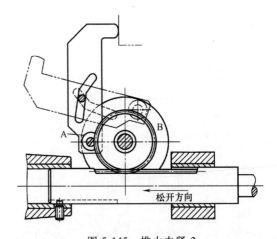

图 5-145 推力夹紧 2

说明：带肩螺钉 A 把压板紧固在 B 上。齿轮是 B 的一部分。

5. 压板夹紧

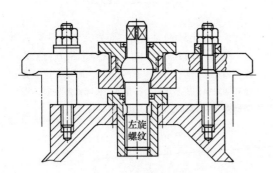

图 5-146 常用压板夹紧

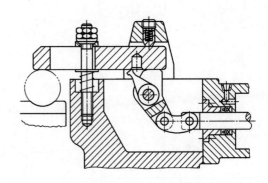

图 5-147 移动式压板夹紧 1

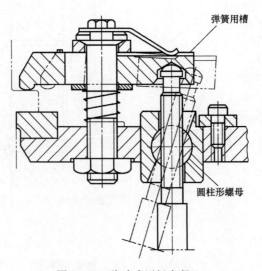

图 5-148 移动式压板夹紧 2

6. 其他方式夹紧

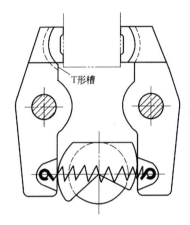

图 5-149　凸轮夹紧

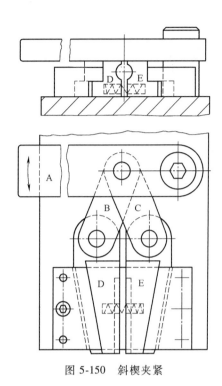

图 5-150　斜楔夹紧

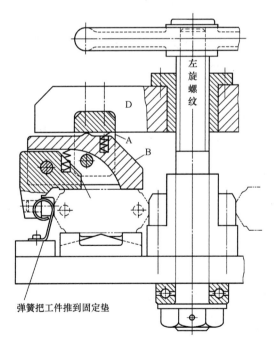

图 5-151　双向夹紧

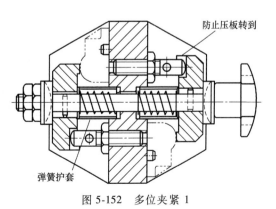

图 5-152　多位夹紧 1

说明： 压板 B 和浮动块 C 向工件三个部位加
压。B 被销接在吊架 A 上，C 又销接在 B 上。为了
适应夹紧时总是把手轮向右旋转的习惯，应采用左
旋丝杠。此装置夹紧两个工件。

239

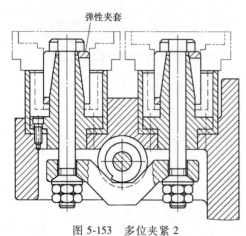

图 5-153 多位夹紧 2

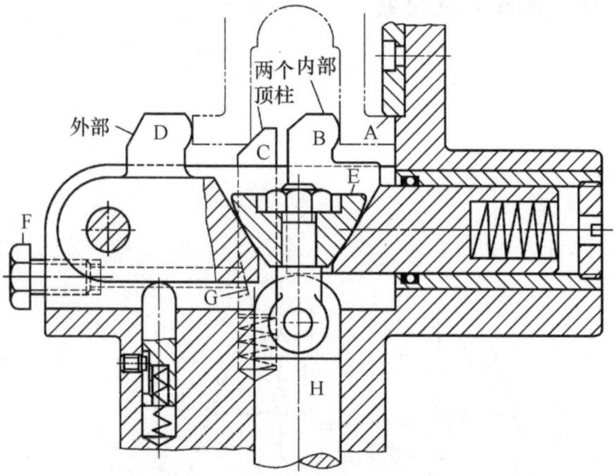

图 5-154 复合夹紧 1（内部、外部、顶柱）

说明：工件以肩 A 定位。若拉下 H，胀块 E 把压板 B 向右推，并使压板 D 回转而进入夹紧位置。两个顶柱由 F 分别锁紧。

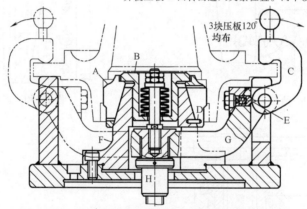

图 5-155 复合夹紧 2（外部摆动和内弹性夹套夹紧）

说明：拉下 H，受弹簧载荷的 B 迫使弹性夹套 A 向着胀块 F 撑开，在内部夹紧工件。H 也拉下托架 G。从外部夹紧工件。锁销 E 使压板保持在两个位置中的任何一个位置（即压板处于夹紧或松开的任一位置）。

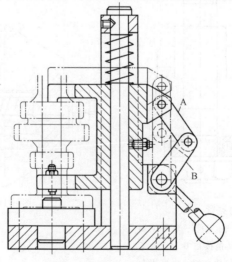

图 5-156 自动夹紧 1

说明：肘杆 A 和 B 使夹爪处于开放位置。

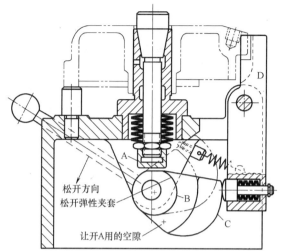

图 5-157 自动夹紧 2（外弹性夹套（和推力夹紧））

说明：在夹紧操作时，凸轮 B 离开 A，弹性夹套的弹簧就可夹紧弹性夹套。凸轮 C 驱动夹爪 D。在松开操作时，B 松开弹性夹套，而 C 离开夹爪 D。

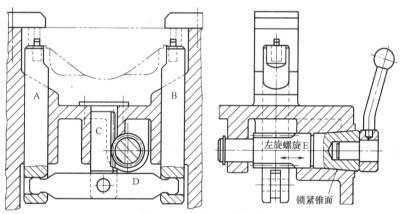

图 5-158 顶起工件夹紧

说明：齿轮 E 传动齿条 C，使摇臂 D 上升，D 使滑柱 A 和 B 浮动顶起工件。此装置夹紧后，螺旋齿轮向左滑动，把锥面拉进所配锥孔的锁紧位置。

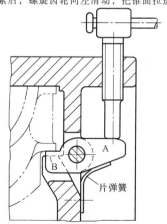

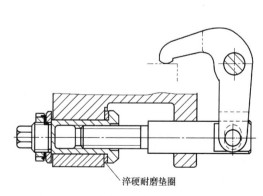

图 5-159 选定部位夹紧 1（下面夹紧）　　图 5-160 选定部位夹紧 2（后部夹紧）

说明：B 作为工件的支座，工件置于其上，直至 A 把 B 抬高夹紧。

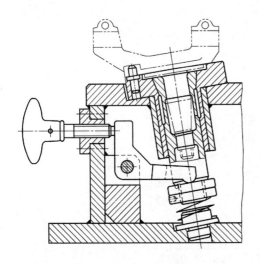

图 5-161 弹性夹紧 1 (外夹套夹紧)

说明：用摇臂驱动弹性夹套。

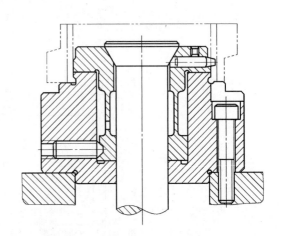

图 5-162 弹性夹紧 2 (内夹套夹紧)

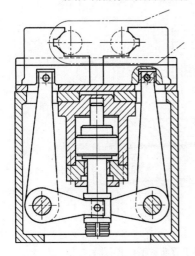

图 5-163 台虎钳式夹紧

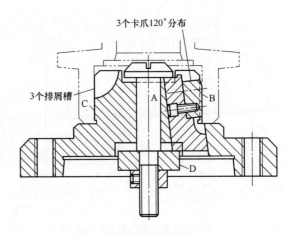

图 5-164 卡盘夹紧

三、各类专用夹具的设计范例

1. 车床夹具设计范例

（1）波纹套定心心轴（心轴类车床夹具）

1）夹具结构：如图 5-165 所示。

2）夹具用途：该夹具用于精加工套筒零件的外圆及端面。

3）定位方式：工件以内孔及端面为定位基准，在定位盘和波纹套上定位。

4）装夹过程：当拉杆 1 左移时，波纹套 2 被压缩，从而使工件定心并被夹紧。本夹具用键 4 传递转矩。

5）结构特点：本夹具结构简单、紧凑，夹紧力均匀，使用方便，适用于成批生产。

（2）自定心卡盘（卡盘类夹具）

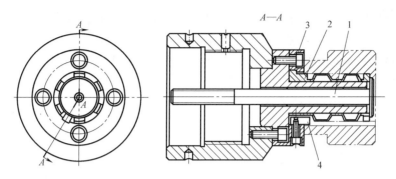

图 5-165 波纹套定心心轴
1—拉杆 2—波纹套 3—定位盘 4—键

1）夹具结构：如图 5-166 所示。

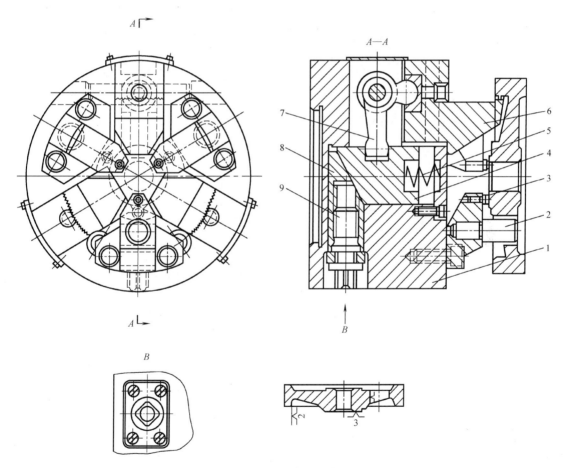

图 5-166 自定心卡盘
1—夹具体 2—圆柱销 3—支承钉 4、8—楔块 5—弹簧 6—内卡爪 7—杠杆 9—螺栓

2）夹具用途：该夹具为加工齿轮内孔用车夹具。

3）定位方式：工件以内圆及待加工孔端面在内卡爪 6 及支承钉 3 和销 2 上定位。

4）装夹过程：工件定位后，当用扳手转动螺栓 9 时，楔块 8 向心移动而迫使楔块 4 向右移动。由于杠杆7做逆时针转动而带动内卡爪向外移动，工件则被定心夹紧。当反向转动螺栓9时，弹簧5向左推回楔块4而放松工件。

5）结构特点：本夹具结构紧凑，装夹方便，适用于成批生产。

（3）十字轴车削夹具（角铁类车床夹具）

1）夹具结构：如图5-167所示。

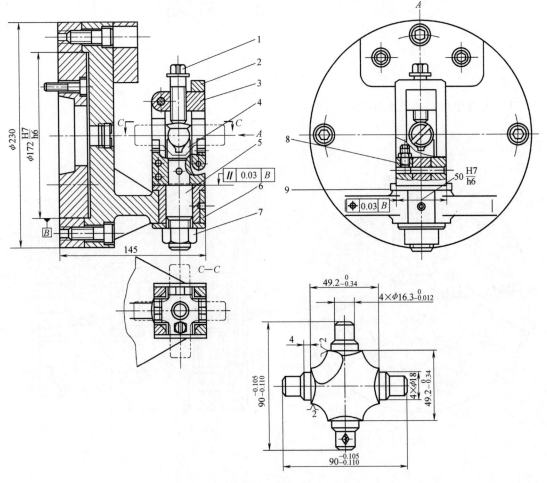

图 5-167 十字轴车削夹具

1—螺钉 2—铰链支架 3—铰链板 4—V形块 5—辅助支承
6—夹具体 7—螺母 8—辅助支承 9—分度块

2）夹具用途：该夹具用于在车床上加工汽车十字轴上四个 $\phi16.3_{-0.012}^{0}$ mm、$\phi18$ mm 台阶外圆及其端面。

3）定位方式：工件以三个外圆表面作为定位基准，分别在三个 V 形块 4 上定位，约束了六个自由度。为增加工件定位稳定性，另设置一辅助支承 8。

4）装夹过程：夹具通过过渡盘与机床主轴相连接。工件安放前，须将铰链支架 2 翻倒，工件定位后，翻上铰链支架，使铰链板 3 嵌入其槽中，然后拧紧螺钉 1。当工件一端加工完毕后，松开螺母 7，将转轴 5 提起离开分度块 9 的方槽。工件连同 V 形块等回转分度

90°，嵌入分度块的方槽中，再紧固螺母7，即可依次加工另外三个轴颈。

为使工件安装时不致产生干涉，将方形截面支架的中间部分做成圆弧形（见 *C-C* 视图）。

5）结构特点：本夹具装夹迅速，分度简单、方便，适用于大批量生产。

（4）镗削阀体四孔偏心回转夹具（花盘类车床夹具）

1）夹具结构：如图 5-168 所示。

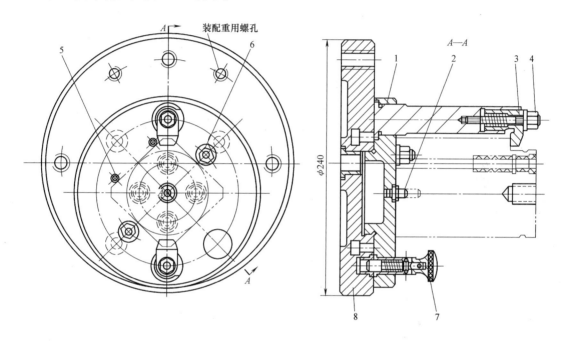

图 5-168　镗削阀体四孔偏心回转夹具

1—转盘　2—定位销　3—压板　4—螺母　5—销　6—螺母　7—对定销　8—分度盘

2）夹具用途：该夹具用于在普通车床上镗阀体上的四个均布孔。

3）定位方式：工件以端面、中心孔和侧面在转盘1、定位销2及销5上定位。

4）装夹过程：分别拧动螺母4，通过压板3，将工件压紧。一孔车削完毕，松开螺母6，拔出对定销7，转盘1旋转90°，对定销插入分度盘8的另一定位孔中，拧紧螺母6，即可车削第二个孔。依次类推，可车削其余各孔。

5）结构特点：本夹具结构合理，操作简单，利用偏心原理，一次安装，可车削多个孔，适用于批量生产。

（5）可调式车夹具（其他车床夹具）

1）夹具结构：如图 5-169 所示。

2）夹具用途：该夹具用来加工轴承架上 $\phi15^{+0.035}_{0}$ mm 的圆孔。

3）定位方式：工件以底面作为主要定位基准，上圆弧面为导向基准，后端面为止推基准，分别在夹具中定位板5、活动 V 形块3及挡销4上定位。

4）装夹过程：V 形块做成摆动式，使之与工件前后两头都有良好接触，其位置度精度要求可用 $\phi26$mm 心轴检验。

工件的夹紧采用螺旋压板，其间装有球面垫圈以保证夹压面接触可靠，并使双头螺柱免

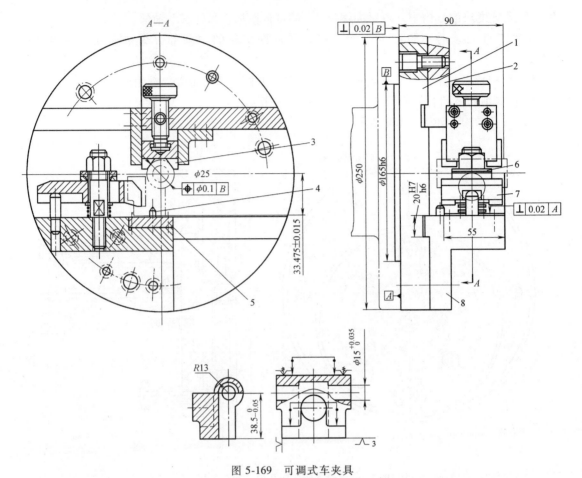

图 5-169　可调式车夹具

1—夹具体　2—上支承板　3—活动 V 形块　4—挡销　5—定位板　6—球面垫圈　7—压板　8—下支承板

受弯曲力矩作用，压板中间开有长槽使工件装卸方便。

为适应同类型不同规格工件都能使用本夹具，夹具体 1 上开有两条通槽，使上、下支承板 2、8 能在槽中调节左右位置。

5）结构特点：本夹具结构简单，操作方便，并可更换或调整其中某些元件，以适应多品种中小批量生产的需要。

（6）立车夹具（其他车床夹具）

1）夹具结构：如图 5-170 所示。

2）夹具用途：该夹具用于在立式车床上加工大型箱盖。

3）定位方式：工件以 $\phi530$mm 止口及平面 N 定位。

4）装夹过程：工件定位后，用三块压板 2 压紧。夹具的回转中心用夹具体 1 的基准孔 M 校正。由于工件形状大，为减少定位面的接触面积，定位件做成六块单独的定位块 3。

5）结构特点：本夹具结构简单，操作方便。

2. 铣床夹具设计范例

（1）曲轴铣基面夹具

1）夹具结构：如图 5-171 所示。

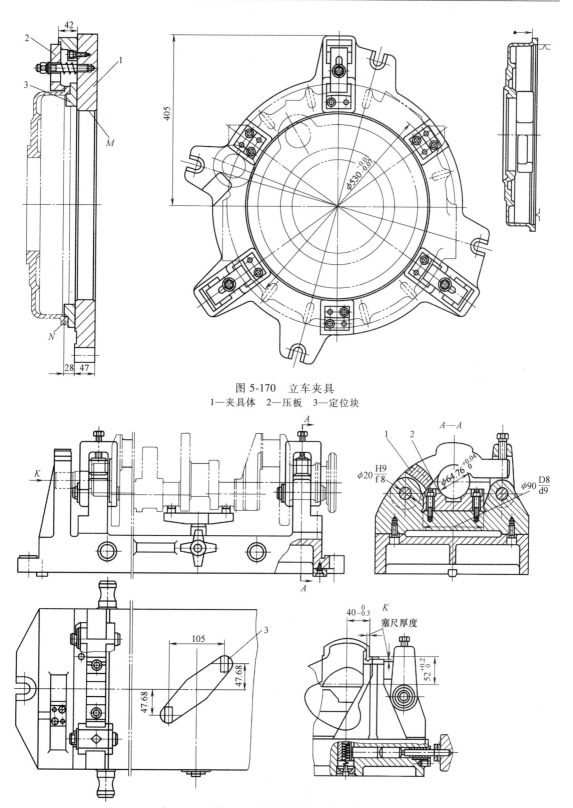

图 5-170 立车夹具
1—夹具体 2—压板 3—定位块

图 5-171 曲轴铣基面夹具
1—铰链压板 2—V 形块 3—活动支承板

2）夹具用途：本夹具用于铣削曲轴基面。

3）定位方式：工件以两端主轴定位。

4）装夹过程：工件以两端主轴为基准，用夹具的两个 V 形块 2、活动支承板 3 及左 V 形块的端面定位。采用两个铰链压板 1 夹紧工件。

5）结构特点：本夹具结构简单，装夹方便，适用于大批大量生产。

（2）多轴多件装夹铣床夹具

1）夹具结构：如图 5-172 所示。

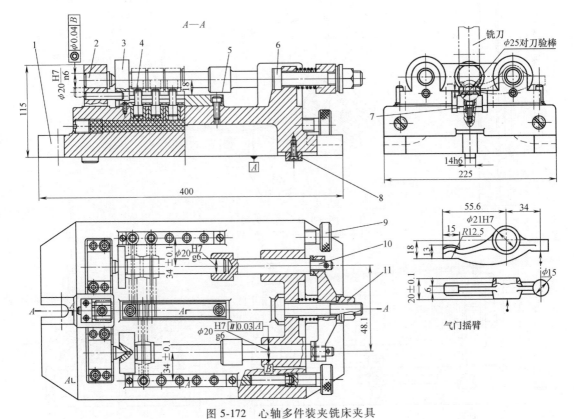

图 5-172　心轴多件装夹铣床夹具

1—夹具体　2—顶尖　3—心轴　4—柱塞　5—支承板　6—螺钉　7—V 形对刀块

8—定向键　9—夹紧螺钉　10—支承轴　11—球面螺母

2）夹具用途：本夹具用于在卧式铣床上加工气门摇臂的 $R12.5$mm 圆弧面。

3）定位方式：工件以 $\phi21$H7 圆孔及其端面定位。

4）装夹过程：工件以 $\phi21$H7 圆孔及其端面套在心轴 3 外圆和台肩上定位，并以 $R12.5$mm 的底面靠在支承板 5 上，实现六点定位。

安装前先在两根心轴 3 上各装五个工件。要注意的是：此两根心轴的台肩厚度做得厚薄不一样，工件之间用尺寸一致的垫圈隔开，以保持适当距离。然后将心轴装在夹具顶尖 2 和支承轴 10 之间，并使两根心轴上工件的加工部位分别交叉靠在支承板 5 上。拧动夹紧螺钉 9，通过液性塑料使十个柱塞 4 上升，分别将十个工件顶紧在支承板 5 上。最后扳动球面螺母 11，通过联动压板推动两根支承轴。把两列工件依次轴向夹紧。

心轴 3 可以做成两套，在加工过程中，另一套两根心轴可事先装上或拆下工件，以节约辅助时间。

工件采用圆弧成形铣刀进行加工，为便于对刀，夹具上设有 V 形对刀块 7，调整时用 $\phi25mm$ 检验棒放在对刀块与成形铣刀间，以确定刀具与加工面的正确相对位置。

5）结构特点：本夹具结构合理，设计构思周密，操作方便，多件装夹使生产效率提高，故适用于较大批大量生产。

（3）仿形铣削夹具

1）夹具结构：如图 5-173 所示。

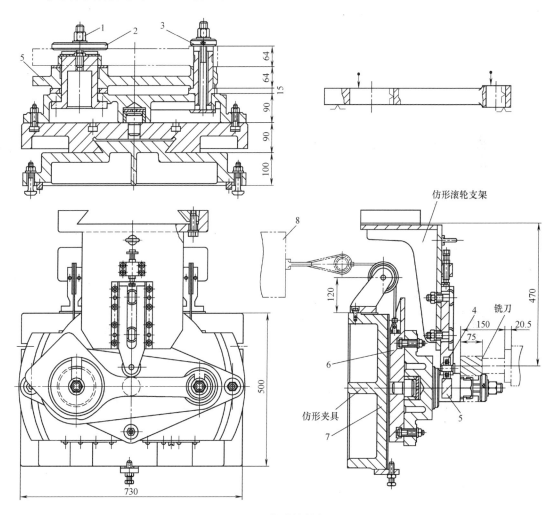

图 5-173　仿形铣削夹具

1—螺母　2、3—开口垫圈　4—仿形滚轮　5—仿形靠模　6—燕尾槽拖板　7—燕尾座　8—重锤

2）夹具用途：本夹具用于加工连杆臂外形。

3）定位方式：工件以两孔及其端面定位。

4）装夹过程：本夹具由仿形夹具和仿形滚轮支架两部分组成。工件与仿形靠模 5 一起安装在燕尾槽拖板 6 的两个定位圆柱上，由螺母 1 经开口垫圈 2 和 3 压紧。夹具的燕尾座 7 固定在铣床工作台上。仿形滚轮支架通过燕尾槽固定在铣床立柱的燕尾上。仿形滚轮 4 紧靠仿形靠模的表面。铣削时，铣床工作台连同仿形夹具做横向移动。由于拖板悬挂重锤8的作用，迫使拖板根据仿形靠模的外形做相应的纵向移动，从而完成工件的单面仿形铣削。翻转工件，重新安装夹紧，即可进行另一面的仿形铣削。

5）结构特点：本夹具结构合理，操作方便，适宜于大批大量生产。

3. 钻床夹具设计范例

（1）钻精铸铝管接头四孔钻模（固定式钻模）

1）夹具结构：如图 5-174 所示。

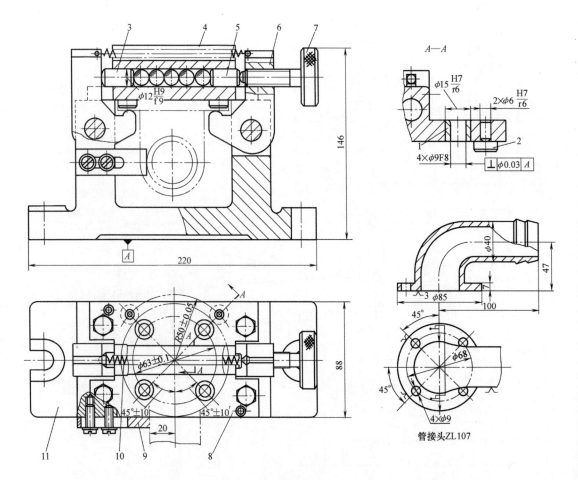

图 5-174　钻精铸铝管接头四孔钻模

1—固定钻套　2—定位挡销　3—球头滑柱　4—护罩　5—平头滑柱　6—压板
7—滚花螺钉　8—钻模板　9—支承板　10—拉簧　11—夹具体

2）夹具用途：本夹具用于在摇臂钻床上加工精铸铝管接头的四个 $\phi9mm$ 孔。

3）定位方式：工件以 $\phi85mm$ 底面及其外圆和 $\phi40mm$ 外圆定位。

4）装夹过程：工件以 $\phi85mm$ 底面为主要定位基准，在钻模板 8 背面上定位；以 $\phi85mm$ 外圆在两定位挡销 2 上定位，又以 $\phi40mm$ 外圆在支承板 9 上定位，实现六点定位。

工件定位后，拧动滚花螺钉 7 推动平头滑柱 5、钢球及球头滑柱 3，使两块压板 6 同时将工件压紧。由于采用了钢球作传力元件，故手动夹紧时较为轻便。

支承板 9 上开有长槽，以便调节其定位距离。

5）结构特点：该夹具结构简单，操作方便，虽然夹紧力与切削力反向，对工件的加工稳定性不利，但由于结构布局适当，切削力不大，故影响较小。

（2）钻集油盘上两孔的立轴回转式钻模

1）夹具结构：如图 5-175 所示。

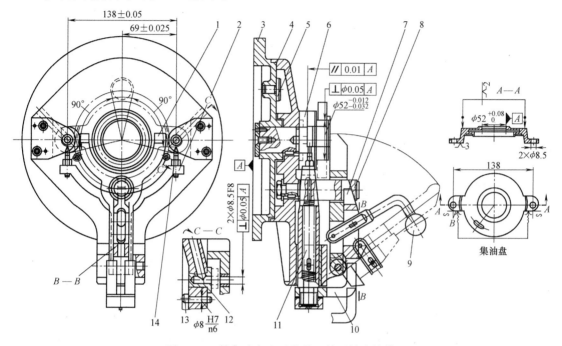

图 5-175　钻集油盘上两孔的立轴回转式钻模

1—叉形压板　2—定位支架　3—夹具体　4—转盘　5—分度挡销　6—定位销　7—斜楔

8—拉杆　9—手柄　10—弯形拉杆　11—拉簧　12—支承板　13—偏心对定销　14—可调支承钉

2）夹具用途：本夹具用于加工柴油机集油盘上的两个 $\phi 8.5$mm 孔。

3）定位方式：工件以底平面和 $\phi 52^{+0.08}_{0}$mm 中心孔及 B 面定位。

4）装夹过程：工件定位后，先按图示位置偏转 45° 以 $\phi 52^{+0.08}_{0}$mm 孔套在定位销 6 上，然后再转至图示位置，使底平面在支承块 12 上定位。随后向前扳动手柄 9，放松拉簧 11，使定位支架 2 带动两个可调支承钉 14 向前与 B 面接触，消除工件回转方向自由度。继续向前扳动手柄 9，通过斜楔 7、拉杆 8 使叉形压板 1 把工件压紧。

加工时将转盘 4 转动 90°，使偏心对定销 13 中的一个与分度挡销 5 侧面接触，此时钻床主轴中心与钻套中心重合。当加工完一个孔后，将转盘反向转动 180°，使另一个偏心对定销与分度挡销接触，即可进行另一个孔的加工。

完成加工后，向后扳动手柄 9，斜楔 7 后移，叉形压板松开工件。继续扳动手柄，斜楔 7 后面的凸块迫使弯形杠杆 10 后移，可调支承钉 14 脱离工件定位表面，即可取下工件。

夹具体 3 用螺旋压板固定在钻床工作台上。

5）结构特点：本夹具构思巧妙，结构合理，操作方便，适用于大批大量生产。

（3）加工连接摇臂的翻转式钻模

1）夹具结构：如图 5-176 所示。

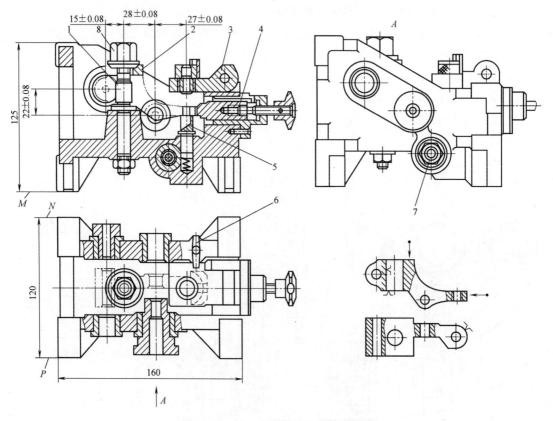

图 5-176　加工连接摇臂的翻转式钻模

1—定位销　2—开口垫圈　3—铰链钻模板　4—活动 V 形块　5—浮动支承　6— 螺钉　7、8—螺母

2）夹具用途：本夹具用于在立式钻床上加工连接摇臂上的各孔。

3）定位方式：工件以连接摇臂上已加工好的销孔及其底面定位。

4）装夹过程：工件用定位销 1 和活动 V 形块 4 定位。借助螺母 8 经开口垫圈 2 压紧工件。5 为浮动支承，待工件定位后，即用螺母 7 拉紧，使其变为固定支承。3 为铰链钻模板，用螺钉 6 紧固。用夹具体的垂直基面 M、N 和 P 作夹具底面钻工件上不同方向的孔。

5）结构特点：本夹具结构简单，操作方便，一次装夹可加工工件三个方向的所有孔，故适用于批量生产。

（4）齿轮壳钻模板

1）夹具结构：如图 5-177 所示。

2）夹具用途：本夹具用于在立式钻床上加工齿轮壳上的各孔。

3）定位方式：工件以底面和齿面定位。

4）装夹过程：钻模板直接放在工件上，工件由支承板 2 及六块径向定位块 1 来定位。当齿形定向插销 4 插入工件齿槽使工件无径向位移后，用 T 形螺钉 3 将钻模板和工件一起紧固在钻床台面上。

5）结构特点：本夹具结构简单，操作方便，适用于批量生产。

（5）龙门式滑柱钻模

1）夹具结构：如图 5-178 所示。

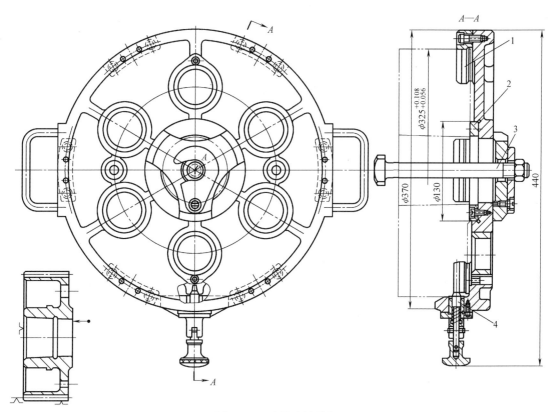

图 5-177　齿轮壳钻模板

1—定位块　2—支承板　3—T形螺钉　4—齿形定向插销

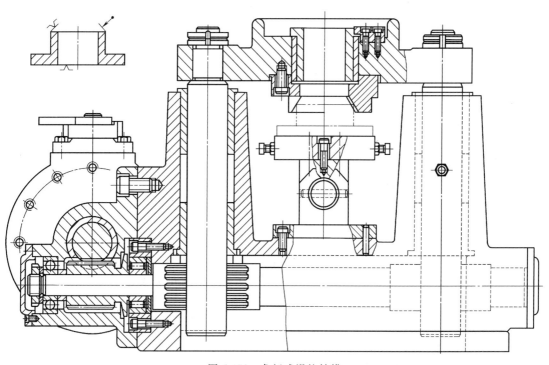

图 5-178　龙门式滑柱钻模

2）夹具用途：本钻模用于加工较大工件的孔。

3）定位方式：工件以底面和外圆柱面定位。

4）装夹过程：钻模板的升降由左侧的气缸经过齿轮齿条机构来实现。工件的定位采用锥套和一支承面。并由钻模板上的锥套夹紧工件。

5）结构特点：本夹具结构虽然复杂，但操作方便，适用于批量生产。

4．镗床夹具设计范例

（1）金刚镗驱动盘圆周斜面上 6 孔的夹具

1）夹具结构：如图 5-179 所示。

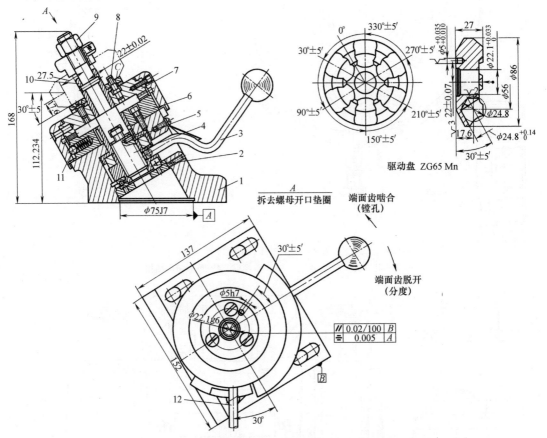

图 5-179　金刚镗驱动盘圆周斜面上 6 孔的夹具

1—底座　2—螺母套　3—手柄　4—螺杆　5—圆柱销　6—下齿盘
7—上齿盘　8—菱形销　9—螺母　10—定位套　11—钢球　12—杆

2）夹具用途：本夹具用于在金刚镗床上加工驱动盘圆周斜面上均布的六个圆孔，孔的位置度要求较高。

3）定位方式：工件以左端面、$\phi 22.1$mm 圆孔及 $\phi 5$mm 圆孔定位。

4）装夹过程：工件定位于夹具上端面 C、定位套 10 及菱形销 8 外圆表面上，实现六点定位。并用螺母通过开口垫圈夹紧工件。

当镗好第一个孔后，工件要进行回转分度，本夹具采用端齿盘分度装置。顺时针扳动手柄 3，螺母套 2 随同转动，使螺杆 4 上移，上齿盘 7 抬起，与下齿盘 6 脱开；再扳动杆 12

（可插在外罩壳相应孔中），推动上齿盘连同工件等一起转过 60°，由钢球 11 实现预定位。然后逆时针扳动手柄 3，上齿盘下落并与下齿盘的端面齿啮合，完成终定位，便可进行第二孔的加工，依次可加工其他各孔。圆柱销 5 可防止螺杆 4 转动。

　　加工前，将对刀检验套（即标准工件）安装在图示工件位置，用镗杆找正标准工件孔的位置，即可使夹具获得对机床的定位，并用螺钉紧固。

　　5）结构特点：本夹具结构紧凑，操作方便。利用端齿盘分度可使分度精度提高。

　　（2）前后双引导镗床夹具

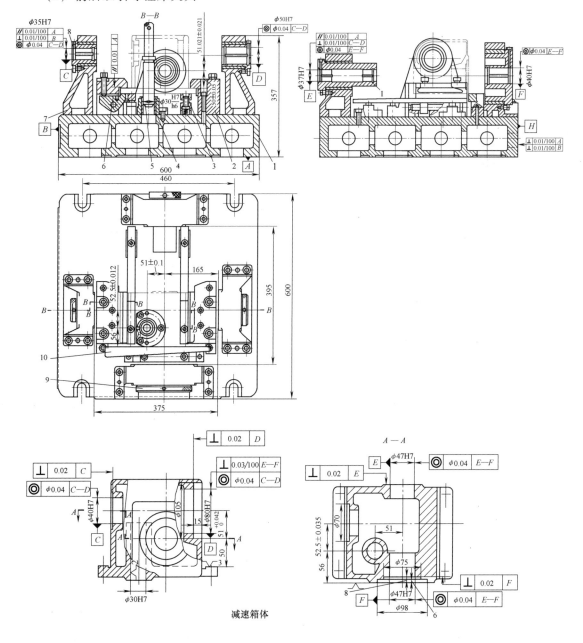

减速箱体

图 5-180　前后双引导镗床夹具

1—底座　2—定位块　3—支承导轨　4—定位衬套　5—可卸心轴　6—压板　7—支座　8、9—镗套　10—斜楔

1）夹具结构：如图 5-180 所示。

2）夹具用途：本夹具用于在卧式镗床上加工减速箱体上两组互成 90°的孔系。夹具安装于镗床回转工作台上，可随工作台一起移动和回转。

3）定位方式：工件以耳座上凸台面为主要定位基准，向上定位于定位块 2 上；另以 ϕ30H7 圆孔定位于可卸心轴 5 上；又以前端面（粗基准）定位于斜楔 10 上，从而实现六点定位。

4）装夹过程：工件定位时，先将镗套 I 拨出，把工件放在具有斜面的支承导轨 3 上，沿其斜面向前推移。支承导轨 3 与定位块 2 之间距离略小于工件耳座凸台的厚度，因此当工件推移进入支承导轨平面段后，开始压迫弹簧，从而保证工件定位基准与定位块工作表面接触。当工件上 ϕ30H7 圆孔与定位衬套 4 对齐后，将可卸心轴 5 沿 ϕ30H7 插入定位衬套 4 中，然后推动斜楔并适当摆动工件使之接触，最后拧紧夹紧螺钉，四块压板 6 将工件夹紧。

加工 ϕ98mm 台阶孔时，镗刀杆上采用多排刀事先装夹，因此设计夹具时将镗套 9 外径取得较大，待装好刀的镗刀杆伸入后再安装镗套 9。各镗套均有通油槽，以利加工时润滑。

5）结构特点：本夹具底座 1 及支座 7 均设计成箱式结构，此与同样尺寸采用加强肋的结构相比较，刚度要高得多。为调整方便，底座上加工有 H、B 两垂直平面，作为找正基准。

思考题与习题

5-1 机床夹具通常由哪些部分组成？各组成部分的功能如何？

5-2 何谓定位基准？何谓六点定位规则？试举例说明。

5-3 试举例说明什么叫工件在夹具中的"完全定位""不完全定位""欠定位"和"过定位"。

5-4 针对图 5-181 所示工件钻孔工序的要求，试确定：

（1）定位方法和定位元件。

（2）分析各定位元件限制着哪几个自由度？

5-5 何谓定位误差？定位误差是由哪些因素引起的？定位误差的数值一般应控制在零件加工公差的什么范围之内？

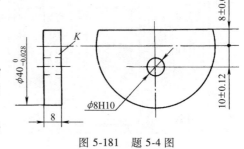

图 5-181 题 5-4 图

5-6 图 5-182a 所示为一钻模夹具，图 5-182b 所示为加工工序简图，试规定夹具的距离尺寸公差。

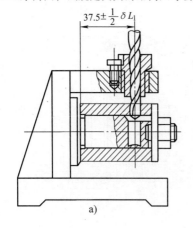

a)

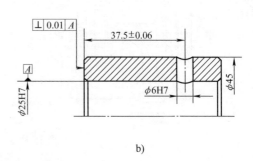

b)

图 5-182 题 5-6 图

a）钻模夹具 b）工序简图

5-7　欲在图 5-183 所示工件上铣削一缺口，保证尺寸 $8_{-0.08}^{0}$ mm，试确定工件的定位方案，并分析定位方案的定位误差。

5-8　有一批套类零件如图 5-184 所示，欲在其上铣一键槽，试分析各定位方案中，H_1 和 H_3 的定位误差。

（1）在可涨心轴上定位（见图 5-184a）。

（2）在水平放置的具有间隙的刚性心轴上定位，定位心轴直径为 d_{Bxd}^{Bsd}（见图 5-184b）。

（3）在垂直放置的具有间隙的刚性心轴上定位，定位心轴直径为 d_{Bxd}^{Bsd}（见图 5-184c）。

（4）如果记及工件内外圆的同轴度公差 ϕt，上述三种定位方案中，H_1 和 H_3 的定位误差又将如何？

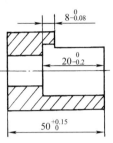

图 5-183　题 5-7 图

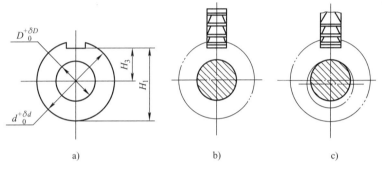

图 5-184　题 5-8 图

5-9　夹紧和定位有何区别？试述夹具的夹紧装置的组成和设计要求。

5-10　试述在设计夹具时，对夹紧力的三要素（力的作用点、方向、大小）有何要求。

5-11　试分析如图 5-185 中所示的夹紧力的方向和作用点是否合理。如不合理，如何改进？

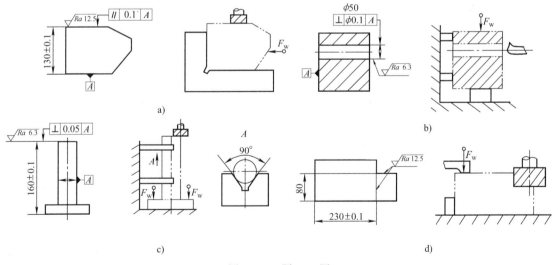

图 5-185　题 5-11 图

5-12　试分析如图 5-186a、b、c 所示的夹紧方案是否合理。如不合理，如何改进？

5-13　固定支承有哪几种形式？各适用什么场合？

5-14　何谓自位支承？何谓可调支承？何谓辅助支承？三者的特点和区别何在？使用辅助支承和可调

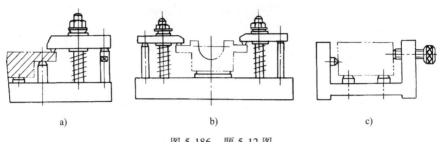

图 5-186　题 5-12 图

支承时应注意些什么问题？

5-15　何谓联动夹紧机构？设计联动夹紧机构时应注意哪些问题？试举例说明。

5-16　试比较斜楔、螺旋、偏心夹紧机构的优缺点及其应用范围。

5-17　试比较通用夹具、专用夹具、组合夹具，可调夹具和自动线夹具的特点及其应用场合。

5-18　车床夹具如何分类？试述角铁式车床夹具的结构特点。

5-19　试述铣床夹具的分类及其设计特点。

5-20　试述钻镗夹具的分类及其特点。钻套、镗套分为哪几种？各用在什么场合？

5-21　简要说明数控机床夹具的特点。简述数控铣床、数控钻床和加工中心机床常用哪些夹具。

5-22　组合夹具有何特点？试述 T 形槽系组合夹具的元件的分类、功用和组装步骤。

5-23　什么叫模块化夹具？模块化夹具是如何应用的？

5-24　试述自动线夹具的分类及特点。

5-25　试说明夹具设计规范化的意义。

5-26　简要介绍夹具设计的规范化程序。

5-27　试分别确定图 5-187 所示零件某工序的夹具设计方案。

（1）铣 28H11 槽工序的铣床夹具。

（2）钻 ϕ6mm 孔、钻铰 ϕ10H7 孔的钻床夹具。

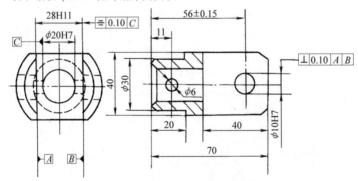

图 5-187　题 5-27 图

5-28　一批工件如图 5-188 所示，除槽 $8_{-0.09}^{0}$mm 外，其余各表面均已加工合格。现以底面 A、侧面 B 和 $\phi20_{0}^{+0.021}$mm 孔定位加工 $8_{-0.09}^{0}$mm 的槽。试确定：

（1）$\phi20_{0}^{+0.021}$mm 孔的定位元件的主要结构形式。

（2）$\phi20_{0}^{+0.021}$mm 孔的定位元件定位表面的尺寸和公差。

（3）计算该定位方案的定位误差。

5-29　设计加工图 5-189 所示的箱体零件 $\phi50_{0}^{+0.039}$mm 孔的镗床夹具。机床为卧式镗床，定位方案采用一面两孔，孔 O_1 放置圆柱定位销，孔 O_2 放置削边销，保证 $\phi50_{0}^{+0.039}$mm 孔的轴线通过 $\phi20_{0}^{+0.021}$mm 孔的中

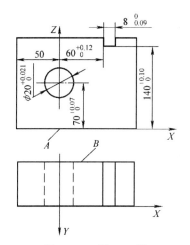

图 5-188　题 5-28 图

心，其偏移量不大于 0.06mm，并且要与 O_1-O_2 两孔连心线垂直，误差小于 2%。两定位销垂直放置，定位误差只能占工件允差的 1/3。试决定：

（1）夹具上两定位销中心距尺寸及偏差。

（2）圆柱定位销直径及偏差。

（3）削边定位销直径及偏差。

（4）计算定位误差。

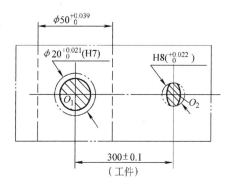

图 5-189　题 5-29 图

青年寄语

参 考 文 献

[1]　刘守勇，李增平. 机械制造工艺与机床夹具 [M]. 3 版. 北京：机械工业出版社，2013.

[2]　兰建设. 机械制造工艺与夹具 [M]. 北京：机械工业出版社，2004.

[3]　朱淑萍. 机械加工工艺及装备 [M]. 2 版. 北京：机械工业出版社，2007.

[4]　吴拓，郎建国. 机械制造工程 [M]. 2 版. 北京：机械工业出版社，2005.

[5]　李华. 机械制造技术 [M]. 北京：机械工业出版社，2000.

[6]　张建华. 精密与特种加工技术 [M]. 北京：机械工业出版社，2003.

[7]　刘晋春，等，特种加工 [M]. 5 版，北京：机械工业出版社，2008.

[8]　袁哲俊，王先逵. 镜面和超精密加工技术 [M]. 北京：机械工业出版社，2002.

[9]　陈永泰. 机械制造技术实践 [M]. 北京：机械工业出版社，2001.

[10]　曾励，朱派龙. 机电一体化系统设计 [M]. 北京：高等教育出版社，2004.

[11]　宋小春，张木青. 数控车床编程与操作 [M]. 广州：广东经济出版社，2002.

[12]　吴拓. 机床夹具设计集锦 [M]. 北京：机械工业出版社，2012.

[13]　吴拓. 机床夹具设计实用手册 [M]. 北京：化学工业出版社，2014.

[14]　吴拓. 现代机床夹具典型结构图册 [M]. 北京：化学工业出版社，2011.